Christian Engmann

Ausgesuchte Probleme der Gruppenfreistellungsverordnung 123/85 für Kraftfahrzeugvertrieb und Kraftfahrzeugservice

RECHTSWISSENSCHAFTLICHE FORSCHUNG UND ENTWICKLUNG

Herausgeber:
Prof. Dr. jur. Michael Lehmann, Dipl.-Kfm.
Universität München

Band 311

Die Deutsche Bibliothek - CIP-Einheitsaufnahme

Engmann, Christian:
Ausgesuchte Probleme der Gruppenfreistellungs-
verordnung 123,85 für Kraftfahrzeugvertrieb und
Kraftfahrzeugservice / Christian Engmann.
- München, VVF, 1991
(Rechtswissenschaftliche Forschung und Entwick-
lung ; Bd. 311)
Zugl.: München, Univ., Diss., 1991
ISBN 3-88259-852-2

NE: GT

© 1991 by Verlag V. Florentz GmbH, 8 München 34, Postfach 34 01 63,
Gabelsbergerstr. 15, Tel. 089/285503

Gesamtherstellung: Fotodruck Frank GmbH, 8000 München 2
Printed in Germany

Inhaltsübersicht

Seite

Literaturverzeichnis VII

Abkürzungsverzeichnis XXI

I.Teil: Probleme im Zusammenhang mit der Gruppenfreistellungsverordnung 123/85 1

1. Problemstellung 1

2. Wirtschaftlicher Hintergrund, Vertragstyp des Vertragshändlers
und zivilrechtliche Abgrenzung zu anderen Absatzmittlern 3

2.1. Wirtschaftlicher Hintergrund 3
2.2. Vertragstyp des Vertragshändlers und zivilrechtliche
Abgrenzung zu anderen Absatzmittlern 7
2.2.1. Vertragstyp des Vertragshändlers 7
2.2.2. Zivilrechtliche Abgrenzung zu anderen Absatzmittlern 11
2.2.2.1. Sortimentshändler 11
2.2.2.2. Kommissionär 11
2.2.2.3. Handelsvertreter 11
2.2.2.4. Kommissionsagent 12
2.2.2.5. Franchisenehmer 12
2.2.2.6. Resümee 13

3. Gruppenfreistellung 14

3.1. Ermächtigungsgrundlagen und zweifelhafte Bereiche bezüglich
der Deckung der GVO 123/85 durch die Ermächtigungsgrundlage 15
3.1.1. Zivilrechtliche Bestimmungen 16
3.1.2. Nicht-exklusives Vertragsgebiet 19
3.1.3. Eine Wirtschaftsbranche 22
3.1.4. Fehlende Erfahrung der EG-Kommission 22
3.1.5. Keine bilateralen Vereinbarungen 23
3.1.6. Erweiterung des Kartellverbots 24
3.1.7. Ergebnis 25
3.2. Grundsätzliche kartellrechtliche Einordnung der freigestellten Gruppe und wichtige Freistellungsgründe 25
3.2.1. Qualitative und quantitative Selektion 26
3.2.2. Intra- und inter-brand-Wettbewerb 28
3.2.3. Freistellungsgründe 28

Seite

3.2.4. Vorhandener Wettbewerb 29
3.2.5. Ergebnis 31

4. Verhältnis des europäischen Rechts zum nationalen Recht 32

4.1. Kartellrecht 32
4.1.1. Vorrang des EG-Kartellrechts 33
4.1.1.1. Vorrang von Freistellungen 34
4.1.1.2. Ausnahmen vom Vorrrang 36
4.1.1.3. Folgen der ausdrücklichen Durchbrechungsmöglichkeit 38
4.1.1.4. Anwendbarkeit von Vorschriften des GWB 38
4.1.1.4.1. § 26 GWB 38
4.1.1.4.2. § 22 GWB 39
4.1.1.4.3. § 18 GWB 39
4.1.1.4.4. § 34 GWB 40
4.1.1.4.5. Boykott und Händlerkartell 40
4.1.1.4.6. Ergebnis 41
4.2. Zivilrecht 41
4.2.1. AGB-Gesetz 41
4.2.2. GVO 123/85 insgesamt Kartellrecht 43
4.2.3. Grundsätzlicher Vorrang der GVO bei indirekten Kollisionen 44
4.2.4. Ausnahmen vom Vorrangprinzip bei indirekten Kollisionen 45
4.2.5. Ergebnis 46
4.3. Gegenseitige Auswirkung 46

5. Zuständigkeit für die Anwendung der Gruppenfreistellungsverordnung, "überschießende Regelungen" und Teilnichtigkeit 49

5.1. Anwendungszuständigkeit der nationalen Gerichte 49
5.2. "Überschießende Wettbewerbsbeschränkungen" 50
5.3. Teilnichtigkeit 53

6. Aufbau, Inhaltsübersicht und Auslegung der GVO 123/85 56

6.1. Aufbau und Inhaltsübersicht 56
6.2. Auslegung 58

II.Teil: Probleme der Gruppenfreistellungsverordnung 123/85 60

1. Gegenständlicher Bereich 60

                                                                    Seite
1.1. Vereinbarungen zwischen zwei Unternehmen 60
1.2. Vereinbarungen zwischen Herstellern 61
1.3. Händler, Lieferant und Ort der Unternehmen 62
1.4. Kartellrechtliche Abgrenzung zwischen Handelsvertreter und
Vertragshändler 63
1.4.1. Anwendbarkeit der GVO auf Vertragshändler, nicht Handelsvertreter 63
1.4.2. Abgrenzung nach wirtschaftlicher Sicht 65
1.4.3. Doppelprägung des Absatzmittlerverhältnisses 66
1.4.4. Umstellung der Vertriebssysteme 67
1.5. Weiterverkauf von drei- oder mehrrädrigen Kraftfahrzeugen ... 68
1.6. Kraftfahrzeuge und in Verbindung damit deren Ersatzteile 69

2. Markenexklusivität 72

2.1. Wirtschaftlicher Hintergrund 72
2.2. Grundsatz: Markenausschließlichkeit 72
2.2.1. Umgehungsversuche 73
2.2.2. Fehlende Vereinbarung 74
2.2.3. Ort des Konkurrenzverbotes 75
2.3. Ausnahmen von der Markenausschließlichkeit 75
2.3.1. Andere neue Kraftfahrzeuge 75
2.3.2. Gebrauchtwagen 76
2.3.3. Branchenfremde und ergänzende Produkte 77ʻ
2.3.4. Kundendienst 78

3. Zweitmarkenvertrieb 79

3.1. Zusammenhang mit dem Vertragsgebiet 79
3.1.1. Synallagma 79
3.1.2. Geschäftsgrundlage 81
3.2. Wirtschaftlicher Hintergrund 82
3.3. Grundsatz: Keine Hereinnahme einer Zweitmarke 82
3.4. Ausnahmen vom Verbot des Zweitmarkenvertriebs 83
3.4.1. Sachlich gerechtfertigte Gründe 84
3.4.1.1. Außergewöhnliche Gründe 84
3.4.1.2. Unzumutbarkeit 85
3.4.1.3. Risikoverteilung 87
3.4.1.4. Zusätzliche Kriterien 88
3.4.1.5. Ergebnis 89
3.4.2. Eigenmächtige Hereinnahme 89

Seite

3.4.3. Vertragliche Festsetzung der außergewöhnlichen Gründe............ 91
3.4.4. Deutsches Recht.. 92

4. Vertragsgebietsänderung... 94

4.1. Wirtschaftlicher Hintergrund....................................... 94
4.2. Änderungsmöglichkeiten nach deutschem Recht........................ 95
4.3. Grundsatz: Unveränderbarkeit des Gebietes.......................... 95
4.3.1. Marktverantwortungsgebiet... 96
4.3.2. Errichtung von Niederlassungen.................................... 97
4.4. Verdrängung des deutschen Rechts................................... 97
4.5. Ausnahmen vom Grundsatz der Unveränderbarkeit des Gebietes......... 98
4.5.1. Unzumutbarkeit.. 98
4.5.2. Risikoverteilung.. 99
4.5.3. Zusätzliche Kriterien und ergänzendes deutsches Recht............ 100
4.5.4. Ergebnis... 101
4.5.5. Zustimmungserfordernis 101
4.5.6. Änderungskündigung.. 102

5. Ersatzteile.. 103

5.1. Wirtschaftlicher Hintergrund....................................... 103
5.2. Nationales Recht 104
5.3. Grundsatz: Freier Vertrieb von konkurrierenden Ersatzteilen 105
5.4. Verdrängung des nationalen Rechts 107
5.5. Ausnahmen vom freien Vertrieb 107
5.5.1. Gleicher Qualitätsstandard 108
5.5.1.1. Qualität 108
5.5.1.2. Funktionalität 108
5.5.1.3. Nachbau- und Identteile 109
5.5.1.4. Qualitätssicherung 110
5.5.1.5. Beweislast 112
5.5.1.6. Rechtsfolgen 114
5.5.1.7. Ergebnis 115
5.5.2. Zubehör 115
5.5.3. Rückruf, Garantie, Gewährleistung 116
5.5.4. Eigenkonstruktionsteile und Rabattierung 117
5.6. Einschränkungen: Hinweispflichten 118

6. Jahreszielsetzungen 120

6.1. Wirtschaftlicher Hintergrund 120

	Seite
6.2. Grundsatz: Vorrangiges Einigungsverfahren	121
6.2.1. Freistellungsentzug	122
6.2.2. Anforderungen an das Einigungsverfahren	122
6.3. Ausnahme: Einseitige Festsetzung	123
6.4. Basisgrößen und Zielwerte	124
6.5. Mindestabsatzzahl	126
6.6. Bevorratungsumfang	127
7. Schutz des selektiven Netzes	128
7.1. Ernennung von Unterhändlern	128
7.1.1. Zustimmungserfordernis	129
7.1.2. Unternehmen	129
7.1.3. Sachlich gerechtfertigte Gründe	131
7.1.4. Weitergegebene Verpflichtung	133
7.2. Wiederverkäufer	134
7.2.1. Wirtschaftlicher Hintergrund	134
7.2.2. Verbot des Verkaufs an vertriebsnetzfremde Wiederverkäufer	135
7.2.2.1. Private Wiederverkäufer	137
7.2.2.2. Leasing und Autovermietung	137
7.3. Vermittler	138
7.3.1. Wirtschaftlicher Hintergrund	138
7.3.2. Geübte Kritik und Zweck	139
7.3.3. Stellvertreter	141
7.3.3.1. Sicht eines Dritten	141
7.3.3.2. Ergänzende Beurteilungskriterien	142
7.3.3.3. Gewerbsmäßige Vermittlung	143
7.3.3.4. Nachprüfbare Kontrollmaßnahmen	144
8. Beendigung des Vertrages	147
8.1. Wirtschaftlicher Hintergrund	147
8.2. Kündbarkeit	148
8.3. Kündigungsfrist, Vertragsdauer und Ergänzung der GVO	149
8.3.1. Geübte Kritik	149
8.3.2. Deutsches Recht	149
8.3.3. Insbesondere individuelle Ergänzung	150
8.3.4. Pauschale Mindestfristen erschöpfend geregelt	150
8.4. Ausgleichsanspruch	152
8.4.1. Entschädigung kraft Gesetzes	152
8.4.2. Keine Alternativität	155
8.4.2.1. Bestehenbleiben des Ausgleichsanspruchs	156

Seite

8.4.2.2. Beeinflussung der Höhe des Ausgleichsanspruchs 156

8.4.2.3. Bestehenbleiben zeitlicher Schutzfristen 157

8.4.2.4. Kündigungsfrist bei unbestimmter Vertragsdauer 157

8.4.2.5. Ergebnis 159

9. Verhältnis zu anderen Gruppenfreistellungsverordnungen 160

9.1. Keine Kombination von Gruppenfreistellungsverordnungen 160

9.2. Insbesondere Franchiseverordnung 162

9.3. Ergebnis 164

Literaturverzeichnis

Ahlert Dieter, Die Bedeutung des vertraglichen Selektivvertriebs für den freien Wettbewerb und die Funktionsfähigkeit von Märkten, WRP 1987, S. 215

Ankele Jörg, Das deutsche Handelsvertreterrecht nach der Umsetzung der EG-Richtlinie, DB 1989, S. 2211

Assmann Heinz-Dieter, Anmerkung zur Entscheidung des BGH NJW RR 1988, 1077, EWiR § AGBG 11/88, 737

Das Autohaus, Hundert Kündigungen für Porsche-Händler, Das Autohaus 1988 (Heft 18), S. 94

van Bael Ivo, The Draft EEC Regulation on Selective Distribution of Motor Vehicles: A Daydream for Free Riders - A Nightmare for Industry, swiss review of international antitrust law 1983, S. 3

van Bael Ivo/Bellis Jean-Francois, Competition Law of the EEC, Brüssel 1987 (Zitierweise:van Bael/Bellis, S. ..)

Baldi Roberto, Das Recht des Warenvertriebs in der Europäischen Gemeinschaft; Heidelberg 1988

Baumbach Adolf/Duden Konrad/Hopt Klaus, Handelsgesetzbuch; 28. Auflage; München 1989

Bechtold Rainer, Ausgleichsansprüche für Eigenhändler dargestellt am Beispiel des Automobilvertriebs, NJW 1983, S. 1393

Bechtold Rainer, Rechtstatsachen zum Ausgleichsanspruch des Automobil-Händlers, BB 1984, S. 1262

Beier Friedrich-Karl, Schutz selektiver Vertriebsbindungen gegen Außenseiter - Die Lückenlosigkeit in Theorie und Praxis, GRUR 1987, S. 131

Bellamy Christopher/Child Graham D., Common Market Law of competition; London 1987 (Zitierweise: Bellamy/Child ..)

Berg Hartmut, in Oberender (hrsg.), Marktstruktur und Wettbewerb in der Bundesrepublik Deutschland, Automobilindustrie, S. 169; München 1984 (Zitierweise: Berg, S. ..)

BEUC-News, Car distribution, June 1983, Number 25 (Dossier), S. 1ff

BEUC-News, Selective distribution in the car sector, March 1984, Number 33 (Dossier), S. 7

BEUC-News, Opinion on the EEC Commission draft regulations concerning distribution and service agreements for motor vehicles, May 1984, Number 7, S. 2

Blaise Jean-Bernard, Exemption par catégorie des accords d'exclusivité, Revue trimestielle de droit européen 1984, S. 655 (Zitierweise: Blaise, Rev. trim. ..)

Blaise Jean-Bernard, Règlement n° 123/85 de la Commission du 12 décembre 1984, concernant l'application de l'article 85 paragraphe 3 du traité C.E.E. à des catégories d'accords de distribution et de service de vente et d'après-vente de véhicules automobiles, Revue trimestielle de droit européen 1985, S. 568 (Zitierweise: Blaise, Rev. trim. ..)

Bleckmann Albert, Zu den Auslegungsmethoden des Europäischen Gerichtshofs, NJW 1982, S. 1177

Bleckmann Albert, Europarecht; Köln,Bonn,Berlin,München 1985 (Zitierweise: Bleckmann, S. ..)

Brachat Hannes, Das V.A.G.-Direkthändlersystem, Das Autohaus 1988 (Heft 19), S. 16

Brüggemann Dieter, in Straub HGB, Großkommentar; §§ 84 - 104; 4. Auflage; Berlin, New York 1983

Brunn Johann Heinrich von, Wettbewerbsprobleme der Automobilindustrie; Köln,Berlin,Bonn,München 1979 (Zitierweise: v.Brunn, Wettbewerbsprobleme, S. ..)

Bulletin de l'Institut International de Concurrence Commerciale, "Interventions" im Kolloquium vom 20.05.1983 zum Vorentwurf der Gruppenfreistellungsverordnung für Kraftfahrzeugvertrieb und

Kraftfahrzeugservice, Bulletin de l'Institut International de Concurrence
Commerciale, S. 101ff; Brüssel 1984 (Zitierweise: Name .., Bulletin,
"Interventions", S. ..)

Bunte Hermann-Josef, Interessenkollision und Interessenabwägung im
Vertragshändlervertrag, ZIP 1982, S. 1166

Bunte Hermann-Josef, Das Urteil des BGH zur Gestaltung von
Automobilvertragshändlerverträgen, NJW 1985, S. 600

Bunte Hermann-Josef, Anmerkung zur Entscheidung des EuGH (E 1986, 4071)
"VAG/Magne", EuGH EWiR Art. 85 EWGV 1/87, 157

Bunte Hermann-Josef/Sauter Herbert, EG-Gruppenfreistellungsverordnungen;
München 1988 (Zitierweise für GVO 123/85: Bunte/S. Rz. ..; Zitierweise für
Einleitung: Bunte/S., Einleitung, Rz. ..)

Bunte Hermann-Josef, Die Rechtsstellung der Leasing-Gesellschaften nach der
Kfz-Gruppenfreistellungs-VO Nr. 123/85, WuW 1988, S. 373

Bunte Hermann-Josef, Das Verhältnis von deutschem und europäischem
Kartellrecht, WuW 1989, S. 7

Capelle Karl-Hermann/Canaris Claus-Wilhelm, Handelsrecht; 21. Auflage;
München 1989

Caspari Manfred, Die Wettbewerbspolitik der Gemeinschaft im Bereich der
Vertriebsvereinbarungen, S. 27, in XI. Internationales EG-Kartellrechts-
Forum; München 1986

Creutzig Jürgen, Fabrikneue Kraftfahrzeuge vom "grauen Markt": ein
Widerspruch?, BB 1987, S. 283

Creutzig Jürgen, Vertriebsstrukturen im Wandel, Das Autohaus 1989 (Heft 4),
S. 59

Creutzig Jürgen, Wettbewerbs- und zivilrechtliche Aspekte beim Reimport von
Kraftfahrzeugen, BB 1989, S. 363

Daverat Georges, Réflexions sur une tentative de "génocide économique",
Gazette du palais 1984 I, S. 84 (doctrine)

Davidow Joel, EEC proposed competition rules for motor vehicle distribution: An American perspective, The Antitrust Bulletin 1983, S. 863

Davidow Joel, EEC proposed competition rules for motor vehicle distribution: An American perspective, Bulletin de l'Institut International de Concurrence Commerciale, S. 39; Brüssel 1984 (Zitierweise: Davidow, Bulletin, S. ..)

Demaret Paul, Selective Distribution and EEC law after Ford, Pronuptia and Metro II judgements, Fordham Corporate Law Institute 1986 (hrsg. 1987), S. 149

Dryander Christof/Hehn Paul-Adolf/Lohmann Ulrich, Entwicklungen im EWG-Kartellrecht im Jahr 1984, RIW 1985, S. 352

Durand Patrick, Réflexions sur la réglementation européenne de la distribution automobile, La semaine juridique cahiers de droit de l'entreprise, juris-classeur périodique 1985 (supplément 6), S. 12 (Zitierweise: Durand, JCP (supplément 6), S. ..)

Ebel Hans-Rudolf, Die Wiederverkäuferklausel in Kfz-Vertragshändlerverträgen, DB 1984, S. 101

Ebel Hans-Rudolf (und Genzow), Freistellung der selektiven Vertriebssysteme der Automobilbranche vom Kartellverbot des Art. 85 EWG-Vertrag, DB 1985, S. 741

Ebel Hans-Rudolf, Kartellrecht, GWB und EWGV, Der Wirtschafts-Kommentator; Frankfurt 1988 (Zitierweise: Ebel, Kartellrechtskommentar, Rz. ..)

Ebenroth Carsten-Thomas (und S. Obermann), Absatzmittlungsverträge im Spannungsverhältnis von Kartell- und Zivilrecht; Konstanz 1980 (Zitierweise: Ebenroth, S. ..)

Ebenroth Carsten-Thomas (und S. Obermann), Zweitvertretungsanspruch in Absatzmittlungsverhältnissen aus § 26 Abs. 2 GWB ?, DB 1981, S. 829

Ebenroth Carsten-Thomas (und U. Parche), Die kartell- und zivilrechtlichen Schranken bei der Umstrukturierung von Absatzmittlungsverhältnissen, BB 1988/Beilage 10, S. 1ff

Emmerich Volker, Kartellrecht; München 1988 (Zitierweise: Emmerich, S. ..)

Fikentscher Wolfgang, Wirtschaftsrecht, Band I; München 1983

Fikentscher Wolfgang, Schuldrecht; Berlin,New York 1985

Fikentscher Wolfgang/Krauß Hans-Frieder/Straub Wolfgang in Müller-Henneberg Hans/Schwarz Gustav/Benisch Werner, Gemeinschaftskommentar, Gesetz gegen Wettbewerbsbeschränkungen und Europäisches Kartellrecht, § 15: Straub, § 16: Fikentscher/Krauß; § 16 Anhang: Krauß, § 17: Fikentscher, § 18 Fikentscher/Straub, § 19: Fikentscher; Köln,Bonn,Berlin,München 1987 (Zitierweise: Bearbeiter, Gemeinschaftkommentar ..)

Foth Dietmar, Der Ausgleichsanspruch des Vertragshändlers; Berlin 1985

Frignani Aldo, Les dispositions de l'avant projet concernant les pièces détachées, les pièces de rechange et les pièces rectifiées, Bulletin de l'Institut International de Concurrence Commerciale, S. 69; Brüssel 1984 (Zitierweise: Frignani, Bulletin, S. ..)

Frignani Aldo, Some critical thoughts on EEC antitrust policy towards trade associations, vehicles distribution and franchising agreements, Fordham Corporate Law Institute 1984 (hrsg. 1985), S. 583

Frignani Aldo, Zur Behandlung der Ersatzteile im Entwurf einer Freistellungsverordnung der EG über den Vertrieb von Kraftfahrzeugen, GRUR Int. 1984, S. 19

Gabler, Wirtschaftslexikon, Wiesbaden 1988

Galan Michael, Die handels- und kartellrechtliche Beurteilung von Agentursystemen, München 1986

Gierke Julius von/Sandrock Otto, Handels- und Wirtschaftsrecht; 9. Auflage; Berlin, New York 1975 (Zitierweise: Gierke/Sandrock)

Glatz Hanns, Comments on the paper of Mr. Joerges "Selective distribution schemes in the motor-car sector ...", S. 237, in Goyens M. (ed.), E.C. Competition Policy and the Consumer Interest; Louvain la Neuve 1985 (Zitierweise: Glatz, consumer interest, S. ..)

Gleiss Alfred/Hootz Christian/Bechtold Rainer, Kommentar zum EWG-Kartellrecht, Heidelberg 1978 (Zitierweise: Gleiss/Hirsch)

Goyder D.G., EEC Competition Law, Oxford 1988

Grabitz Eberhard, EWG-Vertrag; München 1989 (Zitierweise: Grabitz/Bearbeiter, Art. ..)

von der Groeben Hans/v.Boeckh Hans/Thiesing Jochen/Ehlermann Claus-Dieter, Kommentar zum EWG-Vertrag; Baden-Baden 1983 (Zitierweise: Groeben/Boeckh/Thiesing/Ehlermann Art. ..)

von der Groeben Hans/Thiesing Jochen/Ehlermann Claus-Dieter, Handbuch des Europäischen Rechts, Artikel 85 EWGV; Baden-Baden 1984 (Zitierweise: Groeben/Thiesing/Ehlermann)

Groves Peter, Motor Vehicle Distribution: The Block Exemption, European Competition Law Review 1987, S. 77

Hager Günter, Zum Deutschen und Internationalen Schuldrecht: Der Gedanke der Solidarität in der Lehre vom Synallagma; Tübingen 1983

Harding Christopher, Notices and Group Exemptions in EEC Competition Law, Oxford 1985

Helm Horst, Teilnichtigkeit nach Kartellrecht, GRUR 1976, S. 496

Hiekel Hans-Jürgen, Der Ausgleichsanspruch des Handelsvertreters und des Vertragshändlers; Frankfurt/Main 1985

Hoffmann Ingo, Die Vertragsbeendigung durch den Hersteller gegenüber seinem in- und ausländischen Vertriebshändler; München 1987

Hollmann Hermann, Zum Ausgleichsanspruch des Automobil-Vertragshändlers nach § 89b HGB, BB 1985, S. 1023

van Houtte H., Le projet de règlement concernant l'application de l'article 85 § 3 à des catégories d'accords de distribution et de service avant et après-vente de véhicules automobiles, Bulletin de l'Institut International de Concurrence Commerciale, S. 19; Brüssel 1984 (Zitierweise: van Houtte, Bulletin, S. ..)

van Houtte H., The EEC Draft Regulation on Selective Distribution of Automobiles, Journal of World Trade Law 1984, S. 349

Huthmacher Karl Eugen, Der Vorrang des Gemeinschaftsrechts bei indirekten
Kollisionen; Köln,Berlin,Bonn,München 1984

Immenga Ulrich/Mestmäcker Ernst-Joachim/.., GWB, Kommentar; München 1981
(Zitierweise: Immenga/Mestmäcker, § ..)

Ipsen Hans Peter, Europäisches Gemeinschaftsrecht; Tübingen 1972
(Zitierweise: Ipsen ..)

Jeantet Fernand-Charles/Kovar Robert, Les accords de distribution et de
service des véhicules automobiles et l'article 85 du traité C.E.E., Revue
trimestielle de droit européen 1983, S. 547 (Zitierweise: Jeantet/Kovar,
Rev. trim. de droit ..)

Joerges Christian, The Administration of Art. 85 (3) EEC Treaty: The Need
for Consultation and Information in the Legal Assessment of Selective
Distribution Systems, Journal of Consumer Policy 1984 (Zitierweise: JCP
(Consumer Policy), S. ..)

Joerges Christian, Selektiver Vertrieb und Wettbewerbspolitik: Eine
konzeptionelle Analyse der Entscheidungspraxis von Kommission und
Gerichtshof zu Art. 85 EG-Vertrag, GRUR Int. 1984, S. 222 und 279

Joerges Christian (E. Hiller, K. Holzscheck, H.W. Micklitz),
Vertriebspraktiken im Automobilersatzteilsektor; Frankfurt/Main,Bern,New
York 1985 (Zitierweise: Joerges, Vertriebspraktiken, S. ..)

Joerges Christian, Vertragsgerechtigkeit und Wettbewerbsschutz in den
Beziehungen zwischen Automobilherstellern und -händlern: über die Aufgaben
richterlicher Rechtspolitik in "Relationierungsverträgen", in Festschrift
für Rudolf Wassermann; Neuwied/Darmstadt 1985; S. 697

Joerges Christian, Die Gruppenfreistellungsverordnung der Kommission der
Europäischen Gemeinschaften für den Automobilsektor, RIW 1985, S. 525

Joerges Christian, Selective distribution schemes in the motor-car sector:
European competition policy, consumer interests and the draft regulation on
the application of article 85(3) of the treaty of certain categories of
motor-vehicle distribution and servicing agreements, S. 187, in Goyens M.
(ed.), E.C. Competition Policy and the Consumer Interest; Louvain la Neuve
1985 (Zitierweise: Joerges, consumer interest, S. ..)

Joerges Christian, Franchiseverträge und europäisches Wettbewerbsrecht, ZHR 1987, S. 195

Jordan Reinhard, Selektive Vertriebssysteme des Kraftfahrzeugsektors im europäischen Kartellrecht, RIW 1982, S. 867

Kartte Wolfgang, Auto und Wettbewerb, DAR 1988, S. 411

Kerse C.S., EEC Antitrust Procedure; London 1988

Klein Eckart, Unmittelbare Geltung, Anwendbarkeit und Wirkung von Europäischem Gemeinschaftsrecht; Saarbrücken 1988

Koller Ingo, in Straub HGB, Großkommentar; §§ 383 - 406; 4. Auflage; Berlin, New York 1986

Kroitzsch Hermann, Der Ausgleichsanspruch des Vertragshändlers und seine kartellrechtlichen Grenzen, BB 1977, S. 1631

Kurtenbach Jutta, Die Beurteilung von Bezugs- und Alleinvertriebsbindungen in Franchise-Verträgen nach § 18 GWB und Art. 85 EWGV; München 1986

Langen Eugen/Niederleithinger Ernst/Ritter Lennart/Schmidt Ulrich, Kommentar zum Kartellgesetz; Darmstadt 1982 (Zitierweise: Langen/Niederleithinger/Ritter/Schmidt § ..)

Larenz Karl, Richtiges Recht: Grundzüge einer Rechtsethik; München 1979

Larenz Karl, Methodenlehre der Rechtswissenschaft; Berlin,Heidelberg,New York,Tokyo 1983

Leigh I. F., EEC Law and Selective Distribution, Recent Developments, European Competition Law Review 1986, S. 419

Lieberknecht Otfried, Das Verhältnis der EWG-Gruppenfreistellungsverordnungen zum deutschen Kartellrecht, S. 589, in Festschrift für Gerd Pfeiffer; Köln,Berlin,Bonn,München 1988

Lipkowsky Ursula, Die Zurechnung von Wettbewerbsverstößen zwischen verbundenen Unternehmen im EWG-Wettbewerbsrecht; München 1987

Lukoff F. L., European competition law and distribution in the motor vehicle sector: Commission regulation 123/85 of 12 December 1984, Common Market Law Review 1986, 841

Maack Günther, Das Kreuz mit der Exklusivität, Das Autohaus 1988 (Heft 5), S. 46

Marvel Howard P., Exclusive Dealing, The journal of law and economics 1982, S. 1

Martinek Michael, Aktuelle Fragen des Vertriebsrechts; Köln 1989 (Zitierweise: Martinek, S. ...)

Mathé Marie-Claude, Der selektive Vertrieb nach europäischem Wettbewerbsrecht am Beispiel der Automobilbranche, RabelsZ 1984, S. 721

Mestmäcker Ernst-Joachim, Europäisches Wettbewerbsrecht, München 1975

Möschel Wernhard, Die EG-Gruppenfreistellungsverordnung für Forschungs- und Entwicklungsgemeinschaften, RIW 1985, S. 261

Möschel Wernhard, Ausschließlichkeitsvereinbarungen im EG-Kartellrecht, Jura 1985, S. 449

Monopolkommission, Mißbräuche der Nachfragemacht und Möglichkeiten zu ihrer Kontrolle im Rahmen des Gesetzes gegen Wettbewerbsbeschränkungen, Sondergutachten Band 7; Baden-Baden 1977 (Zitierweise: Monopolkommission, Tz. ...)

Nagel Bernhard/Riess Birgitt/Theis Gisela, Der faktische Just-in-Time-Konzern - Unternehmensübergreifende Rationalisierungskonzepte und Konzernrecht am Beispiel der Automobilindustrie, DB 1989, S. 1505

Niederleithinger Ernst/Ritter Lennart, Die kartellrechtliche Entscheidungspraxis zu Liefer-, Vertriebs- und Franchiseverträgen; Köln 1988 (Zitierweise: Niederleithinger/Ritter, S. ...)

Niederleithinger Ernst, Die europäische Fusionskontrolle und ihr Verhältnis zum nationalen Recht - aus der Sicht des Bundeskartellamts, S. 79, in Wettbewerbspolitik an der Schwelle zum europäischen Binnenmarkt (FIW-Heft 134); 6. Auflage; Köln,Berlin,Bonn,München 1989

Office of Fair Trading, Car servicing and repairs, A discussion paper, London 1983

Oser Alexandre, Blocage étatique des prix et libre concurrence communautaire, Gazette du palais 1978 (2e sem.), S. 510 (doctrine)

Palandt, Bürgerliches Gesetzbuch, 49. Auflage, München 1990

Pawlikowski Thomas, Selektive Vertriebssysteme - Grenzen und Möglichkeiten einer Freistellung nach Artikel 85 Absatz 3 EWGV; Frankfurt/Main,Bern,New York 1983

Pfeffer Joachim, Der kartellrechtliche Schutz der Zulieferindustrie in der Automobilbranche; München 1985

Pfeffer Joachim, Die Neuordnung der Vertragshändlerverträge in der Automobilbranche, NJW 1985, S. 1241

Piriou Marie-Pierre, Selektiver Vertrieb und die Wettbewerbsregeln der Europäischen Gemeinschaft, GRUR Int. 1980, S. 321 und 407

Plaisant Robert/Daverat Georges, La distribution des pièces détachées pour automobiles et les lois contre les pratiques restrictives, Revue trimestielle de droit commercial et de droit économique 1983, S. 147 (Zitierweise: Plaisant/Daverat, Rev. trim. de droit commercial ..)

Regelmann Christof, Zur Lückenlosigkeit selektiver Vertriebsbindungen bei sogenannten Reimporten, WRP 1989, S. 779

Reuter Rolf, Die Original-Ersatzteile der Kraftfahrzeughersteller, DB 1979, S. 293

Sauter Herbert, Die gruppenweise Freistellung von Franchise-Vereinbarungen, WuW 1989, S. 284

Schmidt Karsten, Handelsrecht; 3. Auflage; Köln, Berlin, Bonn, München 1987

Schmitt Jost, Selektiver Vertrieb und Kartellrecht; Stuttgart 1975

Schütz Jörg, EG-kartellrechtliche Betrachtung der Zulieferverträge in der Automobilindustrie, WuW 1989, S. 111

Schweitzer Michael/Hummer Waldemar, Europarecht, 3. Auflage, Frankfurt/Main 1990

Schwintowski Hans-Peter, Zu den wettbewerbsrechtlichen Grenzen des § 26 Abs. 2 GWB bei Bündelung der Kfz-Nachfrage durch Leasing-Anbieter, BB 1989, S. 2337

Semler Franz-Jörg, Aktuelle Fragen im Recht der Vertragshändler, DB 1985, S. 2493

Semler Franz-Jörg, Handelsvertreter- und Vertragshändlerrecht; München 1988

Sharpe Thomas, Comments on Christian Joerges' paper on selective distribution schemes in the car sector, S. 251, in Goyens M. (ed.), E.C. Competition Policy and the Consumer Interest; Louvain la Neuve 1985 (Zitierweise: Sharpe, consumer interest, S. ..)

Siragusa Mario, The commission's authority to adopt a regulation providing for a block exemption for certain categories of motor vehicle distribution and servicing agreements, Bulletin de l'Institut International de Concurrence Commerciale, S. 55; Brüssel 1984 (Zitierweise: Siragusa, Bulletin, S. ..)

Siragusa Mario, Notifications of agreements in the EEC - to notify or not to notify, Fordham Corporate Law Institute 1986 (hrsg. 1987), S. 243

Skaupy Walther, Das "Franchising" als zeitgerechte Vertriebskonzeption, DB 1982, S. 2446

Skaupy Walther, Die neue EG-Gruppen-Freistellungsverordnung für Franchisevereinbarungen, DB 1989, S. 765

Sölter Arno, Bezugsbindungen in vertikalen Kooperationssystemen; Düsseldorf,Frankfurt/Main 1980

Soric Marlu, Wer vertritt wen ?, Das Autohaus 1990 (Heft 1/2), S. 70ff

Der Spiegel, Alte S-Klasse vor neuem BMW, 43. Jahrgang, 02.10.1989, S. 146

Steindorff Ernst, Europäisches Kartellrecht und Staatenpraxis, ZHR 1978, S. 525

Steindorff Ernst, Spannungen zwischen deutschem und europäischem Wettbewerbsrecht, S. 27, in Schwerpunkte des Kartellrechts 1986/87 (FIW-Heft 127); Köln,Bonn,Berlin,München 1988

Stern Klaus, Das Staatsrecht der Bundesrepublik Deutschland, Band II; München 1980

Stockmann Kurt, EEC competition law and member state competition laws, Fordham Corporate Law Institute 1987 (hrsg. 1988), S. 265

Stöver Klaus, Systeme von Vertriebsverträgen im Gemeinsamen Markt, S. 384, in Festschrift Sasse, Band I; Baden-Baden 1981

Stöver Klaus, Händlerverträge von morgen - mehr Schutz und Chance?, Das Autohaus 1983, S. 1243 und 1340

Stöver Klaus, Les dispositions les plus importantes du projet de règlement C.E.E. concernant les accords de distribution de véhicules automobiles, Bulletin de l'Institut International de Concurrence Commerciale, S. 87; Brüssel 1984 (Zitierweise: Stöver, Bulletin, S. ..)

Stöver Klaus, Aktuelle Fragen zur Kfz-Vertriebsverordnung der EG-Kommission, Das Autohaus 1989 (Heft 22), S. 22

Straup Roger/Schuberl Waltraud, Selektive Vertriebsvereinbarungen im französischen Recht, WRP 1988, S. 15

Stumpf Herbert, Der Vertragshändlervertrag; Heidelberg 1979

Sucker Michael, Die Auswirkungen der EG-Gruppenfreistellungsverordnung im Automobilsektor auf die zivilrechtliche Gültigkeit der Vertragshändlerverträge, RIW 1986, S. 161

Süddeutsche Zeitung, Interview mit Eberhard von Kuenheim, Dienstag 05.09.1989

Süddeutsche Zeitung, Hohes Preisgefälle bei Autos in der EG, Freitag 12.01.1990, S. 36

Süddeutsche Zeitung, Deutsche Autozulieferindustrie im Härtetest, Samstag/Sonntag, 17./18.02.1990, S. 35

Tietz Bruno, Der Gruppenwettbewerb als Element der Wettbewerbspolitik - Das Beispiel der Automobilwirtschaft; Köln,Berlin,Bonn,München 1981 (Zitierweise: Tietz, S. ...)

Ulmer Peter, Der Vertragshändler; München 1969

Ulmer Peter, Produktbeobachtungs-, Prüfungs- und Warnpflichten eines Warenherstellers in bezug auf Fremdprodukte, ZHR 1988, S. 564

Ulmer Peter/Brandner Hans Erich/Hensen Horst-Diether/Schmidt Harry, AGB-Gesetz; 6. Auflage; Köln 1989 (Zitierweise: AGBG-Ulmer Rdn. ...)

Vaughan David, Law of the European Communities (Volume 2), London 1986

Vollmer Lothar, Preisbindungen bei kooperativem Warenabsatz; Köln,Berlin,Bonn,München 1986

Waelbroeck Michel, La distribution des véhicules automobiles au regard du droit de la concurrence: Considérations introductives sur l'avant-projet de la Commission, Bulletin de l'Institut International de Concurrence Commerciale, S. 9; Brüssel 1984 (Zitierweise: Waelbroeck, Bulletin, S. ..)

W.M.J., The draft block exemption for selective distribution and servicing of motor vehicles, European Competition Law Review 1983, S.189

Weber Albrecht, Rechtsfragen der Durchführung des Gemeinschaftsrechts in der Bundesrepublik; Köln,Berlin,Bonn,München 1988

Weltrich Ortwin, Eine Bilanz - Kfz-Gruppenfreistellungsverordnung Nr. 123/85 der EG-Kommission, DB 1987, S. 2293

Weltrich Ortwin, Anpassung von Franchiseverträgen an die neue EG-Gruppenfreistellungsverordnung, DB 1988, S. 1481

Weltrich Ortwin, Die EG-Gruppenfreistellungsverordnung für Franchisevereinbarungen, RIW 1989, S. 90

Westphalen Friedrich von, Die analoge Anwendbarkeit des § 89b HGB auf Vertragshändlerverträge der Kfz-Branche, DB 1981/Beilage 12, S. 1ff

Westphalen Friedrich von, Das Dispositionsrecht des Prinzipals im Vertragshändlervertrag, NJW 1982, S. 2465

Westphalen Friedrich von, Die analoge Anwendbarkeit von § 89b HGB auf Vertragshändler unter besonderer Berücksichtigung spezifischer Gestaltungen der Kfz-Branche, DB 1984/Beilage 24, S. 1ff

Westphalen Friedrich von, Der Ausgleichsanspruch des Vertragshändlers in der Kfz-Branche gemäß § 89b HGB analog unter Berücksichtigung der neuesten BGH-Judikatur, DB 1988/Beilage 8, S. 1ff

Westphalen Friedrich von/Löwe Walter/Trinkner Reinhold, AGB-Gesetz, Kommentar, II. Klauselwerke: Vertragshändlervertäge; 2. Auflage; Heidelberg 1985 (Zitierweise: AGBG-v.Westphalen Rdn. ..)

Wiedemann Gerhard, Das Widerspruchsverfahren in den Gruppenfreistellungsverordnungen des EWG-Kartellrechts, DB 1988, 2345

Wiedemann Gerhard, Kommentar zu den Gruppenfreistellungsverordnungen des EWG-Kartellrechts (Band I); Köln 1989 (Zitierweise: Wiedemann, AT Rdn. ..)

Willemart Marc, Règlement C.E.E. n° 123/85 et loi belge du 27 juillet 1961, Revue de droit commerciale Belge 1985, S. 677

Winkler Rolf, Anmerkung zur Entscheidung des EuGH (E 1986, 4071) "VAG/Magne", GRUR Int. 1988, S. 772

Winterfeld Achim von, Neue Entwicklungen bei der Vereinfachung und Beschleunigung von Kartellverwaltungsverfahren vor der EG-Kommission, RIW 1984, S. 929

Wolf Manfred/Horn Norbert/Lindacher Walter, AGB-Gesetz; 2. Auflage; München 1989 (Zitierweise: AGBG-Wolf Rz. ..)

Wolter Jobst, Ausschließlichkeitspflichten beim Kfz-Vertrieb nach der EG-Verordnung 123/85, NJW 1985, S. 2875

Wolter Jobst, Rechtsprobleme der Vertriebsvereinbarung über Kraftfahrzeuge und ihre vertragliche Bewältigung; Göttingen 1986 (Zitierweise: Wolter, S. ..)

Abkürzungsverzeichnis

a.A.	= anderer Ansicht
aaO	= am angegebenen Ort
ABl.	= Amtsblatt
Abs.	= Absatz
AGB	= Allgemeine Geschäftsbedingungen
AGBG	= Gesetz zur Regelung des Rechts der Allgemeinen Geschäftsbedingungen
AG	= Aktiengesellschaft
Art.	= Artikel
AT	= Allgemeiner Teil
AWD	= Außenwirtschaftsdienst des Betriebs-Beraters
BB	= Der Betriebs-Berater
BEUC	= Bureau des Unions de Consommateurs
BGB	= Bürgerliches Gesetzbuch
BGH	= Bundesgerichtshof
BGHZ	= Amtliche Sammlung der Entscheidungen des BGH in Zivilsachen
BKartA	= Bundeskartellamt
BMW	= Bayerische Motorenwerke
bspw.	= beispielsweise
BVerfGE	= Amtliche Sammlung der Rechtsprechung des Bundesverfassungsgerichts
bzw.	= beziehungsweise
CMLR	= Common Market Law Review
corp.	= corporate
DAR	= Deutsches Autorecht
DB	= Der Betrieb
ders.	= derselbe
d.h.	= das heißt
EC	= European Communities
ECLR	= European Competition Law Review
ed.	= editor
EDV	= Elektronische Datenverarbeitung
EEC	= European Economic Community
EG	= Europäische Gemeinschaft(en)
Einl.	= Einleitung
EuGH	= Europäischer Gerichtshof
EuGHE	= Amtliche Sammlung der Rechtsprechung des EuGH
EWG	= Europäische Wirtschaftsgemeinschaft
EWGV	= Vertrag zur Gründung der Europäischen Wirtschaftsgemeinschaft
EWiR	= Entscheidungen zum Wirtschaftsrecht

f	=	folgende
ff	=	fortfolgende
FiW	=	Forschungsinstitut für Wirtschaftsverfassung und Wettbewerb
Fn.	=	Fußnote
Fordh.	=	Fordham
FS	=	Festschrift
gaz. pal.	=	Gazette du palais
gem.	=	gemäß
GRUR	=	Gewerblicher Rechtsschutz und Urheberrecht
GRUR Int.	=	Gewerblicher Rechtsschutz und Urheberrecht, Internationaler Teil
GVO	=	Gruppenfreistellungsverordnung
GWB	=	Gesetz gegen Wettbewerbsbeschränkungen
HGB	=	Handelsgesetzbuch
hrsg.	=	herausgegeben
inst.	=	Institute
intern.	=	international
isb.	=	insbesondere
JCP	=	Juris-classeur périodique
JWTL	=	Journal of World Trade Law
Kfz	=	Kraftfahrzeug
KOM	=	Kommission
LG	=	Landgericht
LM	=	Das Nachschlagwerk des Bundesgerichtshofs in Zivilsachen, hrsg. von Lindenmaier und Möhring
m.E.	=	meines Erachtens
MS	=	Mitgliedstaaten
m.w.N.	=	mit weiteren Nachweisen
NJW	=	Neue Juristische Wochenschrift
NJW RR	=	Neue Juristische Wochenschrift, Rechtsprechungsreport Zivilrecht
Nr.	=	Nummer
OLG	=	Oberlandesgericht
RabelsZ	=	Zeitschrift für ausländisches und internationales Privatrecht, begründet von Rabel
Rdn.	=	Randnummer
Rev. trim.	=	Revue trimestielle
RIW	=	Recht der internationalen Wirtschaft
Rz.	=	Randzeichen
S.	=	Seite
s.	=	siehe
s.o.	=	siehe oben
s.u.	=	siehe unten
sem.	=	semaine

sog.	=	sogenannte(r)
suppl.	=	supplément
TB	=	Tätigkeitsbericht
Tz.	=	Teilzeichen
u.a.	=	und anderes
v.	=	von
VAG	=	Volkswagen und Audi Gesellschaft
vgl.	=	vergleiche
VO	=	Verordnung
VW	=	Volkswagen
WM	=	Zeitschrift für Wirtschafts- und Bankrecht, Wertpapiermitteilungen
WRP	=	Wettbewerb in Recht und Praxis
WuW	=	Wirtschaft und Wettbewerb
WuW/E	=	Wirtschaftsrecht und Wettbewerb/Entscheidungssammlung
z.B.	=	zum Beispiel
ZHR	=	Zeitschrift für das gesamte Handels- und Wirtschaftsrecht
ZIP	=	Zeitschrift für Wirtschaftsrecht und Insolvenzpraxis

I.Teil: Probleme im Zusammenhang mit der
Gruppenfreistellungsverordnung 123/85:

1. Problemstellung:

Die Automobilindustrie ist einer der wichtigsten Wirtschaftsbereiche
innerhalb der Europäischen Gemeinschaft. Die Bedeutung der Kraftfahr-
zeugbranche wird bereits durch die Zahl der dort Beschäftigten
wiedergespiegelt[1]. Voraussetzung für die Beibehaltung oder Steigerung
der Produktion und damit der Beschäftigtenzahl ist der ungehinderte
Absatz der Produkte, weshalb der Warenabsatz eine zentrale Bedeutung
für die Unternehmenspolitik der Kfz-Hersteller gewinnt[2]. Ein Vor-
standsvorsitzender eines großen Automobilproduzenten in der Bundesrepublik Deutschland hat die Wichtigkeit einer funktionierenden Absatzorganisation folgendermaßen umschrieben: "Manche Hersteller haben her-
vorragende Produkte, sind aber nicht so erfolgreich, weil die Vertriebsorganisation Schwächen hat; anderen gelingt es mit einer ausge-
zeichneten Vertriebsorganisation, etwas schwächere Produkte erfolgreich zu verkaufen"[3]. Aber nicht nur für den einzelnen Hersteller,
sondern für die ganze europäische Automobilbranche haben die Ver-
triebs- und Wartungssysteme eine wirtschaftliche und strategische Bedeutung, die gerade bei der Abwehr der japanischen und amerikanischen
Konkurrenten eine wichtige Trumpfkarte bildet[4]. Aus diesen Gründen
sind die Kfz-Produzenten ständig bemüht, die Effizienz ihrer Ver-
triebs- beziehungsweise Händlerorganisation zu steigern. Dabei haben
die europäischen Kraftfahrzeughersteller und -importeure jedoch keine
unumschränkte Freiheit, sondern müssen die Wettbewerbsvorschriften des
Vertrages zur Gründung der Europäischen Wirtschaftsgemeinschaft beachten. Grundgedanke der Wettbewerbsvorschriften des EWG-Vertrages
ist, daß jedes Unternehmen selbst bestimmen kann, welche
Wettbewerbspolitik es im Gemeinsamen Markt betreiben will, eingeschlossen die Wahl der Personen, denen es Angebote unterbreitet und
Waren verkauft[5]. Ein Hersteller ist also grundsätzlich frei, seine Ab-

---

1 vgl. Bulletin der EG 1981/Beilage 2, Tz. 6 (S. 8) [Zur Erläuterung: Ein "vgl." am
Anfang eines Zitats bedeutet in der Regel, daß die Gerichtsentscheidung bzw. allgemein
die Ausführungen unabhängig von der GVO 123/85 gefällt wurde bzw. gemacht wurden, sofern
dies nicht ohne einen entsprechenden Hinweis sowieso deutlich würde]
2 vgl. Ebenroth, S. 15
3 v.Kuenheim (BMW AG) in einem Interview mit der Süddeutschen Zeitung Nr. 203 vom
05.07.1989
4 Bulletin EG 1981/Beilage 2, Tz. 55 (S. 33f)
5 EuGHE 1975, 1663, 1965 (Rdn. 173/174) "Suiker"

satzwege und sein Absatzsystem auszuwählen[6]. Allerdings muß er insbesondere das Verbot wettbewerbsbehindernder Vereinbarungen, Beschlüsse
oder Verhaltensweisen nach Art.85 des EWG-Vertrages beachten, nachdem
dieses nicht nur auf horizontale, sondern auch auf vertikale Vereinbarungen, also Vereinbarungen zwischen verschiedenen Ebenen, wie
Kfz-Hersteller und Automobilhändler, anwendbar ist[7]. In den zwischen
Hersteller und Händlern geschlossenen Vereinbarungen, die dem Absatz
der Produkte durch eine enge Kooperation dienen (Kontraktmarketing)[8],
kommen regelmäßig Wettbewerbsbeschränkungen vor, die von Art.85 I EWGV
erfaßt werden und damit grundsätzlich verboten sind. Allerdings gibt
es kein Kartellverbot ohne Ausnahme. Artikel 85 III EWGV ermöglicht
eine Freistellung vom Kartellverbot. Diese Freistellung kann durch
eine Einzelentscheidung der EG-Kommission erteilt werden, die nur der
angemeldeten wettbewerbsbeschränkenden Vereinbarung zugute kommt, oder
mittels einer Gruppenfreistellung. Die Gruppenfreistellung, die durch
eine von der EG-Kommission erlassene Verordnung erfolgt, erfaßt ganze
Gruppen von ähnlichen Vereinbarungen zwischen Unternehmen, ohne daß
diese einer Einzelfreistellung durch die EG-Kommission bedürfen. Die
EG-Kommission hat, nachdem die förmlichen Voraussetzungen eingehalten
wurden, 1985 die Verordnung (EWG) 123/85 über die Anwendung von Artikel 85 Absatz 3 des Vertrages auf Gruppen von Vertriebs- und
Kundendienstvereinbarungen über Kraftfahrzeuge veröffentlicht[9]. Diese
Verordnung* bedarf trotz ihrer Ausführlichkeit und Detailliertheit
einer näheren Erläuterung, die jedoch nicht erschöpfend sein möchte,
sondern nur die wichtigsten Probleme aufzeigen, erfassen und Denkan-
stöße zu ihrer Lösung geben will. Dabei soll keine Auseinandersetzung
mit den prinzipiellen Annahmen der Kommission in tatsächlicher und
rechtlicher Hinsicht erfolgen, sondern von dem Verordnungstext ausgehend sollen die Probleme angegangen werden. Ansonsten würde der Rahmen
der Arbeit gesprengt. Deshalb werden die Grundannahmen, die sich in
der Verordnung niedergeschlagen haben, in tatsächlicher und rechtlicher Hinsicht nur noch nachgezeichnet. Die zu behandelnden Fragen,
die die Verordnung selbst aufwirft, konzentrieren sich insbesondere
auf das facettenreiche Verhältnis zwischen dem Kfz-Hersteller und dem
Automobilvertragshändler.

---

6 Niederleithinger/Ritter, S. 79
7 EuGHE 1966, 321, 387 "Grundig/Consten" und 1966, 457, 485 "Italienische Republik"
8 Gabler Wirtschaftslexikon, Stichworte "Kontraktmarketing" und "Kooperation"; vgl.
Ebenroth, BB 1988/Beilage 10, S. 3
9 KOM ABl. 85 L 15/16
* Artikel und Erwägungsgründe ohne nähere Angabe sind solche der Verordnung (EWG) 123/85

2. Wirtschaftlicher Hintergrund, Vertragstyp des Vertragshändlers und zivilrechtliche Abgrenzung zu anderen Absatzmittlern:

2.1. Wirtschaftlicher Hintergrund:

In der Automobilbranche der Europäischen Gemeinschaften stellt sich die Beziehung zwischen den Händlern von Kraftfahrzeugen, also den Letztverteilern, und den Lieferanten, welche in der Regel die Hersteller der Kraftfahrzeuge sind, typischerweise folgendermaßen dar: Die Vertriebsnetze der Kfz-Hersteller sind jeweils nach einheitlichen Grundsätzen errichtet und durchorganisiert, insbesondere was das Erscheinungsbild nach außen und das Leistungsangebot betrifft[1]. Die Kontraktsysteme werden nicht nur hinsichtlich einzelner Elemente des optischen Erscheinungsbildes harmonisiert, so die Markennamen, Hinweise auf die Warenzeichen u.a., sondern es wird eine ganzheitliche Harmonisierung des Erscheinungsbildes vorgenommen, das heißt, sowohl die Außengestaltung des Geschäftsbetriebes als auch dessen Innenbereich werden mit den gleichen Gestaltungselementen versehen (z.B. Kundendienstsektor)[2]. Die Automobilhändler sind verpflichtet, die Geschäftsräume nach bestimmten vom Hersteller vorgegebenen Richtlinien, denen ein Muster zugrundeliegt, auszustatten[3]. Die Uniformität betrifft über die äußeren Merkmale hinaus auch die Leistungspalette, wie Neuwagen, Ersatzteile, Zubehör, aber auch Angebote an Krediten, Versicherung und Leasing[4]. Die Einheitlichkeit des Vertriebsnetzes des Herstellers soll dessen leichtere und schnellere Identifizierung durch den (potentiellen) Kunden ermöglichen, indem es sich deutlich von den Vertriebssystemen der anderen Kfz-Hersteller abhebt[5]. Die Waren der jeweiligen Kfz-Marke sollen nur in diesen unverwechselbaren Geschäftsbetrieben der autorisierten Händler erhältlich sein. Der good will des Produkts wird zusätzlich gesteigert, indem es nicht überall erhältlich ist[6]. Deshalb ist es aber notwendig, daß die einzelnen Geschäftsbetriebe der Händler, die am Ort eine Art "Platzhaltung" für den Hersteller in einer in dessen Augen hinreichend repräsentativen Weise vornehmen sollen[7], marktabdeckend verteilt sind.

Mit Hilfe des von allen Mitgliedern des Vertriebssystems eingesetzten unverwechselbaren Identifikationsprogramms soll letztlich die Verkaufsförderung des Herstellers besonders durch überregionale Werbung unterstützt und sein Image nachhaltig gefördert werden[8]. In der Bun-

---

1 Wolter, S. 8; AGBG-Ulmer, Rdn. 870
2 Tietz, S. 210f; vgl. Bechthold, NJW 1983, 1394
3 v.Westphalen, NJW 1982, 2471; ders., DB 1981/Beilage 12, S. 2
4 vgl. Tietz, S. 169
5 vgl. Tietz, S. 210f; v.Westphalen, DB 1981/Beilage 12, S. 3
6 Ebenroth, BB 1988/Beilage 10, S. 22
7 Wolter, S. 164
8 vgl. Tietz, S. 211

desrepublik treten die jeweiligen Vertriebsnetze in der oben beschrie-
benen homogenen Art und Weise auf. Ausnahmen sind kleinere Hersteller,
die in der Regel nur geringe Marktanteile halten, und Produzenten, die
den Markt erst erschließen wollen, da diese in der Regel keinen Vertragshändler finden, der nur für sie tätig ist.

Das das homogene respektive einheitliche Auftreten auf dem Markt be-
wirkende Gestaltungsmittel ist die Integration der Händler in den or-
ganisatorischen Bereich des Herstellers[9]. Die Eingliederung der Händler in die Verkaufsorganisation des Herstellers, welche typisches
Kennzeichen eines Vertragshändlervertriebes ist[10], stellt allerdings
keine echte beziehungsweise volle Integration dar, da der Vertragshändler rechtlich unabhängig ist (Quasiintegration)[11]. Diese Einbindung in die Verkaufsorganisation des Herstellers unterscheidet den
Vertragshändler von einem nicht nur rechtlich unabhängigen, sondern
auch ungebundenen Händler[12]. Der Vertragshändler wird durch die wirtschaftliche Integration seines Geschäftsbetriebs in den Organisations-
bereich des Fabrikanten zum ausführenden Organ, zu dessen bloß verlän-
gertem Arm[13]. Dadurch schiebt der Hersteller seine Einflußsphäre in
den Bereich des Handels vor[14] und übt Einfluß auf das von ihm angebotene Leistungspaket bis zum Endnachfrager aus[15], das heißt, er kann
den Vertriebsweg seiner Erzeugnisse kontrollieren[16]. Der Produzent
nimmt durch die Beauftragung des Vertragshändlers mit dem Absatz
seiner Waren eigentlich nur eine formale Ausgliederung des Vertiebsbe-
reichs aus seinem Unternehmen vor[17], so daß der Vertragshändler der
Herstellersphäre zuzurechnen ist, da er bloß deren Vertriebsfunktion
dauerhaft übernimmt[18]. Damit wird er zu einem Absatzmittler und zeigt
eine gewisse funktionelle Ähnlichkeit zu anderen auf Dauer tätigen Absatzmittlern wie zum Beispiel dem Handelsvertreter, welcher voll in
den Unternehmensbereich des Produzenten integriert ist[19]. Die Integration bedeutet zugleich Kontrolle des Händlers[20], was vor allem wichtig
für die Einhaltung des auf Einheitlichkeit abzielenden Erscheinungsbildes ist und sich in regelmäßigen Betriebskontrollen niederschlägt[21]. Für jeden Händler ist es nämlich profitabel, die Pflichten,
welche einheitlich im gesamten Vertriebssystem gelten, zu ignorieren,

---

9 vgl. Wolter, S. 8
10 vgl. AGBG-Ulmer, Rdn. 870
11 Joerges, Vertriebspraktiken, S. 341
12 Ebenroth, S. 33
13 Ulmer, Der Vertragshändler, S. 225
14 Ebenroth, S. 40
15 Tietz, S. 167
16 Ebenroth, BB 1988/Beilage 10, S. 15; Ebenroth, S. 34
17 v.Westphalen, NJW 1982, 2470
18 Ulmer, Der Vertragshändler, S. 229
19 Ulmer, Der Vertragshändler, S. 229 und AGBG-Ulmer, Rdn. 870
20 Wolter, S. 9
21 vgl. auch KOM ABl. 78 L 46/33, 41 "BMW-Belgium"

sofern sich die anderen daran halten[22]. Die Koordination der Händler
wird aber nicht nur durch Kontrollmaßnahmen seitens des Herstellers
bewirkt, sondern beruht oftmals auf deren vertraglich nicht geregeltem
freiwilligem Koordinationsverhalten[23], welches aber letztlich ein Ergebnis der dauerhaften Integration ist. Durch die Quasiintegration sichert sich der Hersteller also sowohl die Kontrolle über seinen Ver-
triebsbereich, ohne eine schwerfällige Großorganisation mit mangelnder
Reaktionsfähigkeit zu unterhalten[24], als auch den Leistungswillen des
Vertragshändlers, weil dieser selbständiger Unternehmer bleibt und
damit das unternehmerische Risiko zu tragen hat[25].

Der Produzent schiebt also seine Einflußsphäre in den Bereich des
Vertriebs der Waren vor, ohne allerdings die finanziellen Folgen auf
sich zu nehmen, da der Vertragshändler eben das eigenunternehmerische
Risiko selbst zu tragen hat[26]. Der Händler trägt aber nicht nur das
finanzielle Risiko seiner Tätigkeit, sondern wird durch die Vereinbarung mit dem Hersteller verpflichtet, erhebliche Investitionen zu erbringen: Die Bereitstellung der Betriebsanlagen, die Anschaffung der
erforderlichen Ausrüstung, die Einrichtung des Kunden-, Wartungs- und
Instandsetzungsdienstes und Kauf und Unterhaltung eines ausreichenden
Lagerbestandes[27]. Vor allem muß ein Mitglied eines Vertriebsnetzes oft
große Summen investieren, um den Vertrieb und Kundendienst dem vom
Hersteller gewünschten einheitlichen Muster anzupassen[28] und um den
ihm zugeteilten Markt voll ausnutzen zu können[29]. Der Vertragshändler
unterstellt somit nicht nur seine Arbeitskraft, sondern auch sein Kapital dem Einfluß des Herstellers, wodurch die rechtliche und wirtschaftliche Verfügungsmacht über den Geschäftsbetrieb des Vertragshändlers auseinanderfallen, ohne daß damit auch eine Risikoverlagerung
auf den Inhaber der wirtschaftlichen Verfügungsmacht, also den Hersteller, verbunden ist[30]. Der Vertragshändlervertrag eignet sich wegen
des geringen Kapitaleinsatzes also hervorragend für die Erschließung
von Märkten durch den Hersteller, was vor allem für das Ausland
gilt[31].

Durch die Übertragung der unternehmerischen Kompetenz hinsichtlich
weitreichender und mit erheblichen finanziellen Folgen verbundener
Entscheidungen begibt sich der Vertragshändler aber seiner ökonomischen Selbständigkeit und macht sich wirtschaftlich vom Hersteller

22 vgl. Sharpe, consumer interest, S. 249, 255
23 vgl. Tietz, S. 19
24 Wolter, S. 9
25 vgl. Martinek, S. 15
26 Ebenroth, S. 40
27 BGH NJW 1985, 625
28 AGBG-Wolf § 9 Rz. V 22
29 Bunte, NJW 1985, 601
30 Ulmer, Der Vertragshändler, S. 150
31 Ebenroth, S. 136

abhängig[32]. Diese wirtschaftliche Abhängigkeit führt dazu, daß der
Kfz-Vertragshändler seine gesamte Geschäftstätigkeit auf die Interessen des Herstellers ausrichtet und seine eigenen unternehmerischen
Entscheidungen vollkommen demselben unterordnet[33]. Zusätzlich wird die
ökonomische Unselbständigkeit des Absatzmittlers in der Kfz-Branche
noch durch dessen Abhängigkeit von der Geschäfts- und Modellpolitik
des Herstellers verstärkt, indem der Erfolg oder Mißerfolg der Produkte des Fabrikanten zugleich der Erfolg oder Mißerfolg des Händlers
ist[34]. Das Risiko des Händlerunternehmens wird also nicht nur von
einem positiven Ergebnis der Tätigkeit des Händlers beeinflußt, sondern weitgehend vom Erfolg der Herstellerseite[35]. Außerdem übernimmt
der Vertriebsmittler weitere Risiken, die ihrer Natur nach nicht in
seine Sphäre fallen, wie die Kapazitätsauslastung des Unternehmens des
Herstellers durch eine zur Pflicht gemachte weitreichende Vorratshal-
tung, was für jenen den Vorteil einer steten Abnahme seiner Waren
hat[36]. Die Beziehung des Kfz-Herstellers und seines Vertriebsmittlers
ist also typischerweise durch eine schwerpunktmäßige Verteilung von
Risiken auf den Händler gekennzeichnet[37].

Den Nachteilen dieses Vertriebssystems stehen aber auch Vorteile für
den Händler gegenüber, ansonsten würden sich Absatzmittler kaum auf
eine solche Beziehung einlassen. Der Händler eines Vertriebssystems
kann den guten Namen des Herstellers und die Attraktivität der Marke
für seinen eigenen Erfolg auf dem Markt nutzen, das heißt, er profitiert vom good will des Produzenten, welcher die Marke aufgebaut hat
und den Bedarf durch seine Produktion erst hervorgerufen hat[38]. Er
kann aber nicht nur aus dem Image des Fabrikanten Kapital schlagen,
sondern als Mitglied eines Vertriebsnetzes kommt ihm auch direkte
Hilfe durch den Hersteller zugute, wie die Vermittlung von know how[39],
die Schulung des Personals, insbesondere des Verkaufspersonals des
Händlerbetriebes[40] und die Entlastung der Betriebsführung durch die
Übernahme entsprechender Arbeiten seitens des Herstellers[41]. Außerdem
ermöglicht die Bindung an einen Unternehmer die Rationalisierung, Spezialisierung und Vereinfachung des Händlerbetriebes[42] und eröffnet
diesem eine stete Bezugsquelle[43]. Diese Vorteile gleichen aber die
Nachteile aus einer solchen Beziehung nicht vollends aus, so daß es

---

32 vgl. Bunte, ZIP 1982, 1168; Joerges, Vertriebspraktiken, S. 341
33 Ebenroth, S. 34
34 vgl. Tietz, S. 231; Bunte, ZIP 1982, 1168
35 AGBG-v.Westphalen, Rdn. 6
36 Ebenroth, S. 39
37 vgl. Tietz, S. 234
38 Bunte, ZIP 1982, 1168; Ulmer, Der Vertragshändler, S. 229; vgl. Tietz, S. 231
39 Tietz, S. 19 und 231
40 v.Brunn, Wettbewerbsprobleme, S. 28
41 Wolter, S. 11
42 Ebenroth, S. 40
43 Martinek, S. 13

typischerweise bei der Abhängigkeit des Händlers vom Hersteller, die
vor allem auf der weitreichenden Bindung der Kapitalkraft durch den
Fabrikanten beruht, bleibt[44].

Auf der anderen Seite ergeben sich aber auch Risiken für den Hersteller insbesondere daraus, daß er sich von der Absatzleistung der einmal
ausgewählten Händler abhängig macht und nicht ohne weiteres das Netz
verkleinern beziehungsweise vergrößern kann[45]. Der Produzent ist auf
den Leistungswillen und die Leistungskraft seiner Absatzmittler angewiesen. Vor allem bei Mitgliedern des Vertriebsnetzes, die überregionale Funktionen zu erfüllen haben, wie zum Beispiel die Unterhaltung
eines zentralen Lagers, kommt es oftmals zu einer ausgeprägten Abhängigkeit des Herstellers vom Händler. Viele Kraftfahrzeughersteller in
der Bundesrepublik nehmen momentan eine Umstrukturierung ihrer Vertriebsnetze vor, indem sie nicht mehr auf eine absolute Präsenz Wert
legen, sondern sich um eine ausgewogene, den Abnahmeverhältnissen adäquate Marktabdeckung bemühen, so daß sogar schon von einem "Händlersterben" die Rede ist[46]. Diese Entwicklung könnte dazu führen, daß
sich letztlich die Position des Händlers gegenüber dem Produzenten
verstärkt, weil dieser dann auf die Leistung weniger, dafür
wirtschaftlich starker Absatzmittler angewiesen ist. Unabhängig davon
finden im allgemeinen leistungsfähige und wirtschaftlich gesunde
Verbundpartner, um die eine latente Konkurrenz zwischen den Herstellern besteht, schnell ein alternatives Vertriebsnetz, in das sie sich
integrieren können[47].

Determinierendes Merkmal der Kooperation zwischen Händler und Hersteller ist also eine gewisse gegenseitige Abhängigkeit[48], welche allerdings vom Händler zum Hersteller stärker ausgeprägt ist, aber
trotzdem bestimmte Vorteile für beide Seiten mit sich bringt. Man kann
sogar davon sprechen, daß den Gruppen generell eine Haßliebe zwischen
den Partnern eigen ist, die gerade auch auf der reziproken Abhängigkeit beruht[49].

2.2. Vertragstyp des Vertragshändlers und zivilrechtliche Abgrenzung
zu anderen Absatzmittlern:

2.2.1. Vertragstyp des Vertragshändlers:
Durch die GVO 123/85 wird, wie sich insbesondere aus Art.1 ergibt,
eine Vereinbarung mit einem Vertragshändler erfaßt (siehe unten

---

44 vgl. Bunte, ZIP 1982, 1168
45 vgl. Vollmer, Preisbindungen bei kooperativem Warenabsatz, S. 18; vgl. auch Davidow
(kritisch), Antitrust Bulletin 1983, 876 und Stöver, Das Autohaus 1983, 1342
46 Marlu Soric, Das Autohaus 1990, Heft 1/2, S. 70
47 Tietz, S. 74
48 Tietz, S. 74
49 vgl. Tietz, S. 17

II.1.4.: Kartellrechtliche Abgrenzung). Der Definitionskatalog der GVO
123/85 beschreibt in Art.13 Nr.1 die Vereinbarung zwischen den Vertragspartnern als eine Rahmenvereinbarung von bestimmter oder unbestimmter Dauer. Damit gibt die Verordnung zwei wesentliche Charakteristika eines Vertragshändlervertrages wieder[50], nämlich den Rahmenvertrag und die Beständigkeit der Beziehung. Ein Rahmenvertrag bildet die
Grundlage der gesamten vertraglichen Verhältnisse mit einem Vertragshändler, aufgrund dessen sich die Beziehungen der Parteien durch Abschluß von Einzelverträgen, hier insbesondere von Kaufverträgen über
die vom Hersteller produzierten Waren[51], konkretisieren[52]. Der Rahmenvertrag ist notwendigerweise ein Dauerschuldverhältnis, da er auf die
dauernde Pflicht der Lieferung beziehungsweise Abnahme der vereinbar-
ten Waren gerichtet ist[53]. Dadurch vermindert sich der Gewinnstreß,
der entstehen würde, sofern es sich nur um sich wiederholende Kaufverträge handelte[54]. Diese Abgrenzung ist bedeutend für die Erfassung
durch das Kartellrecht, da die einzelnen Kaufverträge, welche unerläß-
liche Bestandteile einer Wettbewerbsordnung sind, vom Kartellrecht
typischerweise nicht kontrolliert werden[55], hingegen schon der die
einzelnen Kaufverträge nach sich ziehende Rahmenvertrag. Durch das
Dauerschuldverhältnis, das die Lieferverträge als Rahmenvertrag
umspannt, wird die für den Hersteller wesentliche Integration des Vertragshändlers in das Vertriebsnetz erreicht, wodurch er wiederum erst
den entsprechenden Einfluß auf seinen Absatzmittler[56] ausüben kann
(s.o.I.2.1.). Auf der anderen Seite ist der Vertragshändler aber
rechtlich selbständig und hat das finanzielle Risiko seiner Tätigkeit
zu tragen (s.o.I.2.1.). Rechtlich drückt sich das dadurch aus, daß der
Vertragshändler in eigenem Namen handelt, also nicht im Namen des Herstellers beziehungsweise seines Lieferanten, und auf eigene Rechnung
tätig wird. Nach außen wird die Integration sowie die rechtliche Selbständigkeit sichtbar, indem der Vertragshändler das Herstellerzeichen
neben seinem eigenen herauszustellen hat. Die wirtschaftliche Abhängigkeit des Händlers vom Hersteller, die in ökonomischer Hinsicht
determinierend für die Kooperation zwischen den Vertragspartnern ist
(s.o.I.2.1.), wird insbesondere durch die sehr weitgehende Verpflichtung des Automobilvertragshändlers, den Absatz der Waren des Herstellers im Vertragsgebiet zu fördern (Absatzförderungspflicht), bewirkt.
  Ein Vertragshändlervertrag liegt nach der Definition von Ulmer demnach vor, wenn das Unternehmen des Händlers in die Vertriebsorgani-

---

50 vgl. AGBG-Wolf § 9 Rz. V 21
51 AGBG-Wolf § 9 Rz. V 21
52 Ulmer, Der Vertragshändler, S. 300 und 302ff
53 Ulmer, Der Vertragshändler, S. 301
54 vgl. Tietz, S. 53
55 Stöver, FS Sasse, Band I, S. 389
56 vgl. zu diesem Begriff insbesondere Ebenroth, S. 22ff

sation des Herstellers in der Weise eingegliedert ist, daß der Händler
es ständig übernimmt, im eigenen Namen und auf eigene Rechnung die
Vertragswaren im Vertragsgebiet zu vertreiben und ihren Absatz zu fördern, und die Herausstellung des Herstellerzeichens neben seinem eigenen vorhanden ist[57].
Der Vertragshändler ist als Typus gesetzlich nicht geregelt. Inhaltlich weist der Vertrag trotz eines eigenständigen in der Wirtschaftspraxis entwickelten Vertragstyps deutliche Elemente eines auf
eine Geschäftsbesorgung gerichteten Dienstvertrages (§§ 611, 675 BGB)
auf[58]. Diese Einordnung trägt dem Übergewicht der Dauerrechtsbeziehung
und dem nachhaltigen Einfluß des Herstellers beziehungsweise Lieferanten auf den Händler Rechnung[59]. Aus den Vorschriften der §§ 675, 665
BGB folgt vor allem eine Bindung des Vertragshändlers an Weisungen des
Lieferanten auch dort, wo es nicht ausdrücklich vereinbart ist[60]. Der
Begriff der Geschäftsbesorgung, der sich aus § 675 BGB ergibt, ist
allerdings auf die Wahrnehmung der Interessen eines anderen gerichtet
zu verstehen[61]. Die allgemeine Pflicht zur Wahrnehmung der Interessen
des anderen konkretisiert sich daher in dem Absatzmittlungsverhältnis
insbesondere als Absatzförderungspflicht des Vertragshändlers[62], das
heißt die Verpflichtung, sich für den Warenabsatz und die Marke des
Herstellers einzusetzen[63]. Nicht zuletzt die Absatzförderungspflicht
weist eine deutliche Ähnlichkeit zu der normierten Pflicht des Handelsvertreters auf, sich um die Vermittlung und den Abschluß von
Geschäften zu bemühen (§ 86 I 1 HGB)[64]. Diese Pflicht des Handelsvertreters resultiert wie beim Vertragshändler aus dem Dauerschuldverhältnis, das den Handelsvertreter und Unternehmer verbindet (vgl. § 84
I 1 HGB)[65] und die rechtliche und wirtschaftliche Integration des Handelsvertreters in das Unternehmen des Geschäftsherrn zur Folge hat.
Hinsichtlich der Integration des Vertragshändlers in das Vertriebsnetz
des Herstellers gleicht die Stellung des Vertragshändlers derjenigen
eines Handelsvertreters[66]. Im Innenverhältnis (!) können daher insoweit gewisse Normen des Handelsvertreterrechts, welche jener Integration Rechnung zu tragen geeignet sind, zur Anwendung kommen[67]. Dies

---

57 Ulmer, Der Vertragshändler, S. 206; siehe auch BGHZ 19, 83, 87; 34, 282, 285;
insbesondere 54, 338, 340f
58 Ulmer, Der Vertragshändler, S. 264f; Brüggemann in Großkommentar HGB, vor § 84 Rdn.
11; Gierke-Sandrock, § 28 C I 1 (S. 490)
59 Karsten Schmidt, Handelsrecht, § 27 II 2b (S. 673)
60 Martinek, Rdn. 96
61 Brüggemann in Großkommentar HGB, vor § 84 Rdn. 11
62 Brüggemann in Großkommentar HGB, vor § 84 Rdn. 11
63 Karsten Schmidt, Handelsrecht, § 27 II 2c (S. 673)
64 vgl. Karsten Schmidt, Handelsrecht, § 27 II 2c (S. 673)
65 Karsten Schmidt, Handelsrecht, § 26 III 1 (S. 647)
66 Gierke/Sandrock, § 28 C I 2 (S. 490)
67 Gierke/Sandrock, § 28 C I 2 (S. 490); Brüggemann in Großkommentar HGB, vor § 84 Rdn.
13f; Baumbach-Duden-Hopt, HGB, § 84, 2 A; Karsten Schmidt, Handelsrecht, § 27 III (S.
680f); Semler, DB 1985, 2493; BGHZ 29, 83, 86

gilt namentlich für die §§ 86, 86a HGB mit den ihrem Pflichtenkanon zugrundeliegenden Loyalitätsbindungen, die besonders wichtigen Kündigungsvorschrifen der §§ 89, 89a HGB[68] und insbesondere den Ausgleichsanspruch des § 89b HGB[69] (siehe dazu unten II.8.4.2.). Auch nach der Änderung des Handelsgesetzbuches durch die Umsetzung der Handelsvertreterrichtlinie der EG-Kommission[70] durch den deutschen Gesetzgeber bleibt es bei der Rechtsprechung, daß Normen des Handelsvertreterrechts analog auf den Vertragshändler angewandt werden können[71], da die Reform des Handelsvertreterrechts nicht den Schutz des Vertragshändlers verkürzen, sondern den Schutz beider Absatzmittler ausbauen und insbesondere deutlicher ausgestalten sollte. Aus der analogen Anwendung von Vorschriften, die den Handelsvertreter betreffen, folgt zum Beispiel der präzisierte Interessenwahrungscharakter (s.o.) des Vertragshändlervertrages (§ 86 HGB analog)[72], das heißt, daß sich der Vertragshändler bei seiner Absatzförderungstätigkeit nach den Interessen des Herstellers zu richten und seine eigenen Belange im Konfliktfall zurücktreten zu lassen hat[73]: Der Vertragshändler muß auch ohne entsprechende Vereinbarung das Konkurrenzverbot, das aus § 86 HGB analog hergeleitet wird, einhalten[74] (siehe dazu unten II.2.2.2.). Umgekehrt folgt aus den weitgehenden Eingriffsmöglichkeiten in die wirtschaftliche Selbständigkeit des Vertragshändlers eine entsprechende Treuebindung des Herstellers gegenüber dem Händler, die dem § 86a HGB analog, der insbesondere die Pflichten des Herstellers gegenüber dem Vertragshändler festsetzt[75], entnommen wird[76]: Die Treuebindung des Herstellers begründet eine allgemeine Rücksichtspflicht gegenüber den Belangen des Händlers und hindert den Produzenten, ohne triftigen Anlaß dessen Interessen zuwiderzuhandeln[77]. Das Treueverhältnis unterscheidet den Vertagshändlervertrag insbesondere vom Sukzessivliefervertrag, der die Pflicht zur Lieferung einer bestimmten Warenmenge für eine gewisse Zeit beinhaltet[78].

 Durch die analoge Anwendung der Handelsvertretervorschriften erhält der Vertragshändlervertrag, der sich in der Wirtschaftspraxis als Typ eigenständig entwickelt und herausgeschält hat, hinreichende Klarheit bezüglich der Rechtsfolgen, die das Verhältnis zwischen dem Vertragshändler und dem Hersteller regeln.

---

68 siehe beispielsweise Brüggemann in Großkommentar HGB vor § 84 Rdn. 14ff
69 siehe beispielsweise Karsten Schmidt, Handelsrecht, § 27 III 2 (S. 683) m.w.N.
70 ABl. 86 L 382/17
71 vgl. Ankele, DB 1989, 2211
72 Brüggemann in Großkommentar HGB, vor § 86 Rdn.15
73 Ulmer, Der Vertragshändler, S. 410
74 BGH WM 1984, 38f
75 Gierke/Sandrock, § 28 C III (S. 493f)
76 Brüggemann in Großkommentar HGB, vor § 84 Rdn. 16
77 Ulmer, Der Vertragshändler, S. 401
78 BGH DB 1985, 1687

2.2.2. Zivilrechtliche Abgrenzung zu anderen Absatzmittlern:

Die für den Vertragshändler typisierenden genannten Merkmale der Eingliederung, der Beständigkeit der Geschäftsverbindung, der Funktions-
verteilung (Handeln im eigenen Namen), der Risikoverteilung (Handeln
auf eigene Rechnung) und schließlich der Herausstellung des Herstellerzeichens neben seinem eigenen ermöglichen die rechtliche Unterscheidung von den übrigen Typen von Absatzmittlern[79].

2.2.2.1. Sortimentshändler:

Der gewöhnliche Sortimentshändler[80] kommt in der Automobilbranche in
der Regel nicht vor, da er sich von dem in dieser Branche üblichen
Absatzmittlertyp des Vertragshändlers durch das für den Kfz-Hersteller
beziehungsweise Lieferanten besonders wichtige Merkmal der Eingliederung in das Vertriebssystem unterscheidet. Das heißt, der Sortimentshändler weist bis auf die feste Integration in das Vertriebsnetz,
durch welche der Kraftfahrzeugproduzent erst den entsprechenden Einfluß auf seinen Absatzmittler ausüben kann, alle Merkmale des Vertragshändlers auf[81]. Wegen der fehlenden Integration ist es auch nicht
wie beim Vertragshändler gerechtfertigt (s.o.I.2.2.1.), ohne weiteres
die Vorschriften des Handelsvertreterrechts auf das Innenverhältnis
anzuwenden.

2.2.2.2. Kommissionär:

Ebenso wie der Sortimentshändler tritt der gewöhnliche Kommissionär
praktisch im Bereich des Kraftfahrzeugvertriebs nicht auf. Grund
hierfür ist, daß der Kommissionär es nicht ständig übernimmt, Kraftfahrzeuge auf Rechnung des Herstellers, der damit Kommittent wäre, in
eigenem Namen zu kaufen und zu verkaufen (vgl. § 383 HGB). Unterschei-
dungsmerkmale vom Vertragshändler sind demnach die beim Kommissionär
fehlende Beständigkeit der Geschäftsverbindung zum Kfz-Produzenten
beziehungsweise Lieferanten, das Handeln auf fremde Rechnung und die
das Absatzmittlungsverhältnis im Kfz-Vertrieb prägende, beim Kommissionär jedoch nicht vorhandene Eingliederung[82]. Das Verhältnis
zwischen Kommissionär und Kommittenten wird durch die §§ 383ff HGB
geregelt, so daß sich das Problem der analogen Anwendung von Vorschriften des Handelsvertreterrechts nicht stellt.

2.2.2.3. Handelsvertreter:

---

79 hierzu auch Gierke/Sandrock, § 28 A II 5, 6 (S. 482f)
80 Die Terminologie ist nicht einheitlich, die Literatur verwendet für den
Sortimentshändler oftmals auch den Ausdruck Eigenhändler, vgl. beispielsweise Karsten
Schmidt, Handelsrecht, § 27 II 2a (S. 672) und Gierke/Sandrock, § 28 A II 5a (S. 482),
während die Rechtsprechung die Bezeichnungen Vertragshändler und Eigenhändler synonym
benutzt, siehe z.B. BGHZ 54, 338, 340f
81 Gierke/Sandrock, § 28 A II 5a (S. 482); Karsten Schmidt, Handelsrecht, § 27 II 2a (S.
672)
82 Gierke/Sandrock, § 28 A II 5b (S. 482)

Im Bereich des Kfz-Vertriebs in der Bundesrepublik Deutschland gibt es neben dem dominierenden Typ des Vertragshändlers auch noch den Handelsvertreter als Absatzmittler[83]. Entscheidend für das Vorkommen des Handelsvertreters in der Automobilbranche ist wie beim Vertragshändler die Eingliederung in das Vertriebsnetz des Herstellers und die Beständigkeit der Geschäftsverbindung. Im Unterschied zum Vertragshändler wird der Handelsvertreter jedoch im fremden Namen, also im Namen des Herstellers, und auf fremde Rechnung, also auf Rechnung des Produzenten, tätig (§ 84 I 1 HGB)[84]. Die Beziehung zwischen dem Handelsvertreter und dem Unternehmer, für den er tätig wird, wird durch die §§ 84ff HGB geregelt, die einen Ausgleich für den starken Einfluß des Unternehmers auf den Handelsvertreter herstellen sollen, wobei besonders wichtig die Vorschriften über die Beendigung des Absatzmittlungsverhältnisses in den §§ 89ff HGB sind.

2.2.2.4. Kommissionsagent:

Neben den geläufigen Absatzmittlertypen des Vertragshändlers und des Handelsvertreters weist der Automobilvertrieb in der BRD aber auch noch den Kommissionsagenten auf[85]. Der Kommissionsagent[86], der sich vom gewöhnlichen Kommissionär (§ 383 HGB) durch die Beständigkeit der Geschäftsverbindung zu seinem Unternehmer und durch die Eingliederung in das Vertriebssystem des Herstellers unterscheidet[87], handelt im Gegensatz zum Vertragshändler nicht auf eigene, sondern auf fremde Rechnung, aber in Übereinstimmung mit letzterem im eigenen Namen[88]. Die Risikoverteilung (Handeln auf fremde Rechnung) verbindet ihn mit dem Handelsvertreter, so daß er nach außen wie ein Kommissionär auftritt und im Innenverhältnis wegen der dauerhaften Integration einem Handelsvertreter gleicht[89]. Dies rechtfertigt es, die Handelsvertretervorschriften auf das Innenverhältnis zwischen dem Kommissionsagenten und dem Unternehmer anzuwenden, insbesondere die Kündigungsvorschriften der §§ 89ff HGB[90].

2.2.2.5. Franchisenehmer:

In der Automobilbranche gewinnt zunehmend das Franchisesystem (s. auch u.II.9.) in der Form des Vertriebsfranchisings[91] an Bedeutung, da es eine noch engere Bindung des Absatzmittlers ermöglicht, ohne aber

83 Creutzig, BB 1987, 283 (Fußnote 6); siehe insbesondere auch unten II.1.4.1.
84 vgl. beispielsweise Gierke/Sandrock, § 28 A II 5a (S. 482); Brüggemann in Großkommentar HGB, vor § 84 Rdn. 9f
85 Creutzig, BB 1987, 283; Bunte/S. Rz. 28; Gierke/Sandrock, § 28 A I 4 (S. 478); siehe auch Ebenroth, S. 32
86 ausführlich zum Kommissionsagenten m.w.N. Koller in Großkommentar HGB, § 383, Rdn. 33ff; siehe auch Capelle/Canaris, Handelsrecht, S. 341
87 Gierke/Sandrock, § 28 A I 2 b β; Brüggemann in Großkommentar HGB, vor § 84 Rdn. 36f; Karsten Schmidt, Handelsrecht, § 27 II 1a (S. 670f)
88 Karsten Schmidt, Handelsrecht, § 27 II 1a (S. 671)
89 siehe nur Karsten Schmidt, Handelsrecht § 27 II 1a (S. 670f)
90 Koller in Großkommentar HGB, § 383 Rdn. 35ff; Baumbach-Duden-Hopt, HGB, § 84, 2 B; BGHZ 29, 83, 86
91 siehe dazu EuGHE 1986, 353, 381 (Rdn. 13) "Pronuptia"

die Nachteile einer Vollintegration nach sich zu ziehen. Zwischen
typischen Vertriebsverträgen mit Vertragshändlern und Frachisever-
trägen besteht oftmals ein gleitender Übergang[92]. Das VAG-Vertriebs-
netz von Volkswagen wird sogar als das derzeit größte Franchisesystem
in der Bundesrepublik angesehen[93]. Der Franchisenehmer, der ebenfalls
in eigenem Namen und auf eigene Rechnung auftritt sowie in das Vertriebssystem des Franchisegebers eingegliedert ist, unterscheidet sich
vom Vertragshändler insbesondere dadurch, daß er nicht unter eigener
Firma auftritt, sondern nur das Herstellerzeichen führt[94]. Wegen der
im Vergleich zum Vertragshändler sogar stärkeren Einbindung in das
Vertriebssystem des Herstellers ist es auch gerechtfertigt, im Innenverhältnis einzelne Vorschriften aus dem den Handelsvertreter betreffenden Recht analog heranzuziehen, was vor allem für die Kündigungsvorschriften der §§ 89ff HGB zutrifft[95].

2.2.2.6. Resümee:

Die in der Automobilbranche der Bundesrepublik auftretenden Typen
von Absatzmittlern, und zwar der Vertragshändler, der Handelsvertreter, der Kommissionsagent und der Franchisenehmer, weisen ein über-
einstimmendes bezeichnendes Merkmal auf, nämlich die auf Dauer vorgenommene Integration in das Vertriebssystem des Herstellers beziehungsweise des Lieferanten. Diese dauerhafte Eingliederung in das Vertriebsnetz des Produzenten führt bei den gesetzlich nicht geregelten
Absatzmittlertypen des Vertragshändlers, Kommissionsagenten und
Franchisenehmers im Innenverhältnis zur analogen Anwendung der
Handelsvertretervorschriften, die insbesondere die Nachteile aus
dieser Integration ausgleichen sollen. Von daher sind die Unterschiede
zwischen den jeweiligen Absatzmittlern hinsichtlich der Rechtsfolgen
im Innenverhältnis nicht sehr groß, was vor allem für den besonders
wichtigen Bereich der Beendigung des Vertrages gilt.

92 Niederleithinger/Ritter, S. 4; Skaupy, DB 1982, 2446, 2448
93 so Skaupy, DB 1982, 2450
94 EuGHE 1986, 353, 381 (Rdn. 15) "Pronuptia"
95 Karsten Schmidt, Handelsrecht, § 27 III 1 (S. 680)

3. Gruppenfreistellung:

Das Kartellverbot des Art.85 I EWGV erfährt seine Ausnahme durch die
Möglichkeit der Freistellung in Art.85 III EWGV. Die Freistellung kann
für einzelne Vereinbarungen, Beschlüsse und abgestimmte Verhaltensweisen oder für Gruppen derselben gegeben werden. Es ist also eine Einzelfreistellung oder eine Gruppenfreistellung möglich. Für die Einzelfreistellung ist insbesondere die Verordnung 17/62 zu beachten[1]. Danach ist beispielsweise der wettbewerbsbeschränkende Vertrag formge-
recht bei der Kommission anzumelden (Art.4 VO Nr.17). Die Freistellung
wird durch eine förmliche und zu begründende Entscheidung der Kommission erteilt. Die Einzelfreistellung konnte wegen der Schwerfälligkeit
dieses Verfahrens und der beschränkten Personalkapazität der Kommission nur eine begrenzte Bedeutung erlangen[2]. Der Rat erließ am
02.03.1965 aufgrund der mit Testentscheidungen der Kommission ge-
sammelten Erfahrungen die erste Durchführungsverordnung zu Art.85 III
EWGV, die die Kommission ermächtigte, bestimmte Gruppen von Vereinbarungen generell freizustellen[3]. Von dieser Ermächtigung zum Erlaß von
Gruppenfreistellungsverordnungen machte die EG-Kommission mittlerweile
mehrmals Gebrauch. Durch die gruppenweise Freistellung von Vereinbarungen kommt es in einer Vielzahl von Fällen überhaupt nicht mehr zu
einem Verwaltungsverfahren, wodurch die Kommission bei der Prüfung anderer Vereinbarungen entlastet wird[4]. Trotz Nichtanmeldung bei der
Kommission kommt nämlich den Vereinbarungen die Freistellung zugute,
wenn sie die Voraussetzungen der GVO erfüllen[5]. Wie sich gerade aus
dem 3. Erwägungsgrund der Verordnung 19/65 ergibt, soll durch die
Möglichkeit des Erlasses von GVOen die Aufgabe der Kommission,
Freistellungen zu erteilen, erleichtert werden. Sinn und Zweck der GVO
123/85 ist es daher ebenfalls, eine Entlastung der Kommissionsverwal-
tung herbeizuführen[6]. Durch die GVO 123/85 für Kfz-Vertriebs- und
Kundendienstvereinbarungen konnten mehrere hundert angemeldete Fälle
erledigt werden[7]. Die Kommission hat für die bis zum Erlaß der GVO
123/85 eingegangenen Anmeldungen das Rechtsschutzinteresse an einer
Einzelfreistellung wegen des Vorhandenseins der Verordnung verneint
und deshalb diese erledigt[8]. Sofern die Unternehmen auf eine Indivi-
dualentscheidung der Kommission bestehen, weil sie beispielsweise Ver-

1 ABl. 1962/S. 204 (VO vom 21.02.1962)
2 Wiedemann, AT Rdn. 28f
3 ABl. 1965/S. 533 (VO vom 06.03.1965)
4 v.Winterfeld, RIW 1984, 929, 931
5 EuGHE 1971, 351, 357 (Rdn. 12/15) "Cadillon/Höss"
6 KOM in 17. Wettbewerbsbericht, Tz. 34 (S. 41); Joerges, RIW 1985, 527; Sucker RIW 1986, 161
7 Caspari, XI. Internationales EG-Kartellrechts-Forum, S. 27, 31
8 KOM in 17. Wettbewerbsbericht, Tz. 34 (S. 41)

einbarungen treffen wollen, die über die GVO 123/85 hinausgehen,
müssen sie dafür die Tatsachen und Gründe darlegen[9]. Das heißt, eine
Einzelfreistellung kann trotzdem von den Unternehmen beantragt
werden[10], was schon daraus folgt, daß die Rechtsbeziehungen einem
ständigen Wandel unterworfen sind und daher die GVO einer Vertragsbeziehung unter Umständen nicht mehr gerecht werden kann[11].

3.1. Ermächtigungsgrundlagen und zweifelhafte Bereiche bezüglich der Deckung der GVO 123/85 durch die Ermächtigungsgrundlage:

Das Verbot wettbewerbsbehindernder Vereinbarungen kann gemäß Art.85
III EWGV auf bestimmte Gruppen für nicht anwendbar erklärt werden. Die
Kompetenz für die Nichtanwendbarerklärung des Kartellverbots des
Art.85 I EWGV auf Gruppen von Vereinbarungen ergibt sich notwendiger-
weise aus dem EWG-Vertrag, da die Gemeinschaft nur insofern über Kom-
petenzen verfügt, als sie ihr vom EWG-Vertrag zugewiesen sind[12]. Der
EWG-Vertrag, der den Organen der europäischen Gemeinschaft folglich
keine unbegrenzte Generalermächtigung gibt[13], hat in Art.87 EWGV den
Verordnungserlaß gemäß Art.85 III EWGV dem Rat der Europäischen Gemeinschaften zugewiesen. Gemäß Art.155 EWGV kann die Befugnis zur
Rechtsetzung vom Rat auf die EG-Kommission übertragen werden[14], weshalb auch Art.85 III EWGV nicht dahingehend eingeschränkt werden kann,
daß nur der Rat die entsprechenden Durchführungsverordnungen erlassen
dürfte[15]. Der Rat hat auf den Art.87 EWGV gestützt die Verordnung
19/65 erlassen. In der Verordnung 19/65 des Rates wurde die Kompetenz,
Gruppenfreistellungsverordnungen zu erlassen, an die EG-Kommission
delegiert. Die EG-Kommission hat den Erlaß der Verordnung 123/85 auf
die Verordnung 19/65 des Rates gestützt.
   Eine Durchführungsverordnung (z.B. GVO 123/85), die aufgrund einer
Ermächtigungsbestimmung der Grundverordnung (z.B. VO 19/65) ergeht,
kann nicht von den Vorschriften dieser Grundverordnung abweichen oder
deren Bestimmungen ändern[16]. Sollte sich die Durchführungsverordnung
dennoch von der Rechtsgrundlage entfernen, so ist die Handlung nichtig[17]. Mit anderen Worten muß eine Verordnung von ihrer Ermächtigungsgrundlage gedeckt sein, ansonsten ist sie nichtig. Artikel 155 (ebenso

---

9 KOM in 17. Wettbewerbsbericht, Tz. 34 (S. 41)
10 vgl. EuGHE 1986, 4071, 4088 (Rdn. 13) "VAG/Magne"; EuGH EWiR Art.85 EWGV 1/87, 157,
158 (Bunte); a.A. offenbar für die GVO 123/85 Sucker, RIW 1986, 162
11 Winkler, GRUR Int. 1988, 772, 773 (Anm. zu EuGHE 1986, 4071)
12 Grabitz, Art.189 Rdn.4
13 Grabitz, Art.189 Rdn.4
14 Grabitz, Art.189 Rdn.17
15 EuGHE 1966, 457, 482 "Italienische Republik"
16 EuGHE 1971, 145, 155 und 3. Leitsatz "Tradax"
17 EuGHE 1960, 681, 717 "Italienische Republik/Hohe Behörde" und 1960, 743, 790
"Regierung des Königreichs der Niederlande"

Art.189) EWGV schaffen keine Ermächtigungsgrundlage, sondern setzen eine Rechtsetzungsbefugnis voraus[18]. Die der EG-Kommission durch die VO 19/65 zugewiesene Kompetenz muß also bei jedem Erlaß einer GVO beachtet werden. Hierbei hat die Kommission Art.1 der Verordnung 19/65, der in der Nr.1a vertikale Vereinbarungen beschreibt, die durch eine GVO freigestellt werden können, einzuhalten. Die Verordnung 19/65 sieht daher keine uneingeschränkte Ermächtigung für vertikale Verträge vor[19]. Für den Erlaß der Durchführungsverordnung für den Kfz-Vertrieb und Kfz-Service war und ist heftig umstritten, ob sie von der Ermächtigungsgrundlage der Verordnung 19/65 gedeckt ist[20]. Die Kommission hat die Voraussetzungen des Art.1 I a) der VO 19/65 für den Verordnungserlaß als erfüllt angesehen[21]. Der EG-Kommission wurde jedoch vorgeworfen, daß sie in vielerlei Hinsicht ihre Kompetenz überschritten hätte, und demnach die Verordnung nichtig wäre.

3.1.1. Zivilrechtliche Bestimmungen:

Die EG-Kommission sah sich im Zusammenhang mit dem Erlaß der Verordnung 123/85 mit dem Vorwurf konfrontiert, daß sie die Ermächtigungsgrundlage der Verordnung 19/65 nicht eingehalten hätte, weil die aufgrund dessen erlassene Durchführungsverordnung nicht nur wettbewerbliche Vorschriften enthält, sondern Regelungen aufweist, die eindeutig dem Zivilrecht zuzuordnen sind[22].

Artikel 5 II der Verordnung 123/85, der insbesondere Regelungen zur Kündigung und zur Änderung der den Händlern zugewiesenen Vertragsgebiete enthält, soll für ein gleichgewichtiges Vertagsverhältnis zwischen Händler und Hersteller sorgen und realisiert insofern spezifische vertragsrechtliche Zielsetzungen der Verordnung[23]. Der Ausgleich sozialer Härten, die beispielsweise durch die Entwertung der Investitionen aufgrund der Kündigung des Vertragshändlerverhältnisses entstehen und deren sich die Regelungen des Art.5 II annehmen, ist aber Aufgabe des Zivilrechts und nicht des Wettbewerbsrechts[24]. Diese Händlerschutzvorschriften des Art.5 II, lautete der Vorwurf, würden die Vertragsfreiheit der Beteiligten beeinträchtigen und seien Sache des nationalen Gesetzgebers, weshalb die Kompetenz der VO 19/65 und letztlich des Art.85 III EWGV, welche durch die souveränen Mitglied-

---

18 Grabitz, Art.189 Rdn.2; vgl. Bleckmann, S. 89
19 Bunte/S. Einl. Rz.82
20 vgl. z.B. einerseits Daverat, gaz. pal. 1984 I, 84, 87 und andererseits Vaughan, law of the european communities, Paras.19. 287, Fußnote 3
21 Erwägungsgrund 1 im VO-Entwurf, ABl. 83 C 165/2
22 Jeantet/Kovar, Rev. trim. de droit 1983, 552 und 560; Daverat, gaz. pal. 1984 I, 87f; van Bael, swiss review of intern. antitrust law 1983, 21; vgl. Lukoff, CMLR 1986, 861
23 Joerges, Vertriebspraktiken, S. 344
24 Joerges, Vertriebspraktiken, S. 344; Davidow, The Antitrust Bull. 1983, 876; ders., Bulletin, S. 50; Frignani, Fordh. Corp. Law Inst. 1984, 588; vgl. Ebenroth, BB 1988/Beilage 10, S. 21 und Ebenroth, S. 163

staaten an die Europäischen Gemeinschaften delegiert wurde, überschritten sei[25]. Richtige Rechtsgrundlage für diese Bestimmungen wäre
nach dieser Meinung wie bei der Handelsvertreterrichtlinie[26] insbesondere Art.100 EWGV gewesen. Die Kommission hätte also beispielsweise
die Kündigungsvorschriften des Art.5 II nicht in einer Verordnung erlassen dürfen, sondern hätte sich des Instruments der Richtlinie,
welche nur hinsichtlich des Zieles für die Mitgliedstaaten verbindlich
wäre, bedienen müssen[27]. Die Mitgliedstaaten hätten dann die zur Umsetzung nötigen Gesetze erlassen. Demnach würde die Verordnung jeder
Rechtsgrundlage entbehren, wenn sie auf einem Gebiet erlassen worden
wäre, das zur ausschließlichen Zuständigkeit der Mitgliedstaaten gehört[28].

Gemäß Art.1 II der VO 19/65 muß jede Gruppenfreistellungsverordnung
Vorschriften für Bestimmungen aufweisen, die in den freigestellten
Vereinbarungen enthalten sein müssen, oder die sonstige Voraussetzungen aufstellen, die erfüllt sein müssen. Artikel 5 II der GVO 123/85
soll diesen Anforderungen an die GVO gerecht werden. Artikel 5 II will
ausweislich des Erwägungsgrundes 17 die Abhängigkeit des Händlers verringern, die oftmals dazu führt, daß dieser Wettbewerbshandlungen,
welche den Hersteller tangieren könnten, unterläßt. Es ist zwar in
erster Linie Sache der Händler selbst, sich extremer Abhängigkeiten zu
erwehren, aber ein Absatzmittler, der zu abhängig ist, wird die ihm an
sich freistehenden Wettbewerbshandlungen nicht vornehmen, wenn sie den
Interessen des Lieferanten zuwiderlaufen könnten, weil er ansonsten
unter Umständen Nachteile gewärtigen müßte[29]. Die Händlerschutzbestimmungen des Art.5 II werden also wichtig unter dem Aspekt der Diskriminierung des Händlers durch den Hersteller[30]. Demnach steht Art.5 II in
einem engen Zusammenhang mit dem Wettbewerbsverhalten des Absatzmittlers und soll insbesondere den Wettbwerb innerhalb der Marke zwischen
den Händlern (intra-brand-Wettbewerb) ermöglichen. Die eigentlich vertragsrechtlichen Vorschriften des Art.5 II ergänzen also die kartellrechtlichen Bestimmungen. Sie zeigen nur die Interdependenz zwischen
Kartellrecht und Vertragsrecht, die auch tatsächlich in den Vertrags-
händlerkontrakten besteht, auf. Eine Vereinbarung in einem Absatzmitt-
lerverhältnis steht nie für sich allein, sondern in Beziehung zu anderen. Nur eine insgesamt ausgeglichene Vereinbarung zwischen den Parteien sorgt dafür, daß das Wettbewerbsverhalten der Beteiligten erhal-

25 Jeantet/Kovar, Rev. trim. de droit 1983, 560 und 562; vgl. auch Glatz, consumer interest, S. 247
26 KOM ABl. 86 L 382/17
27 für diese Frage vgl. bereits EuGHE 1973, 1135, 1153 (Rdn. 16ff) "Schlüter/Hauptzollamt Lörrach"
28 vgl. EuGHE 1969, 523, 540 (Rdn. 12f) "Französische Republik"
29 Stöver, Das Autohaus 1983, 1342
30 Glatz, consumer interest, S. 247

ten bleibt. Die in den Vertrag aufzunehmenden Schutzpositionen müssen
daher in ihrer Funktion, die ihnen bei der Kontrolle der vertikalen
Wettbewerbsbeschränkung zugewiesen ist, gesehen werden[31]. Die GVO
123/85 darf nicht in wichtige, nebensächliche und auxiliare Bereiche
unterteilt werden, sondern ist als Ganzes, als Gesamtheit zu sehen[32].
Die Vertragsklauseln, die freigestellt sind, und diejenigen, welche in
den kartellrechtlich relevanten Vertrag aufzunehmen sind (Art.5 II),
spielen also derart zusammen, daß keine ohne die andere gesehen werden
kann. Ohne diese Koordination von Kartell- und Zivilrecht bliebe die
Hersteller-Händler-Beziehung nämlich letztlich "unregierbar"[33]. Der
Bereich der Absatzmittlerverhältnisse in der Kfz-Industrie kann demnach verständigerweise nicht geregelt werden, ohne Materien, die der
Kommission nicht durch die VO 19/65 zugewiesen sind, ebenfalls zu regeln. Die Kommission mußte die vertragsrechtlichen Vorschriften in die
GVO einbeziehen, ansonsten wäre sie nicht imstande gewesen, die ihr
auf dem Gebiet des Erlasses von Gruppenfreistellungsverordnungen gemäß
Art.1 II der VO 19/65 übertragene Aufgabe, bestimmte Voraussetzungen
für die Freistellung einer Vereinbarung festzulegen (s.o.), zu erfüllen[34]. Dieser enge Sachzusammenhang muß sich auch in der Ermächti-
gungskompetenz niederschlagen, indem der eigentlich nicht zugewiesene
Bereich als auch durch sie regelbar anzusehen ist[35]. Es handelt sich
bei dieser Kompetenz um eine von der geschriebenen abgeleitete sogenannte ungeschriebene Kompetenz kraft Sachzusammenhangs, die im Bereich des EWG-Vertrages "implied powers" genannt wird[36]. Die Lehre von
den implied powers, die deutliche Ähnlichkeiten zu der in der Bundesrepublik entwickelten Lehre der Kompetenz kraft Sachzusammenhangs aufweist[37], erweitert also die geschriebene Zuständigkeit von Ermächti-
gungsnormen: Themen werden in die geschriebene Kompetenz einbezogen,
die diesen konsequent oder kohärent zugehörig sind, das heißt, bei
sachgerechter Folgerung vernünftigerweise impliziert sind oder eng mit
der Ausgangsmaterie verknüpft sind[38]. Die implied powers gelten insbesondere bei der sachlichen Unzuständigkeit, also wenn beispielsweise
statt einer Verordnung eine Richtlinie das richtige Instrument gewesen
wäre[39].

31 vgl. auch Joerges, Vertriebspraktiken, S. 341f
32 vgl. Stöver, Das Autohaus 1983, 1244
33 vgl. Joerges, FS Wassermann, S. 712
34 vgl. EuGHE 1973, 1135, 1153 (Rdn. 17) "Schlüter/Hauptzollamt Lörrach"
35 vgl. Grabitz, Art.189 Rdn.6
36 Grabitz, Art.189 Rdn.6; Groeben/Boeck/Thiesing/Ehlermann, Art.155 Rdn.41; vgl.
insbesondere EuGHE 1956, 297, 312 "Federation Charbonniere de Belgique"; vgl. auch EuGHE
1960, 681, 708 "Italienische Republik/Hohe Behörde" und 1960, 743, 781 "Regierung des
Königreichs der Niederlande"
37 vgl. Grabitz Art.189 Rdn.6
38 vgl. Stern, Das Staatsrecht der Bundesrepublik Deutschland, Band II, S. 610, 611
39 Grabitz/Wenig, Art.173 Rdn.26

Die Kommission hat sich daher zu Recht des Instruments der Gruppenfreistellungsverordnung bedient, zumal eine Unterscheidung zur Richtlinie wegen der Annäherung beider Instrumente kaum noch möglich ist[40].
Diese Kompetenzerweiterung wurde zwar in erster Linie für Ermächtigungen aufgrund des EWG-Vertrages entwickelt, muß aber auch für Rechtsetzung, die vom EWG-Vertrag abgeleitet wurde, also Sekundärrecht,
gelten[41].
Damit kommt den Mitgliedstaaten auf dem Gebiet des Zivilrechts keine
ausschließliche Zuständigkeit zu[42]. Die Aufnahme von Regelungen,
welche dem Zivilrecht zuzuordnen sind, führt also nicht dazu, daß die
GVO 123/85 von ihrer Ermächtigungsgrundlage (VO 19/65) nicht gedeckt
wäre.

3.1.2. Nicht-exklusives Vertragsgebiet:

Der Kommission wurde vorgeworfen, daß sie die Grenzen der Ermächtigungsverordnung 19/65 überschritten hätte, weil diese nur zum Erlaß
einer GVO für Verträge, die in einem Vertragsgebiet nur einen Abnehmer
der gelieferten Waren vorsehen, ermächtigt[43]. Artikel 1 (1) a) der VO
19/65 erwähnt nur Vereinbarungen, in denen sich ein Vertragspartner
dem anderen gegenüber verpflichtet, zum Zwecke des Weiterverkaufs innerhalb eines abgegrenzten Gebietes bestimmte Waren nur an ihn zu liefern. Es handelt sich also um ein exklusives Vertragsgebiet. Hingegen
ermöglicht Art.1 Nr.2 der GVO 123/85 die Belieferung innerhalb eines
abgegrenzten Gebietes an einen Vertragspartner und an eine bestimmte
Anzahl von Unternehmen des Vertriebsnetzes. Die GVO deckt also auch
Vereinbarungen, in denen dem Abnehmer der Waren kein exklusives Vertragsgebiet zugestanden wird, und ihr läge deshalb das Verständnis
einer relativen Exklusivität zugrunde[44].
  In der Automobilbranche überschneiden sich in der Regel die Vertragsgebiete der Händler einer Marke[45]. Dies ist eine Folge des selektiven
Vertriebssystems, das in der Automobilbranche vorherrscht. Besonders
in Ballungsgebieten geht die quantitative Selektion (s.u.3.2.1.) nicht
so weit, daß nur ein Händler dort tätig ist. Der selektive Vertrieb,
so wurde argumentiert, sei aber von der VO 19/65 nicht gedeckt, da der
Rat nur Ausschließlichkeitsbindungen in dem Vertragsgebiet gemeint
habe[46] und eine enge Interpretation der VO 19/65 nötig sei, da der

40 Bleckmann, S. 66
41 a.A. wohl Grabitz, Art.189 Rdn.9; vgl. aber Groeben/Boeckh/Thiesing/Ehlermann,
Art.155 Rdn.41
42 vgl. auch EugHE 1976, 455, 479 (Rdn. 68) "Defrenne/Sabena"
43 Blaise, Rev. trim. 1985, 573ff; Daverat, gaz. pal. 1984 I, 86f; Siragusa, Bulletin,
S. 63f
44 Blaise, Rev. trim. 1985, 579
45 Berg, S. 169, 189
46 Blaise, Rev. trim. 1985, 574

Kommission keine generelle Ermächtigung zum Erlaß von Verordnungen gegeben werden sollte[47]. Dem wurde entgegengehalten, daß von der Verordnung ein lockerer, weiter Begriff der Exklusivität gemeint ist, welcher trotzdem noch die Voraussetzung eines ausschließlichen Vertragsgebietes der VO 19/65 erfülle[48].

In der Automobilbranche herrscht die qualitative und quantitative Selektion von Händlern vor. Das hat oftmals zur Folge, daß in der Regel eben mehreren Händlern ein Vertragsgebiet zur Betreuung durch den Hersteller zugewiesen ist. Exklusive Vertriebsgebiete sind in der Kfz-Industrie zwar nicht unbekannt, aber nicht die Regel. Deshalb ermöglicht die GVO 123/85 auch Vereinbarungen, in denen dem Händler ein festumgrenztes Vertragsgebiet allein zur Bearbeitung eingeräumt wurde. Trotzdem in einer Branche also durchaus zwei verschiedene Arten des Vertriebes vorkommen, sind beide nicht gleichzusetzen und können auch nicht rechtstechnisch, um einen bestimmten Erfolg zu erreichen, auf eine Stufe gestellt werden, weil exklusiver und selektiver Vertrieb unterschiedliche Voraussetzungen und Wirkungen haben[49]. Daher ist die Ansicht abzulehnen, die den selektiven Vertrieb in das Prokrustesbett des exklusiven Vertriebs zwängen will und dabei die tatsächlichen und rechtlichen Unterschiede zwischen beiden nivelliert.

Der selektive Vertrieb hat zudem eine ganz andere Wirkung auf den Wettbewerb. Er sorgt nämlich über den inter-brand-Wettbewerb hinaus für einen stärkeren Wettbewerb innerhalb einer Marke, also zwischen den Händlern eines Vertriebssystems (intra-brand-Wettbewerb). Wenn in einem Vertragsgebiet mehrere Absatzmittler tätig sind, so müssen sie sich nicht nur gegen andere Marken durchsetzen, sondern haben eben auch im Wettbewerb mit den Händlern derselben Marke zu bestehen. Je mehr Händler in einem Gebiet sind, desto stärker ist der Wettbwerb unter ihnen. Wenn dagegen nur ein Absatzmittler ein Gebiet betreut, so kann notwendigerweise kein intra-brand-Wettbewerb in diesem Gebiet stattfinden. Deshalb ist die Wettbewerbsstörung, die von einem selektiven Vertriebsnetz bei entsprechender kartellrechtlicher Ausgestaltung ausgeht, weniger stark als von einem exklusiven Vertriebssystem, in welchem die Betreuungsgebiete nur einem Absatzmittler zugewiesen sind[50]. Diese Auffassung vergleicht die beiden Vertriebsarten also nach ihrer Wirkung auf den Wettbewerb, so daß der Vorwurf, ihr läge eine falsche, weil abstrakte Wettbewerbssicht zugrunde[51], nicht zutrifft. Wenn aber die VO 19/65 ermöglicht, den Wettbewerb stärker tangierende Vereinbarungen durch Verordnungen vom Kartellverbot freizu-

47 Siragusa, Bulletin, S. 59
48 so Sucker, RIW 1986, 163 Fußnote 10; van Bael/Bellis, S. 119
49 vgl. Siragusa, Bulletin, S. 63
50 Stöver, Das Autohaus 1983, 1244; ders., Bulletin, 1983, S. 87, 89
51 so Blaise, Rev. trim. 1985, 575

stellen, so muß dies erst recht für Verträge gelten, die weniger den Wettbewerb beeinträchtigen[52]. Nur bei dieser Auslegung wird die Ungereimtheit vermieden, daß eine bestimmte Vereinbarung strenger behandelt wird als eine andere, obwohl letztere offenbar in der Regel eine größere Gefahr für das Funktionieren des Gemeinsamen Marktes bildet[53]. Der Rat, welcher in der VO 19/65 die wettbewerbspolitische Grundsatzentscheidung getroffen hat[54], mag zwar zum Zeitpunkt des Erlasses nur Vereinbarungen, die die Zuweisung eines Betreuungsgebietes an nur einen Händler vorsehen, gemeint haben, aber das rechfertigt keine andere Auslegung[55]. Als der Rat 1965 die VO 19/65 erlassen hat, waren selektive Vertriebsnetze noch nicht in dem Umfang wie heute bekannt[56]. Die erste Entscheidung zum selektiven Vertrieb wurde erst fünf Jahre später 1970 im Kodak-Fall[57] gefällt[58]. Mittlerweile haben aber selektive Vertriebssysteme den gesamten europäischen Markt in den verschiedensten Wirtschaftszweigen durchdrungen. So wenig wie die Entwicklung der Vertriebsformen beziehungsweise -arten stagniert hat, genausowenig darf das europäische Recht und damit die Auslegung auf den ursprünglich eingenommenen Standpunkt stehenbleiben, damit die Integration des europäischen Marktes nicht behindert wird. Dies wird auch durch die sogenannte dynamische Auslegung, welche der Integration der Gemeinschaft dient, anerkannt[59]. Daraus folgt, daß eine Ermächtigung weniger nach dem Buchstaben derselben zu beurteilen ist als vielmehr nach deren Hauptzielen[60], also letztendlich dem Ziel des Gemeinsamen Marktes. In der EG sollen einheitliche Wettbewerbsbedingungen in allen Mitgliedstaaten geschaffen werden. Nur wenn auch selektive Vertriebssysteme von der VO 19/65 erfaßt werden, wird auch der gewollten Integration des europäischen Marktes Rechnung getragen, da diese dann nicht mehr unterschiedlich, also den Wettbewerb verzerrend, von den einzelnen Mitgliedstaaten geregelt werden können.

Aus diesen Gründen führt die Auslegung dazu, daß über den Wortlaut der VO 19/65 hinaus auch der Erlaß von Verordnungen möglich ist, die selektive Vertriebsvereinbarungen, die in der Regel kein ausschließlich einem Händler zugewiesenes Vertragsgebiet vorsehen, freistellen[61].

---

52 so auch Stöver, Das Autohaus 1983, 1244; ders. Bulletin 1983, 89f; vgl. van Houtte, JWTL 1984, 349, 350
53 EugHE 1977, 65, 93 (Rdn. 19/20) "Concordia" zur VO 67/67
54 vgl. Mestmäcker, Europäisches Wettbewerbsrecht, S. 310
55 aber van Bael, swiss review of intern. antitrust law 1983, 19
56 van Bael, swiss review of intern. antitrust law 1983, 19
57 KOM ABl. 70 L 147/24
58 van Bael, swiss review of intern. antitrust law 1983, 19 und Fußnote 45; die Grundig/Consten-Entscheidung betraf Alleinvertriebsvereinbarungen, vgl. EuGHE 1966, 321, 387
59 vgl. Groeben/Boeckh/Thiesing/Ehlermann, Art.1 Rdn.36; Bleckmann, NJW 1982, 1177, 1180; Schweitzer/Hummer, Europarecht, S. 134
60 vgl. so EuGHE 1975, 1279, 1302 (Rdn. 10/14) "Rey Soda/Cassa Cognaglio Zucchero"
61 so auch Stöver, Bulletin, S. 90

3.1.3. Eine Wirtschaftsbranche:

Der Kommission ist vorgehalten worden, daß die VO 19/65 keine Ermächtigung für eine GVO abgibt, die nur eine wirtschaftliche Branche betrifft[62]. Die Fälle in Art.1 (1) a) seien eher als Unterteilung denn als Spezifikation zu interpretieren[63]. Die Unterteilungen aber seien lediglich eine Beschreibung der in Art.85 III EWGV genannten Gruppen[64].

Die Gruppenfreistellungsverordnung stellt die dritte Stufe innerhalb eines Rechtsetzungsprozesses dar. Ausgangspunkt ist Art.85 III EWGV, die nächste Stufe wird von der Verordnung 19/65 gebildet. Die GVO 123/85 als letzte Stufe muß notwendigerweise den engen Bezug zum praktischen Wirtschaftsleben herstellen. Das heißt, je mehr Ebenen durchschritten werden, desto konkreter und verbindlicher muß der Endpunkt des Rechtsetzungsprozesses konsequenterweise werden. Deshalb ist es nur folgerichtig, wenn die Kommission eine Verordnung erläßt, die so konkret ist, daß sie nur einen Wirtschaftsbereich, der außerdem eine eminent wichtige Aufgabe in der Europäischen Wirtschaftsgemeinschaft wahrnimmt, regelt. Wenn also der endgültigen Durchführungsverordnung der konkrete Regelungsgehalt immanent ist, kann sie deshalb logischerweise nicht von der Kompetenznorm abweichen.

Aus einer Interpretation des Art.1 (1) a) als eine Unterteilung oder Spezifikation läßt sich weder für die eine noch für die andere Auffassung etwas herleiten. Das gleiche gilt für die im offensichtlichen Widerspruch zum 4. Erwägungsgrund der VO 19/65 stehende Auslegung, daß der Rat eine Beschreibung der in Art.85 III EWGV genannten Gruppen geben wollte.

Der Erlaß einer GVO für nur einen Wirtschaftsbereich ist von der VO 19/65 gedeckt[65].

3.1.4. Fehlende Erfahrung der EG-Kommission:

Die Kommission mußte sich vorhalten lassen, daß sie entgegen der Forderung der VO 19/65 nicht genügend Erfahrung sammeln konnte[66]. Im vierten Erwägungsgrund der Ermächtigungsgrundlage heißt es, daß die Befugnis zum GVO-Erlaß besteht, wenn aufgrund von Einzelentscheidungen, ausreichende Erfahrungen gewonnen wurden[67]. Die Kommission hat jedoch nur eine Einzelfreistellung, die das Vertriebssystem der Firma

---

62 Siragusa, Bulletin, S. 60
63 Siragusa, Bulletin, S. 60f
64 Siragusa, Bulletin, S. 61
65 so auch (ohne Begründung) Ebel, Bulletin, "Interventions", S. 107
66 Daverat, gaz. pal. 1984 I, 86; van Bael, swiss review of intern. antitrust law 1983, 21; vgl. BEUC News, March 1984, Nr.33, S. 7, wo sogar davon die Rede ist, daß dies die Achillesferse der Verordnung sei
67 vgl. Waelbroeck, Bulletin, S. 12

BMW betraf[68], erlassen. Der Begriff ausreichend gewonnene Erfahrung
ist allerdings kein absoluter Begriff, der ohne weiteres objektiv
nachprüfbar ist. Erfahrung ist ein subjektiver Begriff, weshalb er im
Ermessen der EG-Kommission stehen muß und nur auf die äußersten Grenzen hin nachprüfbar ist. Wenn die EG-Kommission überhaupt keine Einzelentscheidung getroffen hätte, wäre das ihr eingeräumte Ermessen
also mißbraucht und würde zu einer Mißachtung der Ermächtigung der
Verordnung 19/65 führen. Im anderen Falle ist das Ermessen, welches
der Kommission dort eingeräumt ist, wenn sie also meint, daß sie genügend Erfahrung gesammelt hat, kaum nachprüfbar und damit sanktionier-
bar[69]. Somit wurde zur Befugnis des GVO-Erlasses aus Sicht der EG-Kommission (!) ohne einen Einschätzungsmißbrauch genügend Erfahrung gesammelt, so daß auch diese Voraussetzung der VO 19/65 erfüllt ist.

3.1.5. Keine bilateralen Vereinbarungen:

Es wurde der Kommission vorgeworfen, daß die Ermächtigungsgrundlage
der VO 19/65 nicht eingehalten wurde, weil in der Automobilbranche
nicht Vereinbarungen die Regel sind, die nur zwischen zwei Unternehmen, wie von der Ermächtigung vorausgesetzt, getroffen werden[70]. Es
bestehe ein hohes Niveau der Übereinkunft zwischen allen Beteiligten
des Systems und daher liege zumindestens ein abgestimmtes Verhalten
zwischen diesen vor[71].

Zwar steht bei einem selektiven Vertrieb nicht so sehr der Einzel-
Vertrag im Vordergrund als vielmehr das System[72], trotzdem handelt es
sich um einen Vertrag zwischen zwei Unternehmen, da der einzelne Vertrag zwischen dem Lieferanten einerseits und dem Händler andererseits
abgeschlossen wird, selbst wenn dieser zu einem Netz von Parallelverträgen gehört[73]. Rechtstechnisch ist es möglich, daß die Vereinbarungen zwischen nur zwei Unternehmen getroffen werden[74]. Die Vielzahl von
Parallelverträgen führt auch nicht zu einem kartellrechtlich bedenk-
lichem abgestimmten Verhalten zwischen den Händlern, da die Abstimmung
ausschließlich vom Hersteller durch die einzelne Vereinbarung ausgeht
und nicht zwischen den Händlern erfolgt. Bewußtes Parallelverhalten,
wie von den Vertriebsmittlern gezeigt, ist kein abgestimmtes Verhalten[75]. Daher wird auch die Voraussetzung der Ermächtigungsverordnung

---

68 ABl. 75 L 29/1 "BMW"
69 vgl. Grabitz, Art.189 Rdn.42 und Grabitz/Wenig, Art.173 Rdn.26
70 Siragusa, Bulletin, S. 66
71 Siragusa, Bulletin, S. 66f
72 Ebenroth, S. 137
73 EuGHE 1970, 515, 524 (Rdn. 11) "Rochas"
74 vgl. auch Joerges, Vertriebspraktiken, S. 327
75 vgl. EuGHE 1975, 1663, 1965 (Rdn. 173/174) "Suiker"; Grabitz/Koch, Art. 85 Rdn. 30
und 31

19/65, daß es sich um Vereinbarungen von nur zwei Unternehmen handeln
muß, eingehalten.

3.1.6. Erweiterung des Kartellverbots:

Gemäß Art.11 der GVO 123/85 finden die Vorschriften der Verordnung
auch insoweit Anwendung, als die in den Artikeln 1 bis 4 genannten
Verpflichtungen sich auf Unternehmen beziehen, die mit einem Vertragspartner verbunden sind. Das heißt, Vereinbarungen zwischen Unternehmen, von denen ein Partner zwar rechtlich selbständig ist, aber
faktisch vom anderen abhängig ist (z.B. Mutter-Tochter-Beziehung), wie
in Art.13 Nr.8 zum Ausdruck gebracht wird, müssen zwar auch die Voraussetzungen der GVO (Art.5 II !) erfüllen, werden aber ebenfalls
freigestellt. Wenn die Verordnung diese Vereinbarungen freistellt,
müssen sie also unter das Verbot des Art.85 I EWGV fallen, ansonsten
bedürfte es davon keiner Freistellung.

Zentrale Grundbegriffe wie Unternehmenn werden genauso verstanden und
definiert wie in Art.85 I EWGV[76]. Das heißt, es ist die Definition für
Unternehmen der GVO 123/85 zugrundezulegen, wie sie für Art.85 I EWGV
entwickelt wurde. Danach gilt der weite funktionale Unternehmensbegriff[77], der die sogenannte wirtschaftliche Einheit ("economic unit")
einschließt: Eine wirtschaftliche Einheit und damit ein Unternehmen
liegt vor, wenn zwar mehrere natürliche oder juristische Personen bestehen, aber diese keine wirtschaftliche Selbständigkeit zu einer
übergeordneten Rechtspersönlichkeit haben[78]. Eine solche Wirt-
schaftseinheit ist in der Regel bei einer Mutter-Tochter-Beziehung
zwischen den Rechtspersönlichkeiten gegeben, in denen die Töchter ihr
Vorgehen auf dem Markt nicht autonom bestimmen können[79]. Diese wirtschaftlichen Einheiten werden wegen ihrer Interessengleichheit als ein
einziges Unternehmen im Sinne des Art.85 I EWGV behandelt und fallen
daher nicht unter dessen Kartellverbot, da dieses eben zwei Unternehmen voraussetzt[80]. In der europäischen Automobilbranche gilt dies insbesondere für die Importeure in den einzelnen Mitgliedstaaten, die
oftmals bloße Tochtergesellschaften der Hersteller sind und daher kein
Wettbewerb zwischen diesen möglich ist[81]. Die üblichen Beziehungen
zwischen einem Lieferanten und einem Vertragshändler eines Kfz-Vertriebssystems sind zwar mit einer Mutter-Tochter-Beziehung nicht iden-

---

76 Wiedemann, AT Rdn. 77; vgl. Blaise, Rev. trim. 1985, 577 in Verbindung mit Rev. trim.
1984, 655, 662
77 vgl. Grabitz/Koch, Art.85 Rdn.7
78 EuGHE 1971, 949, 959 (Rdn. 7/9) "Béguelin"; EuGHE 1974, 1147, 1168 und 1183, 1198
"Centrafarm"; vgl. EuGHE 1984, 2999, 3016 (Rdn. 11) "Hydrotherm/Compact"
79 EuGHE 1974, 1147, 1168 und 1183, 1198 "Centrafarm"
80 EuGHE 1971, 949, 959 (Rdn. 7/9); KOM ABl. 77 L 16/8 und 10 "GERO"
81 Kommission, Brief vom 30.06.1972 abgedruckt in AWD 1972, 419f "Citroën"

tisch[82], ähneln diesen aber in vielen Fällen, so daß Art.85 I EWGV
unter Umständen nicht eingreifen würde[83]. Um aber einen Mißbrauch
dieser vom Kartellverbot nicht erfaßten Bereiche durch die Kfz-Hersteller von vornherein zu unterbinden, die durch eine entsprechende
rechtstechnische Ausgestaltung insbesondere die Voraussetzungen des
Art.5 umgehen könnten, findet gemäß Art.11 die GVO auch auf "economic
units" Anwendung. Damit erweitert die GVO entgegen der Rechtsprechung
des EuGH das Kartellverbot des Art.85 I EWGV, weshalb Art.11 nicht
eine "Rechtswohltat" enthält, indem die Verordnung auch solche Vereinbarungen freistellt[84], sondern einen Nachteil für derartige Verbindungen. In der VO 19/65 ist jedoch nur eine Freistellung vom Kartellverbot vorgesehen, nicht hingegen dessen Erweiterung, so daß die
Ermächtigungsgrundlage nicht mehr gedeckt sein könnte. Die Kommission
soll allerdings nicht sehenden Auges einen naheliegenden Mißbrauch
hinnehmen müssen. Umgehungen können auch von der VO 19/65 kaum gewollt
sein, so daß ein derartiger Ausnahmefall von der Rechtsetzungsbefugnis
der VO 19/65 ermöglicht wird. Daher führt auch Art.11 nicht dazu, daß
die GVO von ihrer Ermächtigungsgrundlage nicht gedeckt wäre.

3.1.7. Ergebnis: Die GVO 123/85 ist also insgesamt von ihrer Ermächtigungsgrundlage gedeckt[85].

3.2. Grundsätzliche kartellrechtliche Einordnung der freigestellten
Gruppe und wichtige Freistellungsgründe:

Grundgedanke der Wettbewerbsvorschriften des EWG-Vertrages ist, daß
"jeder Unternehmer selbständig zu bestimmen hat, welche Politik er auf
dem Gemeinsamen Markt zu betreiben gedenkt, eingeschlossen die Wahl
der Personen, denen er Angebote unterbreitet und verkauft"[86]. Das
heißt, ein Hersteller beziehungsweise Lieferant ist grundsätzlich
frei, seine Absatzwege und seine Absatzmittler, also Händler, nach
seinen eigenen Vermarktungsvorstellungen auszuwählen[87]. Dabei muß er
jedoch die Wetttbewerbsvorschriften, insbesondere Art.85 des EWG-Vertrages beachten. Der Verbotstatbestand des Art.85 I EWG-Vertrag erfaßt
unterschiedslos horizontale wie vertikale Wettbewerbsbeschränkungen,
da der Wortlaut nicht zwischen verschiedenen Stufen unterscheidet[88]:

82 EuGHE 1979, 2435, 2476 (Rdn. 24) "BMW-Belgium"
83 vgl. Oser, gaz. pal. 1978, S. 510, 511 (2 sem., doctrine) zur BMW-Belgium-
Entscheidung des EuGH(E 1979, 2435)
84 so aber Wiedemann, AT Rdn. 169; vgl. auch Lukoff, CMLR 1986, 843, der von einer
ziemlich neuen Position spricht
85 so auch allerdings jeweils ohne nähere Begründung Vaughan, Law of the European
Communities, Paras. 19.287, Fußnote 3 und van Houtte, JWTL 1984, 349, 350
86 EuGHE 1975, 1663, 1965 (Rdn. 173/174) "Suiker"
87 Niederleithinger/Ritter, S. 79
88 EuGHE 1966, 321, 387 "Grundig/Consten"

"Es geht nicht an, da Unterscheidungen zu treffen, wo der Vertrag es nicht tut"[89]. Die Vertriebsvereinbarungen zwischen einem Kfz-Hersteller und seinen Automobilhändlern bedürfen daher, sofern sie wettbewerbsbeschränkend im Sinne des Art.85 I EWGV sind, vom Kartellverbot einer Freistellung nach Art.85 III EWGV.

Gemäß Art.85 I EWGV sind insbesondere Vereinbarungen zwischen Unternehmen, welche den Handel zwischen Mitgliedstaaten zu beeinträchtigen geeignet sind und eine Wettbewerbsverfälschung zumindest bewirken, verboten. Diese können nach Art.85 III EWGV freigestellt werden, wenn sie unter angemessener Beteiligung der Verbraucher beispielsweise zur Förderung des technischen Fortschritts beitragen, ohne daß die den Unternehmen auferlegten Beschränkungen unerläßlich sind oder zu einer möglichen Wettbewerbsauschaltung führen.

3.2.1. Qualitative und quantitative Selektion:

Die Kfz-Hersteller arbeiten mit ausgewählten Händlern zusammen, deren Zahl begrenzt wird. Diese in der Kfz-Industrie vorherrschende Distributionspolitik[90], welche als selektives Vertriebssystem bezeichnet wird[91], ermöglicht es dem Hersteller, den Warenvertrieb bis hin zum Endverbraucher fest zu organisieren und homogen auszugestalten[92]. Der Kraftfahrzeugproduzent stellt Voraussetzungen für potentielle Wiederverkäufer auf, die erfüllt sein müssen, damit diese überhaupt in eine engere Auswahl kommen, er gibt also qualitative Mindestanforderungen bei der Auswahl seiner Wiederverkäufer vor (qualitative Selektion)[93]. Qualitative Anforderungen sind beispielsweise die Eignung und Befähigung des Händlers, die Ausstattung seines Geschäftsbetriebes, dessen Ausbaufähigkeit und geschulte Mitarbeiter[94]. Die qualitative Selektion ist mit Art.85 I EWGV vereinbar, sofern die Auswahl der Wiederverkäufer anhand abstrakter, vorher festliegender objektiver und allgemeiner Auswahlkriterien erfolgt und ohne Diskriminierung angewandt wird[95]. Dies wird auch in der GVO 123/85 durch Art.4 I in Verbindung mit Art.4 II und den 10. Erwägungsgrund anerkannt[96].

Aber die Kfz-Hersteller schließen im Einzelfall auch solche Unternehmen von der Anerkennung als Händler aus, die alle qualitativen Auswahlkriterien erfüllen und zudem bereit sind, Mindestverpflichtungen

89 EuGHE 1966, 457, 485 "Italienische Republik"
90 vgl. Stöver, FS Sasse, Band I, S. 394/395, Fußnote 29
91 dazu allgemein Pawlikowski, Selektive Vertriebssysteme - Grenzen und Möglichkeiten einer Freistellung nach Artikel 85 Absatz 3 EWGV
92 Mathé, RabelsZ 1984, 721
93 KOM ABl. 75 L 29/1, 4 "BMW"
94 v.Westphalen, DB 1981/Beilage 12, S. 1;Tietz, S. 193; Jordan, RIW 1982, 868; vgl. Waelbroeck, Bulletin, S. 11
95 EuGHE 1977, 1875, 1905 (Rdn. 21) "Metro"; KOM ABl. 75 L 29/7 "BMW"; vgl. Möschel, Jura 1985, 449, 451
96 vgl. Vaughan, Law of the EC, Paras. 19.291 (S. 1033), Fußnote 3

wie beispielsweise spezielle Kundendienst- und Vertriebsleistungen
einzugehen, weil sie aus absatzpolitischen Gründen die Zahl der bereits zugelassenen Wiederverkäufer nicht erhöhen möchten (quantitative
Selektion)[97]. Quantitative vom Hersteller angewandte Kriterien für die
Zulassung eines Wiederverkäufers seiner Waren sind beispielsweise die
Nähe zum nächsten Händler und die Einwohnerzahl in einem Gebiet[98]. Der
Ausschluß von Wiederverkäufern, die sich auf keine Vertriebsvereinbarungen über Vertragswaren mit dem Hersteller berufen können, obwohl
ihre Betriebe den qualitativen Anforderungen des Produzenten genügen,
fällt unter Art. 85 I EWGV[99].

Wenn ein Hersteller also ein selektives Vertriebssystem anwendet, das
nicht auf einer Auswahl der Wiederverkäufer aufgrund abstrakter, vorher festliegender objektiver und allgemeiner Auswahlkriterien erfolgt
oder diese nicht ohne Diskriminierung duchführt, oder eine quantitative Auswahl seiner Wiederverkäufer vornimmt, bedarf er einer Freistellung gemäß Art. 85 III EWGV, da ein derartiges Verhalten des Herstellers keine einseitige Handlung, die sich dem Verbot des Art. 85 I
EWGV entziehen würde, darstellt[100].

Die Vereinbarungen zwischen dem Kfz-Hersteller und den seine Waren
vertreibenden Unternehmen enthalten typischerweise über die quantitative Selektion hinaus noch weitere unter Art. 85 I EWGV fallende Wettbewerbsbeschränkungen, wie beispielsweise ein dem Händler auferlegtes
Verbot, konkurrierende Waren zu vertreiben, oder eine Beschränkung bestimmter Vertriebsaktivitäten auf ein Gebiet. Ein Kfz-Hersteller wendet regelmäßig die gleichen oder ähnliche Wettbewerbsbeschränkungen im
Rahmen seines Vertriebssystems im gesamten Gemeinsamen Markt an[101].
Alle Kraftfahrzeughersteller durchsetzen außerdem den gesamten Gemeinsamen Markt durch eine *Bündelung* von Vereinbarungen mit sich ähnelnden
Wettbewerbsbeschränkungen und beeinträchtigen auf diese Weise nicht
nur Vertrieb und Kundendienst innerhalb von Mitgliedstaaten, sondern
auch den Handel zwischen ihnen (Zwischenstaatlichkeitsklausel)[102].
Aufgrund der Berücksichtigung der parallel bestehenden Vertriebssysteme in der Kfz-Branche (Bündeltheorie) bleibt Art. 85 I EWGV auf
die Vertriebs- und Kundendienstvereinbarungen des Kfz-Sektors anwendbar[103]. Deshalb kommt die Bagatellbekanntmachung der Kommission über
Vereinbarungen von geringer Bedeutung nicht zum Zuge[104].

97 KOM ABl. 75 L 29/5 "BMW"; 4. Wettbewerbsbericht, Tz. 87; Jordan, RIW 1982, 868
98 Niederleithinger/Ritter, S. 89; vgl. Waelbroeck, Bulletin, S. 11
99 KOM ABl. 75 L 29/7 "BMW" und ABl. 83 C 165/3 (Entwurf)
100 vgl. EuGHE 1983, 3151, 3195 (Rdn. 35 bis 38) "AEG"
101 Erwägungsgrund 3
102 Erwägungsgrund 3
103 vgl. EuGHE 1967, 543, 556 "de Haecht"
104 ABl. 86 C 231/2, Tz. 16

3.2.2. Intra- und inter-brand-Wettbewerb:
Die Begrenzung des Warenverkaufs durch die Vertriebsstufe auf ausge-
wählte zugelassene Händler[105] führt regelmäßig dazu, daß der Preiswettbewerb zwischen den selektierten Wiederverkäufern, also der Wettbewerb auf der Handelsstufe des Kfz-Herstellers (intra-brand-Wettbewerb)[106], beschränkt wird, denn die von den Vertragshändlern angewandten Preise bewegen sich zwangsläufig in einer Spanne, die weit
enger ist als sie es in einem Wettbewerb zwischen Vertragshändlern und
nicht zugelassenen Händlern sein könnte[107]. Im Kfz-Sektor konzentriert
sich durch die Einbindung der Vertragshändler der Wettbewerb dafür auf
einen Markenwettbewerb zwischen rivalisierenden Vertriebsnetzen[108],
also den Wettbewerb zwischen den Erzeugnissen der verschiedenen Kraftfahrzeughersteller (inter-brand-Wettbewerb)[109]. Der Schwerpunkt der
selektiven Vertriebssysteme liegt nicht vorwiegend auf dem Preiswettbewerb[110]. Der Preiswettbewerb, der niemals ganz beseitigt werden
darf, ist jedoch auch nicht die einzige wirksame Form des Wettbewerbs
und ebensowenig diejenige Form, die unter allen Umständen Vorrang erhalten müßte[111]. Die Aufrechterhaltung eines wirksamen Wettbewerbs
(workable competition) kann auch mit andersartigen Zielen, die von
Art.85 III EWGV gedeckt sind, in Einklang gebracht werden, insbesondere wenn es zu einer Stärkung des Wettbewerbs in anderen Bereichen
als dem der Preise kommt[112]. Deshalb kann die Erhaltung eines bestimmten Vertriebsweges im Interesse des Verbrauchers den Tatbestand des
Art.85 III EWGV erfüllen.

3.2.3. Freistellungsgründe:
Das Kraftfahrzeug als empfindliches technisches Gut bedarf regelmäßig
sowie zu unvorhersehbaren Zeitpunkten einer fachkundigen Wartung beziehungsweise Instandsetzung. Durch die qualitative und quantitative
Selektion arbeitet der Kfz-Hersteller mit wenigen Werkstätten zusammen, die einen für das Kraftfahrzeug speziellen Kundendienst anbieten
können (4. Erwägungsgrund). Durch die enge Zusammenarbeit können die
Hersteller die aktuellsten Informationen von den Händlern über irgendwelche Mängel beziehungsweise Defekte erhalten[113]. So bekommen beispielsweise Hersteller in Japan über perfekt arbeitende Informations-

---

105 so die Definition des selektiven Vertriebs durch die Kommission im 3.
Wttbewerbsbericht, Tz. 7 (S. 21); vgl. auch Pawlikowski, Selektive Vertriebssysteme -
Grenzen und Möglichkeiten einer Freistellung nach Artikel 85 Absatz 3 EWGV, S. 33
106 vgl. EuGHE 1977, 1875, 1906 (Rdn. 22) "Metro"; KOM ABl. 75 L 29/8 "BMW"
107 EuGHE 1983, 3196f (Rdn. 42) "AEG"; vgl. EuGHE 1977, 1875, 1905f (Rdn. 21) "Metro"
108 Kommission im 14. Wettbewerbsbericht, Tz. 37
109 KOM ABl. 75 L 29/7 "BMW"
110 EuGHE 1977, 1875, 1905 (Rdn. 21) "Metro"
111 EuGHE 1977, 1875, 1906 (Rdn. 21) "Metro"
112 EuGHE 1977, 1875, 1906 (Rdn. 21) "Metro"
113 Tietz, S. 271

systeme sehr schnell Kritikäußerungen und Wünsche der Konsumenten und
passen sich diesen in kürzester Zeit an[114]. Die Interessen der Allgemeinheit an der Verkehrssicherheit der Kraftfahrzeuge und der Erhaltung der Umwelt erfordern einen qualitativ hochwertigen Kundendienst,
der eben nur durch die enge Zusammenarbeit zwischen Hersteller und
Händler ermöglicht wird[115]. Die Belange des Verbrauchers, der größten
Wert auf die Reparaturleistung legt[116], sprechen also für ein Fortbe-
stehen der selektiven Vertriebssysteme, vor allem auch angesichts des
ständigen Produktfortschritts[117]. Insbesondere ist also die Selektion
"unerläßlich" (4. Erwägungsgrund und Art.85 III a) EWGV) für den Werk-
stattbereich[118]. Eine Verbesserung der Qualität des Vertriebs, der
Serviceleistungen und der Schulung des Personals liegt auch im Interesse der Verbraucher und rechtfertigt eine Freistellung nach Art.85
III EWGV[119].

Die dem Händler auferlegte Verpflichtung, konkurrierende Waren nicht
zu vertreiben, wurde freigestellt, weil sich die Unternehmen des Vertriebsnetzes auf die vom Hersteller ausgelieferten Erzeugnisse konzentrieren und daher einen spezifischen Vertrieb und Kundendienst hervor-
bringen (7. Erwägungsgrund). Die Beschränkung bestimmter Verkaufsakti-
vitäten des Händlers auf das ihm zugewiesene Gebiet führt zu einem
verstärkten Einsatz bei Vertrieb und Kundendienst in einem überschau-
baren Vertragsgebiet und zu verbrauchernaher Marktkenntnis und bedarf-
sorientiertem Angebot (9. Erwägungsgrund). Diese Verpflichtungen führen zu einer Spezialisierung und Rationalisierung des Händlerbetriebes
und ermöglichen diesem, seine Kosten zu senken, was er an die Verbraucher weitergeben kann[120]. Die regionale Beschränkung des Händlers hat
die intensive Bearbeitung des ihm zugewiesenen Marktes zur Folge sowie
eine Kenntnis, die auch dem Hersteller zugute kommen kann. Solche Verpflichtungen verstärken die Bemühungen des Händlers um Absatz und Kundendienst für die Vertragswaren im Betreuungsgebiet und damit auch den
Wettbewerb zwischen den Vertragswaren und Konkurrenzerzeugnissen
(inter-brand-Wettbewerb)[121].

3.2.4. Vorhandener Wettbewerb:

Die EG-Kommission hat im 25. Erwägungsgrund festgestellt, daß ein
wirksamer Wettbewerb zwischen den Vertriebsnetzen der Hersteller

---

114 Bulletin EG 1981/Beilage 2, Stellungnahme der Kommission, Tz. 55 (S. 34)
115 Kommission im 4. Wettbewerbsbericht, Tz. 34 und 88
116 Tietz, S. 114 und 117
117 Ahlert, WRP 1987, S. 215ff mit einem Plädoyer für den Selektivvertrieb; kritisch zu
diesem Freistellungsgrund BEUC-News, May 1984 (Heft 7), S. 2
118 Joerges, GRUR Int. 1984, 222, 283
119 Groeben/Thiesing/Ehlermann, Art. 85, Rdn. 226
120 vgl. erstmals deutlich KOM ABl. 70 L 242/22, Ziffer 7 "Omega"
121 vgl. Erwägungsgrund 7

(inter-brand-Wettbewerb) als auch zu einem gewissen Grad innerhalb desselben Vertriebssystems (intra-brand-Wettbewerb) im Gemeinsamen Markt fortbesteht. Der Wettbewerb im Automobilsektor konzentriert sich also auf einen Markenwettbewerb zwischen den Vertriebsnetzen der Hersteller[122]. Durch die qualitative und quantitative Selektion kommt es insgesamt zu einer Verstärkung der Wettbewerbsposition des jeweiligen Herstellers[123], die zu einem größeren Außenwettbewerb der Einheiten führt[124]. Der Wettbewerb zwischen den Vertriebsnetzen, der trotz einer gewissen oligopolistischen Struktur und der Verbindungen aufgrund von Kooperationen noch vorhanden ist, wie sich an den Veränderungen der Marktanteile erkennen läßt[125], äußert sich jedoch nicht in einem direkten Preiswettbewerb[126]. Der Preiswettbewerb zwischen den Herstellern zeigt sich vielmehr häufig anders, beispielsweise durch Sonderserien mit Sonderausstattungen oder bei den Garantiebedingungen für neue Kraftfahrzeuge[127]. In der Bundesrepublik kommt es aber trotzdem zu einem verstärkten Wettbewerb auch hinsichtlich des Preises, da sich der Markt zunehmend dem ausländischen Angebot öffnet und auch von den ausländischen Herstellern genutzt wird[128], wie auch das jüngste Beispiel des amerikanischen Automobilproduzenten Chrysler beweist.

Gerade bei gewissen oligopolistischen Strukturbedingungen, denen die Tendenz zu einem bloßen Qualitätswettbewerb innewohnt, hat der intra-brand-Wettbewerb eine schützenswerte wettbewerbspolitische Bedeutung[129], da er zur Verhinderung von "Verkrustungen der Handelsstrukturen" beiträgt[130]. Für die Freistellung kommt es gerade auf die Aufrechterhaltung einer potentiellen Wettbewerbslage zwischen selektierten Händlern im Gemeinsamen Markt an[131]. Deshalb sieht die VO nur einen relativ unvollkommenen Gebietsschutz des Händlers vor[132], um insbesondere sogenannte Parallelimporte aus den Mitgliedstaaten, also Importe abseits der üblichen Vertriebswege, zu ermöglichen[133], deren Behinderung dem vom EWG-Vertrag grundsätzlich untersagten Exportverbot gleichkommt[134]. Wie der inter-brand-Wettbewerb äußert sich aber auch der intra-brand-Wettbewerb bei den Preisen häufig indirekt, beispielsweise durch überhöhte Inzahlungnahme von Gebrauchtwagen und subventio-

122 Kommmission im 14. Wettbewerbsbericht, Tz. 37
123 Mathé, RabelsZ 1984, 722
124 Tietz, S. 16
125 Bulletin EG 1981/Beilage 2, Tz. 61, S. 35
126 vgl. Berg, S. 169, 203
127 Berg, S. 169, 199 und 203
128 Berg, S. 169, 181
129 Joerges, GRUR Int. 1984, 222, 287
130 so Kommission im 11. Wettbewerbsbericht, Tz. 12 (S. 27)
131 vgl. KOM ABl. 78 L 46/40 "BMW-Belgium"; vgl. Groeben/Thiesing/Ehlermann, Art. 85, Rdn. 227
132 Joerges, Vertriebspraktiken, S. 326
133 vgl. KOM ABl. 75 L 29/14, 17 "GM"; ABl. 83 L 327/31, 37 "Ford"; ABl. 86 L 295/19, 24 "Peugeot"
134 vgl. KOM ABl. 75 L 29/18 "GM"; Brief der Kommission in AWD 1972, 419, 420f "Citroën"

nierte Zinsen für Autokredite seitens der Händler[135]. Wie bedeutend
der intra-brand-Wettbewerb letztlich ist, zeigt sich daran, daß 31%
der Käufer eines Kraftfahrzeugs mit mehreren Händlern einer einzigen
Marke Kontakt hatten[136].

3.2.5. Ergebnis:

Die GVO 123/85 für Vertriebs- und Kundendienstvereinbarungen der
Kraftfahrzeuge billigt also grundsätzlich die zur Zeit vorherrschenden
selektiven Vertriebssysteme in der Kfz-Branche[137] und hat das Konzept
des Gruppenwettbewerbs[138], das heißt des Wettbewerbs zwischen den Vertriebsnetzen (inter-brand-Wettbewerb), übernommen[139].

---

135 vgl. BKartA TB 1987/88, S. 62; vgl. Berg, S. 169, 198
136 so eine unveröffentlichte EMNID-Untersuchung, zitiert nach Bechthold, BB 1984, 1262,
1265
137 Dryander/Helm/Lohmann, RIW 1985, 352
138 dazu Tietz, Der Gruppenwettbewerb als Element der Wettbewerbspolitik - Das Beispiel
der Automobilwirtschaft
139 vgl. Joerges, Vertriebspraktiken, S. 297

4. Verhältnis des europäischen Rechts zum nationalen Recht:

Neben dem in allen Mitgliedstaaten geltenden europäischen Recht besteht das jeweilige nationale Recht, welches möglicherweise den gleichen Sachbereich regeln will. Das europäische Recht kann daher mit dem
nationalen Recht in Konflikt geraten, wenn sich beide in ihrem sachlichen Geltungsbereich überlagern und unterschiedliche Regelungen treffen[1]. Es kann das Kartellrecht, welchem Art.85 und 86 EWGV zugrundegelegt ist, mit dem nationalen Kartellrecht kollidieren. Hier handelt es
sich um Konflikte von Rechtssätzen, die ein und demselben Regelungsgebiet angehören, also in diesem Fall dem jeweiligen Kartellrecht. Man
spricht von einer direkten Normenkollision[2], wenn beispielsweise das
nationale Kartellrecht für einen Fall ein Verbot ausspricht, welcher
durch die EG-Kommission vom Kartellverbot freigestellt worden ist. Umgekehrt kann das europäische Kartellrecht einen Sachverhalt strenger
bewerten als das nationale Recht gegen Wettbewerbsbeschränkungen, das
aus einem unterschiedlichen Gesichtspunkt heraus den gleichen Fall vom
Kartellverbot ausnimmt. Eine Regelung für derartige Konfliktfälle aufgrund der hierzu ermächtigenden Vorschrift des Art.87 II lit.e EWGV
ist bisher nicht ergangen.

Darüberhinaus können aber auch Rechtssätze unterschiedlicher Rege-
lungsgebiete Auswirkungen derart aufeinander haben, daß es ebenfalls
zu Konflikten zwischen nationalem und europäischem Recht kommt. So
kann das europäische Kartellrecht mit nationalem Zivilrecht in Wider-
streit gelangen. Dann spricht man von einer indirekten Kollision[3]. Es
kann das nationale bürgerliche Recht Betimmungen aufstellen, die in
ihrer Wirkung zu einem Widerspruch mit einer Verordnung führen können.
Beispielsweise kann das Zivilrecht einem Vertragspartner grundsätzlich
Positionen zugestehen, die von der EG-Kommission durch eine Verordnung
nicht freigestellt wurden. Auf der anderen Seite kann eine Vereinbarung über den EWG-Vertrag freigestellt sein, die einer Sanktion durch
das nationale Zivilrecht unterfällt. Für diesen Bereich erfolgte erst
recht keine Regelung, die bei der Lösung solcher Kollisionen herangezogen werden könnte.

4.1. Kartellrecht:

Solange keine Bestimmung für die Fälle einer gleichzeitigen Anwendungsmöglichkeit der Wettbewerbsregelungen des EWG-Vertrages und der
nationalen Vorschriften auf wettbewerbsbeschränkende Vereinbarungen

---

1 EG-Kommission im 4. Wettbewerbsbericht, Tz. 43 (S. 31)
2 Huthmacher, Der Vorrang des Gemeinschaftsrechts bei indirekten Kollisionen, S. 134
3 vgl. Huthmacher, Der Vorrang des Gemeinschaftsrechts bei indirekten Kollisionen, S.
134

vorhanden ist, sind Konflikte als normal anzusehen. Sie ergeben sich
nämlich aus dem Vorhandensein von zwei Rechtsordnungen, die von ihren
eigenen Erwägungen ausgehen und Ziele verfolgen, welche unterschiedlich sein können[4]. Es stellt sich das Problem, ob die Rechtsordnungen
nebeneinander anzuwenden sind oder ein Vorrang für eine der beiden besteht.

4.1.1. Vorrang des EG-Kartellrechts:

Die sogenannte Zweischrankentheorie, die ein Nebeneinanderstehen beider Rechtsordnungen und deren gleichzeitige Anwendung auf einen konkreten Fall zulassen wollte[5], wurde als eine Lösungsmöglichkeit für
das Verhältnis der gemeinschaftlichen Wettbewerbsregelungen zu den nationalen Rechtsvorschriften überwunden, da ihre unbillige Konsequenz
wäre, daß sich immer das strengere Recht durchsetzt und eine homogene
Anwendung des Gemeinschaftsrechts nicht gewährleistet wäre[6]. Stattdes-
sen wird heute durchweg von dem generellen Vorrang des Gemeinschaftsrechts vor dem nationalen Recht ausgegangen[7]. Zur Begründung wird angeführt, daß der EWG-Vertrag eine von den Mitgliedstaaten in ihre
Rechtsordnung aufgenommene eigene Rechtsordnung geschaffen hat, die
für sie daher auch verbindlich ist[8]. Dieser Vorrang wird auch durch
Art. 189 II EWGV bestätigt, demzufolge ist eine Verordnung "verbindlich" und "gilt unmittelbar in jedem Mitgliedstaat"[9]. Überdies wird
durch den Vorrang des Gemeinschaftsrechts die gemeinschaftliche
Rechtsordnung einheitlich ausgelegt und so erst ihrer praktischen
Funktionsfähigkeit zugeführt (principe de l'effet utile)[10]. Dieser in
allen Gebieten geltende Vorrang des Gemeinschaftsrechts wurde ausdrücklich auch für das Verhältnis der Kartellrechtsordnungen bestätigt[11]. Im anderen Falle wäre die einheitliche Anwendung des Gemeinschaftskartellrechts und die volle Wirksamkeit der zu seinem Vollzug
ergangenen Maßnahmen auf dem gemeinsamen Markt beeinträchtigt[12]. Zudem
ergibt sich der Vorrang auch aus Art.87 II lit. e EWGV, der den Rat
zum Erlaß einer Verordnung ermächtigt, die nationales vom EG-Recht abgrenzen soll[13].

Der Vorrang des Gemeinschaftsrechts wurde durch die deutsche Ge-
richtsbarkeit anerkannt und vollzogen[14].

---

4 EG-Kommission im 3. Wettbewerbsbericht, Tz. 6 (S. 20)
5 vgl. Grabitz/Koch vor Art.85 Rdn. 48 m.w.N.
6 Bunte, WuW 1989, 7, 12 (auch allgemein zur Entwicklung der Theorien)
7 zuerst EuGHE 1964, 1251, 1270 "Costa/ENEL"; vgl. z.B. auch Immenga/Mestmäcker, Einl.
Rdn. 43
8 EuGHE 1964, 1251, 1269 "Costa/ENEL"
9 EuGHE 1964, 1251, 1270 "Costa/ENEL"
10 Grabitz, Art.189 Rdn. 27
11 EuGHE 1969, 1, 14 (Rdn. 6) "Walt Wilhelm"
12 EuGHE 1969, 1, 13 (Rdn. 4) "Walt Wilhelm"; BGH/WuW/E 1963, 1964
13 EuGHE 1969, 1, 13 und 14 (Rdn. 4 und 5) "Walt Wilhelm"
14 BGH/WuW/E 1963, 1964; BVerfGE 31, 145, 174; vgl. auch BVerfGE 73, 339

Der Vorrang der europäischen Wettbewerbsregeln bedeutet aber nur, daß konkrete Normenkonflikte zwischen Gemeinschafts- und innerstaatlichem Recht nach diesem Prinzip zu lösen sind[15]. Das heißt, entgegenstehende nationale Bestimmungen sind von den staatlichen Gerichten, die für die volle Wirksamkeit der EG-Normen zu sorgen haben, in dem zu entscheidenden Fall unangewendet zu lassen[16]. Das nationale Recht wird also durch eine entgegenstehende europäische Rechtsnorm nicht ungültig, sondern nur nicht angewandt. Das Vorrangprinzip heißt demnach nicht Gültigkeitsvorrang, da die materiellen Kartellrechtsordnungen miteinander konkurrieren können, sondern Anwendungsvorrang im konkreten Konfliktfall[17]. Die gleichzeitige Anwendung des nationalen Rechts ist jedoch nur statthaft, soweit die einheitliche Anwendung des Gemeinschaftskartellrechts und die volle Wirksamkeit der zu seinem Vollzug ergangenen Maßnahmen auf dem Markt nicht beeinträchtigt werden[18]. Ansonsten tritt das nationale Kartellrecht zurück. Ohne Bedenken steht es daher den Mitgliedstaaten frei, das innerstaatliche Recht im gleichen Sinne wie das Gemeinschaftsrecht anzuwenden[19].

4.1.1.1. Vorrang von Freistellungen:

Das Vorrangprinzip gilt auf alle Fälle, wenn das europäische Kartellrecht verbietet, was vom nationalen Recht gegen Wettbewerbsbeschränkungen erlaubt wird[20]. Von der grundlegenden Entscheidung des europäischen Gerichtshofes zum Verhältnis der beiden Kartellrechtsordnungen wurde allerdings nicht klar geregelt, ob dies auch bei den Befreiungen vom Kartellverbot nach Art.85 III uneingeschränkt gilt[21], nachdem es dort heißt, daß Art.85 neben Verboten und deren Befreiungen jedoch "den Gemeinschaftsbehörden *auch gewisse positive, obgleich mittelbare Eingriffe* zur Förderung einer harmonischen Entwicklung des Wirtschaftlebens innerhalb der Gemeinschaft im Sinne von Art.2 EWGV" gestattet[22]. Das würde heißen, der Vorrang des EG-Rechts gilt bei einer ausdrücklichen Erlaubnis beziehungsweise Freistellung vom Kartellverbot durch das europäische Recht nur, wenn diese einen positiven mittelbaren Eingriff zur Förderung einer harmonischen Entwicklung des Wirtschaftslebens darstellt[23]. Für eine Freistellung im Einzelfall wird

---

15 EuGHE 1969, 1, 14 (Rdn. 6) "Walt Wilhelm" und EuGHE 1978, 629, 645 (Rdn. 24) "Simmenthal"
16 EuGHE 1978, 629, 645 (Rdn. 24) "Simmenthal"
17 Groeben/Boeckh/Thiesing/Ehlermann, Art.1 Rdn. 41; Steindorff, Schwerpunkte des Kartellrechts 1986/87, FiW-Heft 127, S. 27, 34
18 EuGHE 1969, 1, 13 (Rdn. 4) "Walt Wilhelm"; Lieberknecht, FS Pfeiffer, 1988, S. 593
19 EG-Kommisson im 4. Wettbewerbsbericht, Tz. 45 (S. 33)
20 vgl. z.B. Lieberknecht, FS Pfeiffer, 1988, S. 594
21 vgl. die Unsicherheit der EG-Kommission im 4. Wettbewerbsbericht, Tz. 45 (S. 33)
22 EuGHE 1969, 1, 14 (Rdn. 5) "Walt Wilhelm"
23 vgl. Lieberknecht, FS Pfeiffer, 1988, S. 596

der Vorrang uneingeschränkt bejaht[24]. Eine solche Freistellung stellt immer einen positiven Eingriff dar.

Hingegen ist unsicher, ob gruppenweisen Freistellungen, die im Gegensatz zur individuellen Entscheidung notwendigerweise grob pauschalieren[25], der Vorrang vor dem nationalen Recht ebenfalls zukommt[26]. Dagegen wird eingewandt, daß einer GVO kein blinder Vorrang eingeräumt werden soll[27], weil sich ansonsten minimale Wettbewerbsinteressen der Gemeinschaft gegen substantielle Belange eines Mitgliedstaates durchsetzen könnten[28]. Insbesondere müßten weitergehende, strengere nationale Bestimmungen anwendbar bleiben, sofern sie nicht den Zielen des Gemeinschaftsrechts widersprechen[29].

Für eine Gleichbehandlung der gruppenweisen mit der individuellen Freistellung wird angeführt, daß auch eine GVO ein positiver Eingriff im Sinne der genannten Rechtsprechung des europäischen Gerichtshofes ist, weil sie auf eine Verbesserung des gesamten Wirtschaftslebens abzielt[30]. Eine Partizipation der Gruppenfreistellungsverordnungen am Vorrang des Gemeinschaftsrechts wird insbesondere auch mit der Gleichstellung der Einzel- und Gruppenfreistellung in Art.85 III EWGV[31] und mit der Funktion der GVO als Bündel von Einzelfreistellungsentscheidungen[32] begründet[33].

Damit eine Vereinheitlichung der unterschiedlichen Rechtsordnungen möglich ist, darf ein Instrument hierzu, wie eine gruppenweise Freistellung nach Art.85 III EWGV, nicht von vornherein in seiner Wirkung eingeschränkt werden. Zwar mag eine GVO notwendigerweise pauschaler sein als eine individuelle Entscheidung und daher einen höheren Grad der Abstraktion aufweisen, das spricht jedoch nicht gegen sie, weil auch nationale Normen typischerweise mit diesem Makel behaftet sind. Damit eine künstliche Aufspaltung einer gruppenweisen und individuellen Freistellung vermieden wird, sind deshalb beide gleich zu behandeln und stellen positive Eingriffe, die Vorrang vor den nationalen Bestimmungen haben, dar. Zudem hätten ansonsten nur die zahlenmäßig im Vergleich zu den Vereinbarungen, die durch eine GVO freigestellt werden, geringen Einzelfreistellungen den Anspruch für sich, im Konfliktfall Vorrang vor dem nationalen Recht zu genießen. Deshalb wirkt der Gemeinschaftsvorrang nicht nur, wenn das europäische Recht verbie-

24 EG-Kommission im 4. Wettbewerbsbericht, Tz. 45 (S. 33); offenbar zweifelnd aber Kerse, EEC Antitrust Procedure, S. 329, 331
25 Niederleithinger, FiW-Heft 134, S. 89
26 vgl. m.w.N. Lieberknecht, FS Pfeiffer, 1988, S. 595ff
27 Möschel, RIW 1985, 261, 265; Bunte, WuW 1989, 16f; Bunte/S Einl. Rdn. 68; Bellamy/Child Rdn. 1-090; Niederleithinger, FiW-Heft 134, S. 89
28 vgl. Stockmann, Fordh. Corp. law Inst. 1987, 265, 293
29 Bunte, WuW 1989, 14
30 Steindorff, Schwerpunkte des Kartellrechts 1986/87, FiW-Heft 127, S. 27, 34
31 Bunte, WuW 1989, 17
32 Wiedemann, AT Rdn. 404
33 Lieberknecht, FS Pfeiffer, 1988, S. 596 und 598

tet, sondern auch dann, wenn es, gleichgültig auf welche Weise, erlaubt[34].

Der Gruppenfreistellungsverordnung 123/85 kommt deshalb Vorrang vor den nationalen Bestimmungen zu, da sie ebenfalls der Erreichung der Vertragsziele des Art.2 EWGV dient, also einen positiven Eingriff darstellt[35]. Dieses Ergebnis wird bestätigt durch den 29. Erwägungsgrund der VO, der nationalen Bestimmungen im Einzelfall Vorrang vor der gruppenweisen Freistellung in der Verordnung zugesteht, aber ansonsten den grundsätzlichen Vorrang des Gemeinschaftsrechts unberührt läßt. Dieses Vorbehalts hätte es, wenn einer GVO prinzipiell kein Vorrang vor nationalen Bestimmungen zukäme, nicht bedurft[36].

Im deutschen Recht wirkt sich der Vorrang beispielsweise dahingehend aus, daß eine Ersatzteilbezugsbindung der Vertragshändler nicht mehr möglich ist (s.u.II.5.4.).

4.1.1.2. Ausnahmen vom Vorrang:

Wenn das Gemeinschaftsrecht eine umfassende Regelung trifft, die den Sachbereich ausschöpft, dann bedeutet dies, daß es die von ihm zugelassenen Wettbewerbsbeschränkungen sicherstellen und entgegenstehende nationale Rechtssätze nicht angewandt wissen will[37]. Das Gemeinschaftsrecht gibt aber nicht für jeden Bereich eine Regelung an die Hand, so daß beim gegenwärtigen Stand des europäischen Rechts der Erlaß von Rechtsvorschriften über den Wettbewerb nicht verbietbar ist, vorausgesetzt allerdings, daß die Rechtsvorschriften mit den übrigen Bestimmungen des EWG-Vertrages übereinstimmen[38]. Wenn aber schon der Erlaß von nationalen Rechtssätzen für vom Gemeinschaftrecht nicht erfaßte Regelungsbereiche möglich ist, so ist bei Fehlen einer gemeinschaftlichen Norm erst recht die Anwendung vorhandener Vorschriften der einzelnen Mitgliedstaaten zulässig. Das hat zur Folge, wenn der Regelungsbereich überschritten ist, also das Gemeinschaftsrecht keine Anwendung mehr findet, daß nationales Recht angewandt werden kann[39]. Demnach können Bereiche, die nicht von der GVO erfaßt sind, einer Regelung durch die nationalen Rechtsordnungen zugeführt werden beziehungsweise offen sein. Ein Konflikt besteht also gar nicht, wenn die Mitgliedstaaten die von der Freistellung zum Beispiel nicht geregelte Handhabung, also den Gebrauch einer Befreiung, einer Regelung unter-

---

34 vgl. auch Ipsen § 10/74
35 Lieberknecht, FS Pfeiffer, 1988, S. 598; Wiedemann, AT Rdn. 403f
36 so auch Lieberknecht, FS Pfeiffer, 1988, S. 599 und Wiedemann, AT Rdn. 403 m.w.N., der allerdings aus diesem Erwägungsgrund einen zweifelhaften Umkehrschluß für den grundsätzlichen Vorrang auch der anderen GVOen zieht
37 Niederleithinger. FiW-Heft 134, S. 89
38 EuGHE 1985, 1, 33 (Rdn. 20) "Leclerc/Au Ble Vert"
39 Fikentscher, Wirtschaftsrecht, Band I, S. 466f

werfen, um auftretende Mißstände abzustellen[40]. Es kann kein Konflikt entstehen, wo keine in Konkurrenz tretenden Regelungen vorhanden sind[41]. Nationale Vorschriften kommen also in vollem Umfang zur Anwendung, wo die Verordnung oder das sonstige Gemeinschaftsrecht keinen Rechtssatz anbietet, da das Kartellrecht der Europäischen Gemeinschaft Wettbewerbsbeschränkungen verhindern, nicht aber wettbewerbsbeschränkende Behinderungen in einem Mitgliedstaat ermöglichen will, die nach dessen Recht verbietbar beziehungsweise verboten sind[42]. Das nationale Recht kann voll neben der GVO 123/85 zur Anwendung kommen, wo es sich mit dem sachlichen Bereich des Gemeinschaftsrechts nicht überlagert.

Bereits in der grundlegenden Entscheidung, die die Rangfrage des europäischen und nationalen Rechts klärte, wurde festgestellt, daß die Verpflichtungen des EWG-Vertrages einheitlich für alle Mitgliedstaaten gelten, es sei denn der Vertrag selbst will den Staaten durch klare Bestimmungen das Recht zu einseitigem Vorgehen zugestehen (z.B. Art.15, 93 III, 223 bis 225 EWGV)[43]. Daraus folgt, daß einer Verordnung immer dann Geltung und damit Vorrang zukommt, wenn sie nicht aus besonderen in der Verordnung selbst liegenden Ursachen eingeschränkt wird. Eine GVO kann die Mitgliedstaaten zur Einführung und Anwendung strengerer Regeln ermächtigen, jedoch nur, wenn dadurch ihre Wirksamkeit nicht beeinträchtigt wird[44]. Die gemeinschaftliche Verordnung kann folglich selbst ihren Anwendungsvorrang relativieren. Im 29. Erwägungsgrund der GVO 123/85 ist die Möglichkeit von "Gesetzen und Verwaltungsmaßnahmen der Mitgliedstaaten, mit denen diese im Hinblick auf besondere Verhältnisse einzelne wettbewerbsbeschränkende Verpflichtungen einer nach dieser Verordnung freigestellten Vereinbarung verbieten oder ihnen den Rechtsschutz versagen" ausdrücklich gewährt. Der 29. Erwägungsgrund drückt aus, daß besondere tatsächliche Gegebenheiten, die vom Durchschnitt der Mitgliedstaaten abweichen und deshalb von der Verordnung 123/85 nicht erfaßt sind, durch nationales Recht geregelt werden dürfen[45]. Die GVO weitet demnach die Anwendungsmöglichkeit von nationalen Rechtssätzen, die prinzipiell mit ihr kollidieren, bei besonderen Verhältnissen für den Einzelfall aus.

Eine "Durchbrechung" des Vorrangprinzips findet folglich in mindestens zwei Situationen statt: Wenn das Gemeinschaftsrecht einen Bereich ungeregelt läßt oder ausdrücklich die Anwendung kollidierender Normen gestattet. Diese zwei Möglichkeiten gelten gerade für die Gruppenfreistellungsverordnung 123/85.

---

40 Bunte, WuW 1989, 18
41 vgl. Mestmäcker, Europäisches Wettbewerbsrecht, S. 115
42 vgl. auch Ebenroth, S. 153
43 EuGHE 1964, 1251, 1270 "Costa/ENEL"
44 Steindorff, Schwerpunkte des Kartellrechts 1986/87, FiW-Heft 127, S. 27, 35
45 Steindorff, Schwerpunkte des Kartellrechts 1986/87, FiW-Heft 127, S. 37

4.1.1.3. Folgen der ausdrücklichen Durchbrechungsmöglichkeit:
Durch die Aufnahme der Durchbrechungsmöglichkeit im 29. Erwägungsgrund der Verordnung, der in seiner ganzen Bedeutung letztlich nicht
klar ist[46], wird zumindest einem Kollisionsproblem zwischen der GVO
und dem nationalen Recht vorgebeugt. Die in die Gefahr eines Konflikts
geratenden nationalen Vorschriften dürfen nach dem 29. Erwägungsgrund
angewandt werden, müssen aber stets im Zusammenhang mit dem Vorrang
des Gemeinschaftsrechts gesehen und ausgelegt werden. Bei einer Heranziehung dieser Rechtssätze darf der wesentliche Inhalt der gewährten
Freistellung nicht in Frage gestellt werden[47], also der Kernbereich
der Freistellung nicht berührt werden[48]. Die grundsätzlichen Entscheidungen der GVO sind auch bei einem Handeln der nationalen Organe aufgrund des 29. Erwägungsgrundes zu beachten. Die Ziele der GVO sind in
diese Entscheidungen bei der Abwägung einzubeziehen[49].

4.1.1.4. Anwendbarkeit von Vorschriften des GWB:
4.1.1.4.1. Die Gruppenfreistellungsverordnung 123/85 gibt den Vertragspartnern an, welcher Inhalt einer Vereinbarung dem Kartellverbot
entzogen ist und welche Voraussetzungen der Vertrag einhalten muß,
damit er in den Genuß der Freistellung kommt. Die GVO stellt gewisser-
maßen den Inhalt der Vereinbarung dar, regelt aber nicht den tatsächlichen Gebrauch derselben. Demnach besteht schon kein Konflikt, wenn
das nationale Recht nur die praktische Handhabung der Freistellung
einer Regelung unterzieht, um auftretende Mißstände abzustellen. Also
bezieht sich die Freistellung auf die normale Durchführung der betreffenden Vereinbarung[50]. Wenn die Vereinbarung mißbräuchlich oder diskriminierend ausgenützt werden sollte, könnte dies einen Verstoß gegen
§ 26 II GWB bedeuten. Das Diskriminierungsverbot des § 26 II 2 GWB
trifft den Automobilhersteller, nachdem ein Kfz-Vertragshändler durch
die Ausrichtung seines Geschäftsbetriebes auf die Produkte des Fabrikanten unternehmensbedingt abhängig ist, da er nur unter Inkaufnahme
erheblicher Wettbewerbsnachteile auf die Vertretung eines anderen Herstellers überwechseln kann[51]. Dies gilt auch dann, wenn sich der betreffende Händler aufgrund eigener Wahl in das Abhängigkeitsverhältnis
begeben hat, weil er sich damit nicht Diskriminierungen seitens des

---

46 Vaughan, Law of the EC, Paras. 19.284 (S. 1029), Fußnote 6
47 vgl. auch Kommission in EuGHE 1980, 2327, 2370 "Giry und Guerlain"
48 Bunte/S. Einl. Rz. 68
49 vgl. auch Steindorff, Schwerpunkte des Kartellrechts 1986/87, FiW-Heft 127, S. 37, der wegen des 29. Erwägungsgrundes die Regelungsbefugnis der MS dem Verhältnismäßigkeitsgrundsatz unterwerfen will
50 Bunte, WuW 1989, 18
51 BGH LM § 26, Nr.61, Bl. 2 "Opel-Blitz"; vgl. aber noch BGH/WuW/E 1455, 1457 "BMW-Direkthändler"

Herstellers aussetzen wollte[52]. Die Anwendung von § 26 II GWB erstreckt sich allerdings in der Regel nicht auf den Inhalt, sondern auf Fälle, in denen Unternehmen von ihren Rechten aus freigestellten Vereinbarungen einen diskriminierenden Gebrauch machen[53]. § 26 II GWB wird also durch die GVO nicht verdrängt, da die Freistellung eines Kfz-Vertriebssystems eine diskriminierende Anwendung im Einzelfall nicht legalisiert[54]. Ein Anwendungsfall für § 26 II GWB wäre beispielsweise ein Kontrahierungszwang für das bindende Unternehmen, da die Freistellung nach der GVO hierüber nichts aussagt[55].

4.1.1.4.2. Neben der wohl in diesem Zusammenhang bedeutendsten Vorschrift des § 26 II GWB findet aber auch § 22 IV GWB im Einzelfall, wie vom 29. Erwägungsgrund der GVO verlangt, Anwendung[56], da zum Beispiel durch die Freistellung nicht mißbräuchlich überhöhte Preise in einem Mitgliedstaat, die in der Bundesrepublik eben über § 22 IV GWB erfaßt werden könnten, ermöglicht werden sollen[57].

4.1.1.4.3. Die GVO steht nationalen Gesetzen und Verwaltungsmaßnahmen, die strenger sind im Hinblick auf besondere Verhältnisse einzelner Vereinbarungen, nicht entgegen (29. Erwägungsgrund). Der Abschnitt des GWB, der sonstige Verträge, insbesondere vertikale Kontrakte einer Kontrolle durch die Kartellbehörde unterzieht, überschneidet sich im Regelungsbereich mit der GVO 123/85. Demnach wären nach dem grundsätzlichen Vorrang des Gemeinschaftsrechts in einem konkreten Normenkonflikt die §§ 15ff GWB außer Anwendung zu lassen. § 18 GWB, der die Kartellbehörde ermächtigt, vertikale Verträge wie zum Beispiel eine Ausschließlichkeitsvereinbarung aufzuheben, würde also in einem solchen Fall verdrängt. Aber nachdem der 29. Erwägungsgrund Verwaltungsmaßnahmen im Einzelfall zuläßt und so wettbewerbsbeschränkende Behinderungen im innerstaatlichen Verkehr, die nach diesem nationalen Recht verbietbar beziehungsweise verboten sind, von vornherein ausschließen will, muß § 18 GWB in diesen besonderen Fällen zur Anwendung kommen können. Gerade mit den im 29. Erwägungsgrund genannten ermöglichten Verwaltungsmaßnahmen sind solche des § 18 GWB gemeint. Die Verordnung hat zwar einen erheblichen Umfang und regelt daher einen großen Bereich von vertikalen Vereinbarungen in der Kfz-Industrie, kann aber trotzdem nicht alle Fälle erfassen und will vor allem Veränderungen, die von der GVO noch nicht bedacht worden sind, aber nicht hinnehmbare Wettbewerbsbeschränkungen nach sich ziehen, nicht ohne Eingriffsmöglichkeit lassen. Insbesondere führen unterschiedliche

---

52 Ebenroth, BB 1988/Beilage 10, S. 18
53 Steindorff, ZHR 1978, 525, 547f und 551f
54 Wiedemann, AT Rdn. 416; Bunte/S. Einl. Rz. 68; vgl. auch BGH/WuW/E 1455, 1458; Steindorff, ZHR 1978, 525, 547f und 551f; Fikentscher, Wirtschaftsrecht, Band I, S. 466f
55 Lieberknecht, FS Pfeiffer, 1988, S. 602
56 Bunte/S. Einl. Rz. 68; Wiedemann, AT Rdn. 416
57 Wiedemann, AT Rdn. 416

Wettbewerbsverhältnisse in den einzelnen Mitgliedstaaten in der komplexen Automobilbranche zu einem differenzierten Wettbewerbsverhalten der Beteiligten, das in der Regel am sachnächsten durch den nationalen Gesetzgeber erfaßt ist. Deshalb wird § 18 GWB, der zu einem erheblichen Erfahrungsschatz der deutschen Kartellbehörde geführt hat und welcher nutzbar gemacht werden soll, nicht verdrängt[58]. Bei der Anwendung insbesondere von § 18 GWB müssen allerdings die grundlegenden Entscheidungen der GVO beachtet werden.

4.1.1.4.4. Nachdem § 18 GWB zur Anwendung kommen kann, stellt sich als Folgeproblem die Anwendbarkeit des § 34 GWB, also die Frage des Schriftformerfordernisses für Verträge, die von der GVO erfaßt werden. Für Verträge, die unter § 18 GWB subsumierbar sind, gilt das Schriftformerfordernis des § 34 GWB, welches möglicherweise ergänzend für die GVO heranzuziehen wäre[59]. Gemäß Art.12 der GVO findet die Verordnung jedoch auch auf aufeinander abgestimmte Verhaltensweisen der Unternehmen Anwendung. Daraus folgt, daß Vereinbarungen, die nicht schriftlich geschlossen worden sind, ebenfalls von der Verordnung freigestellt werden können und nicht von vornherein nichtig (aber § 34 GWB !) sind. Nachdem der grundsätzliche Vorrang der GVO im 29. Erwägungsgrund nochmals klargestellt wird, wird das Schriftformerfordernis des § 34 GWB verdrängt[60]. Die GVO hat in Art.12 eine klare andere Entscheidung getroffen.

4.1.1.4.5. Der Kommission wurde vorgeworfen, daß die Verordnung für Kfz-Vertrieb und Kfz-Service keine Vorschrift gegen ein Händlerkartell oder einen Boykott ausgehend von den Händlern enthält[61]. Artikel 85 III EWGV befreit Vereinbarungen jedoch nur insofern, als die Freistellung selbst reicht. Das heißt, von der Freistellung nicht gedeckte Vereinbarungen oder Verhaltensweisen, die von Art. 85 I EWGV erfaßt werden, bleiben verboten. Ein Händlerkartell wird jedoch schon durch Art. 85 I EWGV sanktioniert und auch durch die GVO nicht freigestellt, so daß es vom kartellrechtlichen Verbot ergriffen bleibt[62]. Aus der Regelung des Art.6 Nr.2, der auch ein Preiskartell von Händlern ("andere Unternehmen des Vertriebsnetzes") der Freistellung durch die GVO von vornherein entzieht, kann nicht mit einem argumentum e contrario gefolgert werden, daß andere Händlerkartelle freigestellt sind. Artikel 6 Nr.2 sorgt nämlich dafür, daß nicht nur die Preisabsprache, sondern die gesamte Vereinbarung der Freistellung entzogen ist (s.u.I.5.2.).

---

58 so auch, allerdings ohne Begründung, BKartA TB 1983/84, S.77
59 so AGBG-Ulmer Rdn. 873
60 Wiedemann, AT 349; vgl. auch BGH/WuW/E 1963, 1964
61 Davidow, Antitrust Bull. 1983, 880 und ders., Bulletin, S. 52 zum Entwurf, der insofern jedoch keine Abweichung von der GVO 123/85 enthält
62 KOM ABl. 80 L 318/1, 11 (Tz. 62) "IMA-Statuut"; 13. Wettbewerbsbericht, Tz. 105f

Ebenso wird bereits von Art.85 I EWGV ein Boykott, der von den Händlern ausgeht, erfaßt[63]. Allerdings erfüllt eine Aufforderung zur Erfüllung eines nicht gegen das Kartellverbot verstoßenden Vertrages nicht den Tatbestand des Boykotts[64], was insbesondere bei der unberechtigten Belieferung von Außenseitern, die außerhalb des Vertriebsnetzes stehen, relevant ist.

Das Gemeinschaftsrecht weist insofern keine aufzufüllenden Lücken auf.

4.1.1.4.6. Ergebnis: Der GVO 123/85 kommt also prinzipiell Vorrang vor dem nationalen Kartellrecht zu, es sei denn das nationale Recht erfaßt einen vom Gemeinschaftsrecht nicht geregelten Bereich oder es handelt sich um nationale Vorschriften, deren Anwendung vom 29. Erwägungsgrund im Einzelfall ermöglicht wird, wie insbesondere § 26 II und § 18 GWB.

4.2. Zivilrecht:

Es kann nicht nur zu Kollisonen zwischen Gebieten kommen, die den gleichen Sachbereich regeln, sondern auch zu Konflikten von unterschiedlichen Regelungsgebieten. Gerade bei dem komplexen Vertragshändlerverhältnis spielen Rechtssätze in die Beziehung hinein, die unterschiedlichen Regelungsbereichen angehören. Wenn eine nationale Norm, die aus einem anderen Regelungsbereich stammt, eine Lösung aufzeigt, die der der Gemeinschaft widerspricht, kommt es zu einer (indirekten) Kollision zwischen Rechtssätzen, die nicht dem gleichen Rechtsgebiet zuzuordnen sind. Es stellt sich dann, wie bei Kollisionen zwischen Rechtssätzen des jeweiligen Kartellrechts (direkte Kollision) die Rangfrage.

4.2.1. AGB-Gesetz:

Die jeweiligen Vertriebssysteme der Automobilbranche wollen auf dem Markt gegenüber den potentiellen Abnehmern geschlossen auftreten, um leichter identifiziert werden zu können (s.o.I.2.1.). Die uniforme Präsentation nach außen wird durch die einheitliche Ausgestaltung der Verträge mit den Händlern erreicht. Das Vertriebsnetz eines Herstellers basiert deswegen typischerweise auf einem Mustervertrag, der den Beziehungen zu den einzelnen Absatzmittlern zugrundegelegt wird. Die Inhaltsgleichheit der Rahmenverträge dient nicht nur dem Interesse des Herstellers an einer uniformen Ausgestaltung des Vertriebsnetzes, son-

---

63 KOM ABl. 74 L 237/3, 9 "Papiers peints"; Langen/Niederleithinger/Ritter/Schmidt, § 26 Rdn. EG 54
64 vgl. KOM ABl. 74 L 237/9 "Papiers peints"; vgl. auch OLG/WuW/E 2361, 2362 und 4065, 4068f

dern auch dem Interesse der Händler an einer Gleichbehandlung[65], was
für das Diskriminierungsverbot des § 26 II GWB von Bedeutung ist
(s.o.I.4.1.1.4.1.). Die Vertragsparteien sind demnach üblicherweise
aufgrund eines Formularvertrages miteinander verbunden[66]. Die für eine
Vielzahl von Verträgen vorformulierten Vertragsbedingungen, die der
Hersteller dem Vertragshändler bei Abschluß eines Vertrages stellt,
führen dazu, daß das AGB-Gesetz auf diese Beziehungen anwendbar ist[67].
Bei den Absatzmittlungsverträgen zeigt sich der Formularcharakter insbesondere daran, daß in den Urkunden nur wenige Konkretisierungen aufgenommen sind, wie Name, Vertragsgebiet, Dauer, Mindestabnahmemengen
etc., die aber den Inhalt des Rahmenvertrages unberührt lassen. An der
Anwendbarkeit des AGB-Gesetzes ändert sich durch die Aufnahme dieser
individuellen Umstände nichts, zudem für Individualabreden im allgemeinen kein Raum ist[68]. Vertragshändler sind Kaufleute im Sinne des §
1 II Nr.1 HGB, ebenso Handelsvertreter und Kommissionsagenten (§ 1 II
Nr.6 und 7 HGB)[69]. Deshalb gilt § 2 AGBG nicht und eine Inhaltskontrolle des Vertrages findet wegen § 24 AGBG nur nach der Generalklausel des § 9 AGBG statt[70]. Ausgangspunkt der Inhaltskontrolle durch die
Generalklausel des § 9 AGBG ist die Ordnungs- und Leitbildfunktion des
Typs des Vertragshändlervertrages, wie er vor allem durch die
Rechtsprechung seine Ausprägung gefunden hat[71]. Insbesondere zum Vertragshändlervertrag in der Automobilbranche sind zu § 9 AGBG Entscheidungen der Rechtsprechung ergangen, die in der Bundesrepublik weitgehend Eingang in die Kautelarpraxis gefunden haben. So hat der BGH in
einer Entscheidung das von einem Hersteller sich vorbehaltene Recht,
nach eigenem unternehmerischen Ermessen weitere Vertragshändler in ein
Gebiet einzusetzen, welches bereits von mehreren Händlern betreut wird
(nicht ausschließliches Vertragsgebiet), für sachlich gerechtfertigt
gehalten, weil der Produzent dem Händler im Formularvertrag von vornherein kein Alleinvertriebsrecht eingeräumt hat[72]. Nach der Verordnung
kann sich jedoch der Hersteller kein freies Ermessen für eine Vertragsgebietsänderung vorbehalten (Art.5 II Nr.1b). Demnach handelt es
sich hier um eine Kollision der Verordnung mit § 9 AGBG. Andererseits
ist aber auch deutsche Rechtsprechung zu Bereichen ergangen, die von
der Verordnung im einzelnen nicht geregelt worden sind, wie zum Beispiel zum Kündigungsrecht des Produzenten[73]. Neben dem AGBG, welches

65 AGBG-Ulmer, Rdn. 872; AGBG-v.Westphalen, Rdn. 3
66 vgl. AGBG-Ulmer, Rdn. 872; AGBG-v.Westphalen, Rdn. 3
67 AGBG-Ulmer, Rdn. 872; AGBG-v.Westphalen, Rdn. 3; AGBG-Wolf § 9 Rz. V 24; Bunte/S. Rz.
9
68 Ebenroth, S. 47
69 Ebenroth, S. 48; vgl. Bunte, ZIP 1982, 1166, 1167; AGBG-Wolf § 9 Rz. V 24
70 AGBG-Wolf § 9 Rz. V 24; Bunte, ZIP 1982, 1166, 1167
71 v.Westphalen, NJW 1982, 2470; Bunte, ZIP 1982, 1167
72 BGH NJW 1985, 623, 628 "Opel"; vgl. auch BGH NJW RR 1988, 1077, 1080
73 BGH NJW 1985, 623, 625ff "Opel"; vgl. auch BGH NJW 1984, 1182, 1183 "Ford"

unzweifelhaft dem Zivilrecht angehört, können aber auch das Handelsvertreterrecht des HGB, welches zum Teil auf den Vertragshändler angewandt wird, und andere Vorschriften des Zivilrechts Konflikte mit dem
Gemeinschaftsrecht verursachen. Für diese nationalen Normen stellt
sich dann ebenfalls die Frage, ob sie von der GVO verdrängt werden,
neben ihr anzuwenden oder zur Ergänzung heranzuziehen sind.

4.2.2. GVO 123/85 insgesamt Kartellrecht:

Das Vertriebsmittlerrecht, das ausschnittweise von der GVO erfaßt
wird, hat sich als ein spezielles Rechtsgebiet mit eigenständiger Bedeutung im Schnittbereich des Handels- und Kartellrechts etabliert[74].
Die weitreichend den Absatzmittlertypus in der Kfz-Branche aus-
schöpfende GVO enthält auch Regeln, die nicht genuin als Wettbewerbsrecht zu begreifen sind, sondern die jedenfalls auch spezifische vertragsrechtliche Zielsetzungen realisieren sollen[75]. So enthält Art.5
II Regeln, die soziale Härten, die beispielsweise durch die Entwertung
der Investitionen aufgrund einer Kündigung entstehen, ausgleichen sollen[76]. Der Ausgleich sozialer Härten ist aber nicht Aufgabe des Kartellrechts, sondern des Zivilrechts[77]. Gerade in dem Bereich des Art.5
II kommt es aber zu Konflikten mit Entscheidungen der deutschen
Rechtsprechung zu § 9 AGBG. Nachdem die Verordnung also Tatbestände
enthält, die typischerweise dem allgemeinen Vertragsrecht zuzuordnen
sind[78], könnte die GVO in einen zivilrechtlichen und kartellrechtlichen Teil aufgespalten werden, so daß es sich bei den auftretenden
Konflikten möglicherweise nicht um ein Kollisionsproblem zwischen
europäischem Kartellrecht und nationalem Zivilrecht handeln würde.
Durch Art.5 II soll verhindert werden, daß der Händler in zu große
wirtschaftliche Abhängigkeit vom Lieferanten gerät und Wettbewerbshandlungen, die ihm an sich freistehen, von vornherein unterläßt, weil
deren Vornahme den Interessen des Lieferanten zuwiderlaufen könnte[79].
Es ist zwar in erster Linie Sache der Händler selbst, sich extremer
Abhängigkeiten zu erwehren, aber wer zu abhängig ist, wird den Hersteller tangierende Wettbewerbshandlungen unterlassen[80]. Demnach steht
Art.5 II eng im Zusammenhang mit dem Wettbewerbsverhalten des Händlers
und soll insbesondere den intra-brand-Wettbewerb aufrechterhalten
respektive aktivieren (s.o.I.3.1.1.). Dieser enge Zusammenhang zur
Wettbewerbsaktivität des Händlers, der von der GVO vorausgesetzt und
bestätigt wird, kann nicht unter Hinweis auf eine nicht mögliche Ein-

---

74 Martinek, S. 17
75 Joerges, Vertriebspraktiken, S. 344
76 Joerges, Vertriebspraktiken, S. 344
77 Ebenroth, BB 1988/Beilage 10, S. 21
78 Wolter, S. 1
79 Erwägungsgrund 17
80 Stöver, Das Autohaus 1983, 1342

ordnung in das typische Kartellrecht auseinandergerissen werden. Die
GVO verfolgt nicht den Zweck, eine höhere Vertragsgerechtigkeit durchzusetzen, sondern zeigt insgesamt nur antitrustrechtliche Grenzen
auf[81]. Bei der GVO 123/85 handelt es sich deshalb insgesamt um Kartellrecht.

4.2.3. Grundsätzlicher Vorrang der GVO bei indirekten Kollisionen:
Es handelt sich bei dem Konflikt zwischen § 9 AGB-Gesetz, also Zivilrecht, und der GVO 123/85, also Kartellrecht, um Normwidersprüche zwischen Rechtssätzen, die nicht demselben Regelungsgebiet angehören
(indirekte Kollisionen)[82]. Es stellt sich daher die Rangfrage. Der
Vorrang des Gemeinschaftsrechts vor dem nationalen Recht wurde unter
anderem mit Art.189 EWGV begründet (s.o.I.4.1.1.): Artikel 189 EWGV
bestätigt den Grundsatz des Vorrangs des EG-Rechts[83]. Gemäß Art. 189
EWGV ist die Verordnung in all ihren Teilen verbindlich und gilt in
jedem Mitgliedstaat. In Art.14 der GVO wird auf Art.189 EWGV Bezug genommen, indem dessen Wortlaut zum Teil wiederholt wird und darauf hin-
gewiesen wird, daß die GVO 123/85 wie alle anderen Verordnungen in all
ihren Teilen verbindlich ist. Die Verbindlichkeit der Verordnung in
all ihren Teilen soll diese zur Richtlinie abgrenzen, die nur hinsichtlich des Zieles verpflichtend ist und ansonsten dem nationalen
Gesetzgeber einen Ausgestaltungsspielraum läßt[84]. Dies wird insbesondere auch aus den unterschiedlichen Zielen der Richtlinie und der Verordnung deutlich, erstere will eine Rechtsangleichung innerhalb der
Europäischen Gemeinschaften erreichen, letztere eine Rechtsvereinheit-
lichung[85], was vor allem im Bereich des nach gleichen Wettbewerbsbedingungen strebenden Kartellrechts wichtig ist. Für diesen Bereich ist
die Verordnung die geeignetste Rechtsform (vgl.o.I.3.1.1.). Daraus
und aus Art.14 der GVO in Verbindung mit Art.189 EWGV folgt, daß die
GVO 123/85 in all ihren Teilen Vorrang vor dem nationalen Recht genießt[86]. Das heißt, die indirekte Kollision zwischen dem europäischen
Kartellrecht in Form der GVO 123/85 und dem nationalen Zivilrecht ist
ebenfalls nach dem Prinzip des Gemeinschaftsvorrangs zu lösen[87].
Der Vorrang des Gemeinschaftsrechts bedeutet hier ebenso wie bei direkten Kollisionen nicht Gültigkeitsvorrang, sondern Anwendungsvor-

---

81 Stöver, Das Autohaus 1983, 1342
82 vgl. Huthmacher, Der Vorrang des Gemeinschaftsrechts bei indirekten Kollisionen, S.
134f; Weber Albrecht, Rechtsfragen der Durchführung des Gemeinschaftsrechts, S. 58
83 Grabitz, Art.189 Rdn. 48
84 Grabitz, Art.189 Rdn. 49
85 Grabitz, Art.189 Rdn. 51
86 Willemart, Revue de droit commerciale Belge 1985, 677, 678, zum Verhältnis der GVO
und dem belgischen Vertragshändlergesetz, insbesondere dessen Kündigungsvorschriften
87 vgl. Huthmacher, Der Vorrang des Gemeinschaftsrechts bei indirekten Kollisionen, S.
157 und 160

rang, so daß der nationale Rechtssatz im konkreten Normenkonflikt eben nur nicht angewandt wird[88].

Daher wird die Entscheidung des BGH, die dem Hersteller, der einem Vertragshändler von vornherein kein ausschließliches Betreuungsgebiet zugewiesen hat, ein freies Ermessen hinsichtlich einer Betreuungsgebietsänderung zugestanden hat, von der GVO 123/85 verdrängt, nachdem diese die Vertragsgebietsänderung gemäß Art.5 II Nr.1b an gewisse Voraussetzungen knüpft und deshalb ein freies Ermessen des Produzenten ausschließt (s.u.II.4.4.).

4.2.4. Ausnahmen vom Vorrangprinzip bei indirekten Kollisionen:

Wie im Bereich des Verhältnisses der beiden Kartellrechtsordnungen zueinander gilt der Vorrang des Gemeinschaftsrechts bei indirekten Kollisionen nicht ausnahmslos. Die Verordnung entfaltet wie bei direkten Kollisionen nur insofern Sperrwirkung für die Anwendung nationaler Vorschriften, als sie die Materie regelt (s.o.I.4.1.1.2.). Wenn das Gemeinschaftsrecht einen Bereich nicht erschöpfend regelt, kann es auch nicht zu einem indirekten Konflikt kommen. Wo keine widerstreitende Gemeinschaftsregelung vorhanden ist, kann keine irgendwie geartete Kollision entstehen. Deshalb kommt beispielsweise § 9 AGBG zur Anwendung, wenn sich der Lieferant ein einschränkungsloses Kündigungsrecht bei personellen Veränderungen im Vertragshändlerunternehmen vorbehalten sollte[89].

Problematischer ist der Bereich, wo die GVO eine Regelung anbietet. Das Gemeinschaftsrecht in Form der GVO hat Vorrang, wenn es nicht aus besonderen in ihm selbst liegenden Ursachen eingeschränkt wird. Das heißt, die Verordnung selbst kann die Mitgliedstaaten ermächtigen, strengere Regeln zu erlassen beziehungsweise anzuwenden, also den ihr immanenten Vorrang relativieren. Der 29. Erwägungsgrund, der strengere Gesetze, deren Anwendung und Verwaltungsmaßnahmen der Mitgliedstaaten ermöglicht, bezieht sich, wie aus dem Wortlaut eindeutig und unmißverständlich hervorgeht, nur auf das Wettbewerbs- beziehungsweise Kartellrecht. Eine derartige ausdrückliche Ausnahme ist für den Bereich der indirekten Kollisionen in der GVO nicht aufgeführt. In Art.5 II und in den Erwägungsgründen ist aber von sogenannten Mindestvoraussetzungen die Rede[90], welche den Händler mindestens in dem von der GVO vorgegebenen Maße schützen sollen. So spricht Art.5 II Nr.2 von einer Dauer der Vereinbarung von mindestens vier Jahren oder einer Kündigungsfrist von mindestens einem Jahr. Die GVO geht davon aus, daß die Parteien selbst den konkreten individuellen Umständen der Beziehung

88 Huthmacher, Der Vorrang des Gemeinschaftsrechts bei indirekten Kollisionen, S. 155f
89 BGH NJW 1985, 625 "Opel"
90 Erwägungsgrund 17 und 20

die Vertragsdauer beziehungsweise Kündigungsfrist anpassen und aufgrund dieser Umstände ausdehnen werden. Jedoch könnten wegen eines
möglichen Verhandlungsübergewichts des Lieferanten die individuellen
Verhältnisse, welche eine längere Vertragsdauer oder Kündigungsfrist
angemessen erscheinen lassen, unbilligerweise nicht berücksichtigt
worden sein. In diesem Fall muß es möglich sein, nationale Schutzbestimmungen zugunsten des Händlers zur Ergänzung heranzuziehen. Um
individuelle Unbilligkeiten zu vermeiden, stellen die Regeln des Art.5
II Mindestvoraussetzungen dar, die auch durch nationale Bestimmungen
ergänzt werden können und sollen[91]. Die in der GVO genannten Mindestvoraussetzungen sind daher die Einbruchstellen der Ergänzung durch das
nationale Recht, trotzdem eine Regelung der GVO in diesem Bereich
erfolgte. Diese Auslegung wird auch durch eine Bemerkung der Kommission in dem vom Europäischen Gerichtshof zu entscheidenden Fall, der
die GVO 123/85 betraf, bestätigt; danach können nationale Bestimmungen
im übrigen zum Schutz des Vertragshändlers zur Anwendung kommen[92]. Das
wiederum deckt sich mit der Begründung der Einzelfreistellungen für
Franchisesysteme, wonach die durch das jeweilige nationale Recht gewährten Schutzbestimmungen unberührt bleiben[93]. Dieser Verweis in den
Einzelfreistellungen für Franchisevereinbarungen ist ebenfalls dahingehend auszulegen, daß der Vorrang des europäischen Wettbewerbsrechts
gegenüber solchen nationalen Regeln des Vertrags- und Handelsrechts
nicht gelten soll und eine Ergänzung durch Normen, die der Schutzbe-
dürftigkeit des Franchisenehmers Rechnung tragen, gewollt ist[94].

4.2.5. Ergebnis:
Es kann festgehalten werden, daß der GVO 123/85 Vorrang auch vor dem
nationalen Zivilrecht zukommt, es sei denn sie läßt einen Bereich ungeregelt oder es handelt sich um einen Regelungsbereich, bei dem sie
eine Ergänzung ermöglicht. An eine Ergänzung der GVO trotz einer Regelung ist zum Beispiel bei der Vertragsdauer oder der Frist für eine
ordentliche Kündigung einer auf unbestimmte Zeit geschlossenen Vereinbarung zu denken (s.u.II.8.3).

4.3. Gegenseitige Auswirkung:
Sofern Normen der nationalen Rechtsordnung herangezogen werden, müssen dabei immer die Ziele der GVO und die grundlegenden Entscheidungen, also die wettbewerbspolitische Bewertung der Vertriebssysteme in
der Kfz-Industrie durch die EG-Kommission beachtet werden. Das gilt
für die Ergänzung der GVO sowohl durch nationale Wettbewerbsvor-

---

91 vgl. Pfeffer, NJW 1985, 1247
92 EuGHE 1986, 4071, 4077 "VAG/Magne"
93 KOM ABl. 87 L 8/49, 55 und 56 "Yves Rocher" und ABl. 89 L 35/31 "Charles Jourdain"
94 vgl. Joerges, ZHR 1987, 221

schriften als auch durch zivilrechtliche Rechtssätze. Die grundsätzlichen Überlegungen sind in die Entscheidung bei der Abwägung einzubeziehen, ansonsten bestünde die naheliegende Gefahr, daß der Zweck der
GVO konterkariert wird. Das ist insbesondere angesichts des Ziels der
Verordnung, eine ausgeglichene Beziehung zwischen den Vertragsparteien
zu ermöglichen (s.u.I.6.2.), zu beachten.

Das Gemeinschaftsrecht und das nationale Recht sind zwar verschiedene
Rechtsordnungen, stehen aber deshalb nicht unverbunden nebeneinander[95]. Das Gemeinschaftsrecht hat nämlich auch die Wirkung eines als
objektiv geltenden Rechts, es stellt eine objektive Rechtsordnung
dar[96]. Daraus folgt, daß das europäische Gemeinschaftsrecht über die
direkte Anwendbarkeit auch Wirkung dahingehend hat, daß es Richtschnur
für die Auslegung nationaler Normen ist[97]. Die nationalen Gesetze, die
zur Ergänzung der Verordnung herangezogen werden, müssen also ihrer-
seits im Lichte der Bedeutung dieser Verordnung gesehen und interpretiert werden. Deshalb bestehen beide Normbereiche nicht ohne Bezug
nebeneinander, sondern greifen mannigfach ineinander[98]. Das nationale
Recht ergänzt die Verordnung nicht einseitig, sondern es findet eine
Wechselwirkung statt, das heißt, es besteht eine Interdependenz zwischen dem Gemeinschaftsrecht und dem nationalen Recht[99]. Das Gemeinschaftsrecht in Form der Verordnung ist vor allem in die Generalklauseln von anwendbaren nationalen Gesetzen einzubeziehen[100]. Insbesondere die zwingenden Normen des Gemeinschaftsrechts, das heißt der Verordnung (Art.5 !), sind bei der Interpretation der Generalklauseln zu
beachten[101]. Im Hinblick auf die Angemessenheitskontrolle des § 9 AGBG
sind deshalb die in die Vereinbarung aufzunehmenden Händlerschutzbestimmungen des Art.5 II der GVO bedeutsam[102]. Die Mindestvoraussetzungen des Art.5 II sind im Sinne des § 9 II Nr.1 AGBG wesentliche Grund-
gedanken einer gesetzlichen Regelung[103], nachdem die Verordnung einem
Gesetz gleichsteht[104]. Aber auch die anderen Vorschriften der GVO sind
in der Inhaltskontrolle durch das AGB-Gesetz zu berücksichtigen[105].

---

95 vgl. BVerfGE 29, 198, 219; Bleckmann, S. 270
96 Ipsen § 5/58; BGH/WuW/E 504, 506 rechnet das Gemeinschaftsrecht zum "ordre public"
der deutschen Rechtsordnung
97 vgl. Klein Eckart, Unmittelbare Geltung, Anwendbarkeit und Wirkung des europäischen
Gemeinschaftsrechts, S. 16
98 BVerfGE 29, 198, 210
99 Bleckmann, S. 269
100 Bleckmann, S. 268
101 vgl. Mestmäcker, Europäisches Wettbewerbsrecht, S. 570f
102 AGBG-Ulmer, Rdn. 874; AGBG-v.Westphalen, Rdn. 7; AGBG-Wolf § 9 Rz. V 26; Bunte, NJW
1985, 602
103 so auch AGBG-v.Westphalen, Rdn. 7; a.A. AGBG-Ulmer, Rdn. 874, der verneint, daß es
sich um eine gesetzliche Regelung im Sinne des § 9 II Nr.1 AGBG handelt; a.A. auch
Bunte, NJW 1985, 602, der die Mindestvoraussetzungen der GVO unter § 9 II Nr.2 AGBG
subsumieren will
104 Wiedemann, AT Rdn. 1; vgl. Grabitz, Art. 189 Rdn. 43; vgl.
Groeben/Boeckh/Thiesing/Ehlermann, Art. 87 Rdn. 48
105 AGBG-Wolf § 9 Rz. V 26

Die GVO hat durch die von ihr gezogenen Vorgaben eine bei der Angemessenheitsprüfung (§ 9 AGBG) zu berücksichtigende Ordnungs- und Leitbildfunktion (s.o.) für den Vertragshändlervertrag in der Automobilbranche, auch wenn sie unmittelbar keine Anwendung findet[106]. Neben dem AGB-Gesetz sind aber auch noch die zivilrechtlichen Vorschriften § 242 BGB und § 86 HGB in diesem Zusammenhang von Bedeutung.

Die Anwendung von weitergehenden nationalen Schutzbestimmungen, zu der zum Beispiel Art.5 II und die Erwägungsgründe 17 und 20 ermächtigen, darf allerdings nicht dazu führen, daß es zu einer Kumulation von Händlerschutzbestimmungen durch das nationale Recht kommt[107], welche das Gleichgewicht der Vertragsbeziehung, die durch die GVO angestrebt wird, beeinträchtigen würde. Deshalb muß das nationale Vertragsrecht die wettbewerbspolitische Bewertung des Vertragshändlervertrages durch die GVO 123/85 beachten, darf sich aber andererseits nicht allein an spezifisch wettbewerbsrechtlichen Kriterien ausrichten[108]. Bei der Heranziehung einer nationalen Norm zur Ergänzung der GVO ist stets darauf zu achten, daß einer Vertragspartei kein Übergewicht zukommt, das zu neuen Abhängigkeiten führen könnte. Daher ist es abzulehnen, daß sich immer die weitestgehende Schutzvorschrift zugunsten des Händlers durchzusetzen hat, damit dessen bestmöglicher Schutz erreicht wird[109]. Eine pauschale Übernahme solcher Schutznormen würde nämlich nicht nur der einzelnen Vertragsbeziehung nicht annähernd gerecht, sondern würde zudem die allgemeine Ausgewogenheit der Beziehung empfindlich beeinträchtigen.

Als Ergebnis kann jedenfalls festgehalten werden, daß das Zivilrecht des jeweiligen Mitgliedstaates der Europäischen Gemeinschaften und die GVO Auswirkung derart aufeinander haben, daß sie sich gegenseitig ergänzen[110].

---

106 vgl. OLG/WuW/E 4298, 4299, das für Bierlieferungsverträge den Laufzeiten der GVO 1984/83 eine Leitbildfunktion zumißt
107 kritisch Joerges, RIW 1985, 530 Fußnote 44
108 vgl. Joerges, ZHR 1987, 218f
109 so aber AGBG-Wolf § 9 Rz. V 23
110 so auch Willemart, Revue de droit commercial Belge 1985, 677, für das belgische Vertragshändlerrecht

5. Zuständigkeit für die Anwendung der Gruppenfreistellungsverordnung, "überschießende Regelungen" und Teilnichtigkeit:

5.1. Anwendungszuständigkeit der nationalen Gerichte:
Der Vorrang des Gemeinschaftsrechts bedeutet nicht Gültigkeitsvorrang, sondern Anwendungsvorrang, was unter anderem aus Art.189 EWGV folgt, der die unmittelbare Geltung einer Verordnung in allen Mitgliedstaaten ausspricht. Das nationale Gericht hat im Konfliktfall das europäische vor dem nationalen Recht anzuwenden (s.o.I.4.1.1.). Der Anwendungsvorrang gilt über Art.14 auch für die GVO 123/85. Daher ergibt sich aus der unmittelbaren Geltung der Verordnung (Art.189 EWGV, Art.14 der GVO) zum einen der Vorrang (s.o.I.4.1.1.), zum anderen die Zuständigkeit der nationalen Gerichte zur Anwendung des Gemeinschaftsrechts[1]. Der nationale Richter hat also die Pflicht, die GVO anzuwenden. Daran ändert auch nichts Art.9 der VO Nr.17, der die Abgrenzung der Zuständigkeiten zwischen der Kommission und den nationalen Behörden regelt. Die Kommission ist hiernach ausschließlich zuständig zur Freistellung von Kartellen nach Art.85 III EWGV[2]. Im übrigen aber sind grundsätzlich die nationalen Behörden und die Kommission nebeneinander zur Anwendung der Art. 85 und 86 zuständig. Erst wenn die Kommission ein Verfahren nach der VO Nr.17 eingeleitet hat, geht die Zuständigkeit auf die Kommission über. Zu den nationalen Behörden im Sinne des Art. 9 III der VO Nr.17 gehören jedoch nicht die nationalen Gerichte, so daß sie auch zur Anwendung befugt bleiben, wenn die Kommission ein Verfahren wegen des Verstoßes gegen europäisches Kartellrecht eingeleitet haben sollte[3].

Die Anwendung der GVO durch das nationale Gericht setzt aber die Anwendbarkeit derselben voraus[4]. Deshalb muß der nationale Richter bei Rechtsstreitigkeiten prüfen, ob die relevante Vereinbarung die Voraussetzungen und Bestimmungen der GVO einhält[5]. Einer Vereinbarung kommt die Freistellung vom Kartellverbot zugute, wenn sie die Tatbestandsmerkmale und sonstigen Bestimmungen der GVO einhält[6]. Das heißt, die Vereinbarung ist automatisch freigestellt, wenn sie von der GVO gedeckt ist[7]. Wenn jedoch eine Vereinbarung nicht von einer gemäß Art.85 III EWGV erlassenen GVO gedeckt ist, muß diese nicht notwendigerweise unter das Kartellverbot des Art.85 I EWGV fallen und damit gemäß Art. 85 II EWGV nichtig sein, da eine GVO grundsätzlich kein Urteil darüber

1 EuGHE 1974, 51, 62 (Rdn. 15/17) "BRT/SABAM"; vgl. Mestmäcker, Europäisches Wettbewerbsrecht, S. 310; Steindorff, ZHR 1978, 525, 540 und 555
2 EuGHE 1980, 3775, 3792 (Rdn. 21) "L'Oreal"; 13. Wettbewerbsbericht, Rdn. 217 (S. 138)
3 vgl. Wiedemann, Rdn. 101; Emmerich, S. 490
4 vgl. Sucker, RIW 1986, 161
5 vgl. EuGHE 1976, 111, 118 (Rdn. 11) "Fonderies Roubaix/Fonderies Roux"
6 vgl. EuGHE 1971, 351, 357 (Rdn. 12/15) "Cadillon/Höss";
7 Grabitz/Koch, Art.85 Rdn. 192; Wiedemann, AT Rdn. 308

enthält, ob eine bestimmte einzelne Vereinbarung vom Kartellverbot erfaßt ist oder nicht[8]. Eine Vereinbarung ist daher nur dann ohne weiteres nichtig, wenn sie unter Art.85 I EWGV fällt und eine Freistellung für sie nicht in Betracht kommt[9]. Das nationale Gericht muß also
prüfen, ob die Vereinbarung tatsächlich die Voraussetzungen des in
Art.85 I EWGV aufgestellten Verbots erfüllt[10]. Daraus folgt, erst wenn
festgestellt wurde, daß die Vereinbarung nicht von einer GVO, deren
Wirkung unabhängig vom Vorliegen der Tatbestandsvoraussetzungen des
Art.85 III EWGV besteht[11], gedeckt ist sowie vom Verbot des Art.85 I
EWGV erfaßt wird, ist sie gemäß Art. 85 II EWGV nichtig[12] (integrale
Betrachtungsweise der Art.85 I und III EWGV[13]). Eine Vereinbarung bedarf also keiner Freistellung, wenn sie schon nicht unter Art.85 I
EWGV fällt. Dieser Grundsatz erleidet allerdings in Art.11 in Verbindung mit Art.13 Nr.8 der GVO 123/85, der sogenannte "economic units"
betrifft, eine Ausnahme, die von der Ermächtigung der VO 19/65 gedeckt
ist (s.o.I.3.1.6.). Das nationale Gericht muß daher, trotzdem Vereinbarungen innerhalb einer "economic unit" eigentlich nicht unter das
Verbot des Art.85 I EWGV fallen (s.o.I.3.1.6.) und damit eine Freistellung gemäß Art.85 III EWGV schon nicht nötig wäre, die GVO 123/85
anwenden, sofern ihre Tatbestandsmerkmale gegeben sind. Wenn eine Vereinbarung zwischen Mitgliedern einer "economic unit" die Bestimmungen
der GVO 123/85 nicht einhält, wird sie vom Kartellverbot des Art.85 I
EWGV erfaßt. Sollte der nationale Richter feststellen, daß eine kartellrechtlich verbotene Vereinbarung nicht freigestellt ist, so kann
der Richter den Vertrag nicht einfach für nichtig erklären, sondern
muß die Tragweite der Nichtigkeit bestimmter Vertragsbestimmungen nach
Art.85 II EWGV beurteilen[14].

5.2. "Überschießende Wettbewerbsbeschränkungen":
Eine Vereinbarung kann zusätzliche wettbewerbsbeschränkende Klauseln
enthalten, die nicht mehr von der GVO gedeckt sind ("überschießende
Wettbewerbsbeschränkungen")[15]. Die Parteien können beispielsweise in-
folge fehlerhafter Subsumtion Vereinbarungen treffen, die über die GVO
123/85 hinausgehen. Dieser Vertrag kann dann von den Parteien nur auf
eigene Gefahr befolgt werden[16], das heißt, die Parteien tragen das
Risiko der Fehlinterpretation beziehungsweise das Subsumtionsrisiko[17].

8 EuGHE 1966, 457, 483 "Italienische Republik"
9 EuGHE 1980, 2511, 2534 (Rdn. 15) "Lancôme/ETOS"
10 EuGHE 1980, 3775, 3792 (Rdn. 20) "L'Oréal"
11 Grabitz/Koch, Art.85 Rdn. 192
12 Grabitz/Koch, Art.85 Rdn. 139
13 Bunte/S. Einl. Rz. 26
14 EuGHE 1986, 4071, 4088 (Rdn. 15) "VAG/Magne"
15 vgl. Wiedemann, AT Rdn. 308ff
16 vgl. EuGHE 1973, 77, 87 (Rdn. 10/13) "de Haecht II"
17 Sucker, RIW 1986, 161; Weltrich, DB 1987, 2294

Fraglich ist dann, ob nur die überschießende Regelung oder die gesamte wettbewerbsbeschränkende Vereinbarung der Freistellung durch die GVO entzogen ist. Problematisch wird also, wie weit die Nichtigkeit nach Art.85 II EWGV reicht: Kann sie auf die fragliche Klausel reduziert werden oder gilt das "Alles-oder-nichts-Prinzip". In den bis zum Zeitpunkt des Erlasses der GVO 123/85 veröffentlichten Verordnungen hat die EG-Kommission eine restriktive Position dahingehend eingenommen, daß eine Vereinbarung insgesamt nicht mehr von der GVO freigestellt ist, wenn sie Verpflichtungen enthält, die über die jeweilige GVO hinausgehen[18].

Anlaß zu Irritationen hat die GVO 123/85 gegeben, in deren Art.5 I und 6 es heißt: "Die Artikel 1 bis 3 und 4 II gelten unter der Voraussetzung..". Eine Meinung hat daraus geschlossen, daß die ganze wettbewerbsbeschränkende Vereinbarung der Freistellung nur dann entzogen ist, wenn eine der Voraussetzungen der Art.5 und 6 nicht erfüllt ist[19]. Diese Meinung verweist insbesondere auf den Wortlaut der GVO[20], auf einen Vergleich mit den anderen Gruppenfreistellungsverordnungen, in denen im Gegensatz zur GVO 123/85 ein "Alles-oder-nichts-Prinzip" gelte[21] und darauf, daß das "Alles-oder-nichts-Prinzip" wettbewerbspolitisch verfehlt sei, weil es zur Frustrierung erheblicher Investitionen der Vertragsparteien führen könne und die fragwürdige Konsequenz habe, daß die kleineren Vertragspartner durch die Gesamtnichtigkeit der Vereinbarung besonders hart getroffen würden[22]. Dem wird entgegengehalten, daß das "Alles-oder-nichts-Prinzip" auch in der GVO 123/85 gelte[23], weil wegen des Ungleichgewichts der Beziehung zwischen Hersteller und Händler eine Einschränkung der Wettbewerbsfreiheit des Händlers bei überschießenden Regelungen insgesamt zu einem Verlust der Freistellung führen müsse[24], außerdem wettbewerbsbeschränkende Vertragsklauseln nicht isoliert werden dürften, sondern nur insgesamt zu würdigen seien, was sich aus dem "Ford"-Urteil des Europäischen Gerichtshofes ergebe, und eine Gesamtbetrachtung aller Gruppenfreistellungsverordnungen gegen eine Ausnahme vom "Alles-oder-nichts-Prinzip" in der GVO 123/85 spreche[25].

Der Europäische Gerichtshof hat schon in einer sehr frühen Entscheidung zur Auslegung von Art. 85 II EWGV Stellung genommen[26]: "Nach

---

18 vgl. ausführlich Wiedemann, AT Rdn. 314f
19 Bunte/S. Einl. Rz. 96; Siragusa, Fordh. Corp. Law Inst. 1986, 243, 265; Wiedemann, AT Rdn. 329; Stöver, Das Autohaus 1983, 1244; Blaise, Riv. trim. 1985, 590f; Sucker, RIW 1986, 163; Pfeffer, NJW 1985, 1242
20 Blaise, Rev. trim. 1985, 590
21 vgl. Siragusa, Fordh. Corp. Law Inst. 1986, 243, 265
22 Wiedemann, AT Rdn. 320 und 326f
23 Ebel/Genzow, DB 1985, 744; Ebel, Kartellrechtskommentar, Rz. 314, S. 113; Weltrich, DB 1987, 2295f; Weltrich, DB 1988, 1481
24 Ebel/Genzow, DB 1985, 744; Ebel, Kartellrechtskommentar, Rz. 314, S. 113
25 Weltrich, DB 1987, 2295f und ders., DB 1988, 1481
26 EuGHE 1966, 321, 392f "Grundig/Consten"; vgl. EuGHE 1966, 281, 304 "Maschinenbau Ulm"

Artikel 85 Absatz 2 ohne weiteres nichtig sind nur diejenigen Teile
der Vereinbarung, die unter das Verbot fallen; die gesamte Vereinbarung ist es nur dann, wenn sich diese Teile nicht von den anderen Teilen der Vereinbarung trennen lassen. Die Kommission mußte daher entweder sich im Tenor der angefochtenen Entscheidung darauf beschränken,
die Zuwiderhandlung nur für diejenigen Teile der Vereinbarung festzustellen, die unter das Verbot fallen, oder in der Begründung angeben,
weshalb sich diese Teile nach ihrer Auffassung nicht von den anderen
Teilen der Vereinbarung trennen lassen". Der Europäische Gerichtshof
hat die dem Fall zugrundeliegende Entscheidung der Kommission insoweit
aufgehoben, als sie ohne zureichenden Grund die Nichtigkeit des Art.85
II EWGV auf alle Teile der Vereinbarung ausgedehnt hatte[27]. Danach
geht der Europäische Gerichtshof davon aus, daß grundsätzlich nicht
alle Teile einer wettbewerbsbeschränkenden Vereinbarung der Nichtigkeit unterfallen, sondern nur die abtrennbaren[28]. Wenn dagegen trotz
der Möglichkeit der Abtrennung der nichtigen Teile die ganze Vereinbarung nichtig sein soll, so muß das als Ausnahme besonders begründet
werden. Daher besteht zumindest für Entscheidungen nicht das Prinzip
"Alles-oder-nichts", sondern der Grundsatz, daß nach Möglichkeit die
Nichtigkeit auf die wettbewerbsbeschränkenden und verbotenen Klauseln
zu reduzieren ist. Dieser Grundsatz ergibt sich auch aus dem Verhält-
nismäßigkeitsprinzip im Kartellrecht[29]. Wegen des engen Zusammenhangs
zwischen den einzelnen Absätzen des Art.85 EWGV (integrale Betrachtungsweise, s.o.) muß dieser Grundsatz nicht nur für Entscheidungen,
sondern auch für eine GVO gelten, so daß nicht vom "Alles-oder-nichts-
Prinzip" auszugehen ist[30], sondern die Vereinbarung so weit als möglich aufrechtzuerhalten ist. Etwas anderes kann auch nicht aus dem
"Ford"-Urteil des Europäischen Gerichtshofes gefolgert werden[31], da
die Kommission danach berechtigt (!) ist, bei einer Erteilung einer
Freistellung (!) eine Gesamtbetrachtung vorzunehmen[32]. Jene Ausführungen sind auf dieses Problem nicht übertragbar. Zwar hat die EG-Kommission in den bis dato erlassenen Verordnungen festgelegt, daß wettbewerbsbeschränkende Vereinbarungen entweder von einer GVO gedeckt sein
müssen oder aber insgesamt nicht freistellbar sind. Daraus läßt sich
jedoch nicht folgern, daß ein entsprechendes Prinzip bestünde, nach
dem die EG-Kommission die Verordnungen nur ausgestaltet hat. Schließlich muß Art.85 II EWGV wiederum im Zusammenhang mit den anderen Absätzen des Art.85 EWGV gesehen werden (s.o.). Demgemäß bringt die Auf-

---

27 EuGHE 1966, 321, 393 "Grundig/Consten"
28 vgl. auch Gleiss/Hirsch, EWG-Kartellrecht, Rdn. 434f
29 Groeben/Boeckh/Thiesing/Ehlermann, Art.85 Rdn. 95
30 vgl. aber Mestmäcker, Europäisches Wettbewerbsrecht, S. 310
31 so aber Weltrich, DB 1987, 2296
32 EuGHE 1985, 2725, 2746 (Rdn. 33) "Ford"

nahme weitergehender wettbewerbsbeschränkender Klauseln, als von der
GVO freigestellt sind, auch nur diese grundsätzlich in Konflikt mit
Art.85 I EWGV[33], da die anderen eben nicht verboten sind (Art.85 III
EWGV)[34]. Was nicht verboten ist, kann gemäß Art.85 II EWGV grundsätzlich auch nicht nichtig sein, es sei denn es besteht ein derart enger
Zusammenhang (vgl. o.). Aus diesen Gründen bleibt es bei der Differen-
zierung in der GVO 123/85, die bereits durch den Wortlaut vorgegeben
wird. Danach ist die gesamte Vereinbarung der Freistellung durch die
GVO 123/85 entzogen, wenn die Vorschriften der Art.5 I und 6 nicht
eingehalten sind[35]. Nur die Vertragsklauseln, welche die Art.2, 3 oder
4 überschreiten, kommen nicht in den Genuß der Freistellung, die anderen Vereinbarungen bleiben dagegen freigestellt. Wenn der Kontrakt die
Händlerschutzbestimmungen des Art.5 II nicht aufweisen sollte, ist nur
das Konkurrenzverbot nach Art.3 und 5 von der GVO 123/85 nicht freigestellt, wie sich klar aus dem Wortlaut des Art.5 II ergibt[36]. An der
Vorschrift des Art.5 II zeigt sich auch die Widersinnigkeit eines
"Alles-oder-nichts-Prinzips" in der GVO 123/85: Wenn die Klauseln des
Art.5 II nicht in den Vertag aufgenommen werden, so kommt dem Händler
nicht nur der in ihnen ausgesprochene Schutz nicht zugute, sondern zusätzlich, wenn man dem "Alles-oder nichts-Prinzip" folgt, wäre insgesamt die Vereinbarung, welche für ihn die Erwerbsquelle darstellt,
nichtig. Im Gegensatz zum Schutzzweck des Art.5 II würden, wenn die
gesamte Vereinbarung nach Art.85 II EWGV nichtig wäre, dem Händler
"Steine statt Brot"[37] gegeben werden. Wenn man dagegen nach dem klaren
Wortlaut vorgeht, so ist der Händler in diesem Fall von dem ihn belastenden Konkurrenzverbot, also der Pflicht, nur Waren der Marke des
Herstellers zu führen, befreit, weil der nichtigen Vereinbarung keine
Wirkung zukommt[38]. Das kann auch nur das von der Verordnung verfolgte
Ziel sein. Es gilt also für die GVO 123/85, daß der Vertrag bei über-
schießenden Wettbewerbsbeschränkungen im übrigen aufrechtzuerhalten
ist.

5.3. Teilnichtigkeit:

Sofern nur ein Teil der Vereinbarungen zwischen den Parteien nichtig
ist, ist es Sache des nationalen Gerichts deren Auswirkung auf die gesamten vertraglichen Beziehungen nach dem einschlägigen nationalen

---

33 vgl. EuGHE 1971, 949, 961 (Rdn. 26/28) "Béguelin"; Gleiss/Hirsch, EWG-Kartellrecht,
Rdn. 434f; Stöver, Das Autohaus 1983, 1244
34 vgl. unbedingt auch die oben wörtlich wiedergegebenen Ausführungen des EuGH(E 1966,
321, 393)
35 so auch die Kommission für Art.5 I Nr.2d in ABl. 85 C 241/18
36 ebenso differenziert Sucker, RIW 1986, 163f
37 vgl. dazu im deutschen Recht Fikentscher in Gemeinschaftskommentar, GWB, § 19 Rdn. 21
und 37
38 vgl. EuGHE 1971, 949, 962 (Rdn. 29) "Béguelin"

Recht zu beurteilen[39]. Der Restvertrag, also der Teil des Vertrages,
der nicht nichtig ist, beurteilt sich in der Bundesrepublik insbesondere nach § 139 BGB[40], der die Teilnichtigkeit eines Rechtsgeschäfts
regelt. Danach wird in der Regel die Nichtigkeit auf die überschießenden Vertragsklauseln beschränkt bleiben[41]. Selbst die Nichtigkeit
einer Ausschließlichkeitsbindung, also die Verpflichtung des Händlers,
konkurrierende Neufahrzeuge anderer Marken nicht zu vertreiben, führt
gemäß § 139 BGB nicht zur Unwirksamkeit des gesamten Vertrages, da die
Klauseln von den übrigen Vereinbarungen abtrennbare Vertragsteile darstellen[42]. Insbesondere sind Verträge, die erhebliche wirtschaftliche
Investitionen zur Folge haben, im Interesse der Parteien in ihrem Bestand zu erhalten[43]. Die Berufung auf die Unwirksamkeit kann bei Verträgen, bei denen sich die Nichtigkeit schutzrechtswidrig gegen den
Geschützten auswirken und damit der Schutz in sein Gegenteil verkehrt
würde, ausnahmsweise als unzulässige Rechtsausübung zurückgewiesen
werden[44]. Dies wird sich vor allem bei Vertragsklauseln auswirken, die
in die Vereinbarung aufgenommen werden müssen, damit dieselbe beziehungsweise Teile von ihr überhaupt freigestellt werden (Art.5). Neben
§ 139 kommt aber auch noch die Vorschrift des § 6 AGB-Gesetz zum Zuge,
nachdem es sich bei den Verträgen zwischen Hersteller und seinem Händler in der Regel um Formularbedingungen handelt[45]. § 6 AGBG findet bei
allen Unwirksamkeits- und Nichtigkeitsgründen, auch wenn sie außerhalb
des AGB-Gesetzes festgelegt sind, Anwendung, sofern der Vertrag nur
unter Verwendung allgemeiner Geschäftsbedingungen geschlossen wurde[46].
Danach ist im Gegensatz zu § 139 BGB grundsätzlich von der Gültigkeit
des Restvertrages auszugehen[47].

Auch ein lückenhafter kartellrechtlicher Vertrag kann durch ergänzende Vertragsauslegung ausgefüllt werden und auszufüllen sein[48]. Aus
dem Sinn einer Rechtsnorm kann sich nämlich ergeben, daß die Nichtigkeit nicht zur Unwirksamkeit einer Vereinbarung führen soll, sondern
die unwirksame Bestimmung durch eine andere ersetzt werden soll, was
insbesondere bei Schutznormen gilt[49]. Für die Lückenausfüllung von
Verträgen, die unter den Anwendungsbereich der GVO 123/85 fallen, sind
daher deren Bestimmungen, insbesondere die Vorschriften des Art.5, als

39 EuGHE 1986, 4071, 4088 (Rdn. 15) "VAG/Magne"; vgl.EuGHE 1966, 281, 304 "Maschinenbau
Ulm"; BGH/WuW/E 2565, 2569; Blaise, Rev. trim. 1985, 591; van Houtte, JWTL 1984, 351
40 BGH/WuW/E 2565, 2569; Gleiss/Hirsch, EWG-Kartellrecht, Rdn. 436; Wiedemann, AT Rdn.
329
41 Wiedemann, AT Rdn. 329
42 OLG/WuW/E 3480, 3481
43 BGH/WuW/E 2565, 2570
44 Gleiss/Hirsch, EWG-Kartellrecht, Rdn. 438; Bunte/S. Einl. Rz. 56f
45 Bunte/S. Einl. Rz. 50
46 AGBG-Wolf, § 6 Rz. 11; AGBG-Ulmer, § 6 Rdn. 2; Emmerich in Immenga/Mestmäcker, § 19
Rdn. 21
47 AGBG-Wolf, § 6 Rz. 1, 3
48 Helm, Teilnichtigkeit nach Kartellrecht, GRUR 1976, 496ff
49 Helm, GRUR 1976, 498

Orientierungslinie zu beachten, zumal die GVO aufgrund ihrer Detail-
treue nahezu einen Mustervertrag für diese Wirtschaftsbranche darstellt[50]. Dem Schutzgedanken der Vorschriften des Art.5 kommt vor
allem dann Bedeutung zu, wenn eine mögliche Gesamtnichtigkeit des Vertrages nach § 139 BGB sich zuungunsten des Händlers auswirken würde,
der durch diese Bestimmungen geschützt werden soll[51]. In diesem Fall
ist eine ergänzende Vertragsauslegung notwendig[52]. Unabhängig davon
können bei einer lückenhaften Vereinbarung die Bestimmungen der GVO
grundsätzlich als Anhaltspunkt für eine ergänzende Vertragsauslegung
verwandt werden, was insbesondere auch bei § 6 AGBG gilt. Die GVO ist
nämlich kein dispositives Recht, welches mit den "gesetzlichen Vorschriften"[53], die zur Ausfüllung des Vertrages gemäß § 6 II AGBG mit
Vorrang vor der ergänzenden Vertragsauslegung heranzuziehen sind,
gemeint ist.

---

50 Goyder, EEC Competition Law, S. 227; vgl. die kritische Stellungnahme des
Wirtschafts- und Sozialausschusses in ABl. 83 C 341/18, 19
51 vgl. Helm, GRUR 1976, 499; vgl. aber Mestmäcker, Europäisches Wettbewerbsrecht, S.
573
52 vgl. Helm, GRUR 1976, 499
53 dazu AGBG-Ulmer, § 6 Rz. 27 und 33; vgl. BGH/WuW/E 2584, 2585

6. Aufbau, Inhaltsübersicht und Auslegung der GVO 123/85:

6.1. Aufbau und Inhaltsübersicht:

Die GVO 123/85 umfaßt Erwägungsgründe und den eigentlichen Verordnungstext. Die Verordnung selbst kann in mehrere Teile untergliedert
werden. Artikel 1 bis 3 geben die freigestellten Klauseln wieder,
Art.4 unbedenkliche Vereinbarungen, Art.5 und 6 stellen Voraussetzungen für die Freistellung auf, Art.7 bis 9 enthalten Regelungen über
die Rückwirkung der Freistellung, Art.10 gibt Entzugsmöglichkeiten der
Freistellung wieder, Art.11 enthält eine Bestimmung für verbundene Unternehmen, Art.12 erklärt die GVO anwendbar auf abgestimmte Verhaltensweisen, Art.13 listet Definitionen auf und die Schlußvorschrift
des Art.14 bestimmt, daß die GVO bis zum 30.Juni 1995 gilt.

Artikel 1 enthält neben dem gegenständlichen Bereich die Freistellung
für die Belieferung von Waren an einen oder eine begrenzte Zahl von
Händlern. Freigestellt ist gemäß Art.2 die Verpflichtung des Lieferanten, innerhalb des Vertragsgebiets keine Vertragswaren an Endverbraucher zu vertreiben. Der Direktbelieferungsausschluß von Endverbrauchern, beispielsweise Großabnehmern, wird vom Verbot des Art.85 I EWGV
ausgenommen, ein Vorbehalt der Direktbelieferung für bestimmte Abneh-
mergruppen ist allerdings möglich[1]. Artikel 3 legt das Ausmaß der
freigestellten Verpflichtungen des Händlers fest[2]. Es werden so wichtige Verpflichtungen aufgelistet, wie das Verbot des Händlers, konkurrierende Kraftfahrzeuge zu vertreiben (Nr.3), das Ausmaß einer Ersatz-
teilbindung des Vertragshändlers (Nr.4), die Reichweite von Wiederver-
kaufsbeschränkungen des Händlers, also die Möglichkeit, dem Händler zu
verbieten, an vertriebsnetzfremde Wiederverkäufer Waren abzugeben
(Nr.9, 10) und die sogenannte Vermittlerklausel, die dem Endverbraucher ermöglichen soll, Kraftfahrzeuge über Vermittler in anderen Mitgliedstaaten zu kaufen (Nr.11). Artikel 4 zählt Verpflichtungen des
Händlers auf, die normalerweise nicht gegen Art.85 I EWGV verstoßen,
also unbedenklich sind, jedoch im Einzelfall einer Freistellung bedürfen (Art.4 II): Die Festlegung von Mindestanforderungen an Vertrieb
und Kundendienst (Nr.1) und insbesondere sogenannte Jahreszielbestimmungen (Nr.3 bis 5). Artikel 5, der die Voraussetzungen für die Freistellung beschreibt, bestimmt beispielsweise, daß ein Modell des Vertragsprogramms von einem Endabnehmer auch in einem anderen Mitgliedstaat gekauft werden können muß (Art.5 I Nr.2d), sogenannte full line
availability (volle Verfügbarkeit)[3]. Artikel 5 führt insbesondere auch
Vorschriften auf, die die Abhängigkeit des Händlers vom Produzenten

---

1 vgl. van Bael/Bellis, S. 118
2 Blaise, Rev. trim. 1985, 583
3 vgl. dazu insbesondere Groves, ECLR 1987, 81ff

verringern sollen, indem die Verträge beispielsweise eine bestimmte
Laufzeit oder Kündigungsfrist aufweisen sollen oder das dem Händler
zugewiesene Vertragsgebiet nicht ohne weiteres verändert werden darf
(Art.5 II). Die GVO unterbindet also nicht nur gewisse zu weitgehende
Beschränkungen des Händlers, sondern sorgt über Art.5 dafür, daß gewisse Beschränkungen des Herstellers zum Inhalt des Vertrages gemacht
werden[4]. Artikel 6 stellt weitere Voraussetzungen für eine Freistellung durch die GVO 123/85 auf ("Schwarze Liste"). Danach gilt die GVO
nicht für Vereinbarungen zwischen Kfz-Herstellern (Nr.1) oder, wenn
der Hersteller, der Lieferant oder ein anderes Unternehmen des Vertriebsnetzes Preise festsetzt (Nr.2). Möglich ist danach nur die Emp-
fehlung von Preisen[5]. Die Artikel 7 bis 9 enthalten Bestimmungen über
die Rückwirkung der Freistellung und für Altvereinbarungen. Gemäß
Art.7 sind die Freistellungsbestimmungen der GVO auch auf Vereinbarungen anwendbar, die vor ihrem Inkrafttreten abgeschlossen wurden, aber
nur, sofern diese zu diesem Zeitpunkt noch nicht beendet waren[6]. Artikel 10 enthält Entzugsmöglichkeiten der Freistellung bei einem
Mißbrauch, die allerdings nicht erschöpfend sind[7]. Die Kommission kann
den Vorteil der Freistellung der GVO entziehen, wenn beispielsweise
der Wettbewerb zwischen den Vertriebsnetzen zum Erliegen kommt (Nr.1).
Artikel 11 bestimmt, daß die GVO auch für Vereinbarungen mit verbundenen Unternehmen gilt. Artikel 12 legt fest, daß die Vorschriften der
Verordnung mutatis mutandis Anwendung auf abgestimmte Verhaltensweisen
findet[8]. Der Definitionskatalog des Art.13 enthält beispielsweise die
Beschreibung von verbundenen Unternehmen (Nr.8). Trotz seines Umfangs
ist der Definitionskatalog nicht komplett[9].

Die GVO weist jedoch im Gegensatz zu jüngeren Verordnungen nicht die
Möglichkeit eines Widerspruchsverfahrens auf, bei dem bestimmte wettbewerbsbeschränkende Vereinbarungen von den Unternehmen angemeldet
werden und erst freigestellt sind, wenn von der Kommission innerhalb
eines bestimmten Zeitraumes kein Widespruch erhoben wird[10].

Durch die GVO 123/85 wurde die Tendenz der Kommission, branchenspezi-
fische Verordnungen zu erlassen, bestätigt[11]. Die Regelung eines speziellen wirtschaftlichen Sektors zieht zwangsläufig minutiöse Detail-

4 Leigh, ECLR 1986, 419, 434
5 Presseerklärung der Kommission vom 09.08.1989 abgedruckt in WuW 1989, 913; kritisch zu
den Preisempfehlungen der Hersteller BKartA TB 1987/88, S. 62 und 1985/86, S. 61; vgl.
auch OLG/WuW/E 4444, 4446 mit zweifelhaften Ausführungen über das Verhältnis von § 15
GWB zu Art.6 Nr.2
6 BGH NJW RR 1988, 1077, 1079
7 Blaise, Rev. trim. 1985, 591
8 Bellamy-Child, 6-154
9 Durand, JCP 1985 (suppl. 6), 13
10 Wiedemann, DB 1988, 2345 und 2351, der wegen der Rechtssicherheit für die Unternehmen
ein Widerspruchsverfahren auch in der GVO 123/85 für wünschenswert hält
11 vgl. Joerges, GRUR Int. 1984, 222, 282

vorschriften nach sich[12], so daß durch die Verordnung nicht nur funda-
mentale Grundsätze festgelegt wurden, sondern nahezu ein Mustervertrag
für die Kfz-Branche wiedergegeben wurde[13].

6.2. Auslegung:

Die Kommission hat sich in der Bekanntmachung zu den Verordnungen
1983/83 und 1984/83 zu der Auslegung von Gruppenfreistellungen folgendermaßen geäußert: "Bei der praktischen Rechtsanwendung ist neben dem
Wortlaut der jeweiligen Vorschrift insbesondere deren Zweck zu beachten, wie er sich aus den Begründungserwägungen zu den Verordnungen ergibt. Als weitere Auslegungshilfe sind die durch die Rechtsprechung
des Gerichtshofes der Europäischen Gemeinschaften und durch Einzel-
fallentscheidungen der Kommission entwickelten Rechtsgrundsätze heranzuziehen". Als wichtigster allgemeiner Auslegungsgrundsatz ist die
teleologische, auf die Verwirklichung der Integration der Gemeinschaft
hinwirkende Interpretation des Gemeinschaftsrechts anzusehen[14]. Im Bereich der Wettbewerbsvorschriften ist zu beachten, daß Art.85 III EWGV
und damit die GVO 123/85 als Ausnahme von dem grundsätzlichen Kartellverbot des Art.85 I EWGV restriktiv auszulegen ist[15]. Auch die Entste-
hungsgeschichte von Rechtsakten, insbesondere ein veröffentlichter
Entwurf[16] und die Begründung[17] einer VO, kann zur Interpretation einer
Verordnung herangezogen werden. Wichtig wird in diesem Zusammenhang
nicht nur der Vorspann der Begründungserwägungen der GVO 123/85, sondern auch der veröffentlichte Entwurf der Kommission zu der Verordnung[18]. Darüberhinaus ist es möglich, auf die Bekanntmachung der Kommission zur Erläuterung der GVO 123/85 zurückzugreifen[19]. Die Bekanntmachung der Kommission ist zwar rechtlich nicht bindend, gibt aber
einen Anhaltspunkt, wie die Kommission beabsichtigt, die GVO zu interpretieren[20]. Schließlich sind die ebenfalls unverbindlichen Veröffent-
lichungen in den jährlich erscheinenden Wettbewerbsberichten der Kommission zu beachten. Ausschlaggebend für die Auslegung der GVO 123/85
ist aber ihr Zweck. Die GVO 123/85 soll in erster Linie den intra-
brand-Wettbewerb aufrechterhalten. Um dieses Ziel zu erreichen, wird
unter anderem versucht, das Verhältnis zwischen dem Hersteller und
seinem Vertragshändler nach Möglichkeit gleichgewichtig auszugestalten. Das mit der GVO verfolgte Gleichgewicht zwischen den erzielten

---

12 van Bael/Bellis, S. 118
13 Wirtschafts- und Sozialausschuß ABl. 83 C 341/18, 19
14 Bleckmann, NJW 1982, 1177, 1180, allgemein zu den Auslegungsmethoden des Europäischen
   Gerichtshofs
15 Bunte/S. Einl. Rz. 105; vgl. auch Durand, JCP 1985 (suppl. 6), 13
16 EuGHE 1976, 153, 160 (Rdn. 5); Generalanwalt Warner in EuGHE 1976, 1639, 1665
17 EuGHE 1977, 65, 93 (Rdn. 15/18) zur Auslegung der VO 67/67
18 KOM ABl. 83 C 165/2
19 KOM ABl. 85 C 17/4
20 van Bael/Bellis, S. 123; vgl. Bunte/S. Einl. Rz. 104

Nutzwirkungen, die es rechtfertigen, diese Gruppen von Vereinbarungen freizustellen (s.o.I.3.2.3.), und den dazu erforderlichen Beschränkungen dient nämlich insbesondere dem wirksamen Wettbewerb auf der Vertriebsstufe, also dem Wettbewerb zwischen den Händlern desselben Vertriebsnetzes[21]. In der Verordnung sind daher zur Verringerung der Abhängigkeit des Händlers vom Hersteller Voraussetzungen aufgestellt, die eingehalten werden müssen, damit für den Lieferanten vorteilhafte Vereinbarungen vom Kartellverbot freigestellt sind (Art.5 II). Der Vertragshändler kann zwar aus der Verordnung keine unmittelbare Schutzgarantie gegenüber dem Lieferanten herleiten[22], da die GVO lediglich den Parteien die Möglichkeit gibt, eine Vereinbarung dem Kartellverbot zu entziehen, nicht aber zwingend ist[23]. Auf alle Fälle aber soll die GVO dem Händler einen gewissen Schutz, der sich letztlich erst im Vertrag auswirkt, gewähren. Die GVO ist von dem Bestreben gekennzeichnet, zumindest die im Interesse des Herstellers veranlaßten Investitionen zu erhalten[24]. Dieser der GVO immanente Schutzgedanke ist besonders bei dem Verhältnis zum nationalen Recht zu berücksichtigen. Es können nationale Schutzvorschriften zur sinnvollen Ergänzung herangezogen und sollen insbesondere nicht durch die GVO außer Kraft gesetzt werden, weil dem Händler durch die Verordnung nicht Rechte genommen, sondern gegeben werden sollen. Dabei ist jedoch immer zu berücksichtigen, daß die Beziehung zwischen dem Hersteller und dem Händler ausgeglichen bleiben soll, das heißt, der Hersteller soll nicht in die Gefahr geraten, nunmehr vom Händler abhängig zu werden.

---

21 KOM in 18. Wettbewerbsbericht, Tz. 25 (S. 36)
22 Kommission in EuGHE 1986, 4071, 4077 "VAG/Magne"
23 vgl. EuGHE 1986, 4071, 4088 (Rdn. 12) "VAG/Magne"; Winkler, GRUR Int.1988, 772, 773
24 Vollmer, Preisbindungen bei kooperativem Warenabsatz, S. 20

II.Teil: Probleme der Gruppenfreistellungsverordnung 123/85:

1. Gegenständlicher Bereich:

Artikel 1 der Verordnung gewährt Vereinbarungen, an denen nur zwei Unternehmen beteiligt sind und in denen sich ein Vertragspartner dem anderen gegenüber verpflichtet, zum Zwecke des Weiterverkaufs bestimmte
zur Benutzung auf öffentlichen Wegen vorgesehene drei- oder mehrrädrige Kraftfahrzeuge sowie in Verbindung damit deren Ersatzteile innerhalb eines bestimmten Gebietes nur an ihn oder nur an ihn und eine bestimmte Anzahl von Unternehmen des Vertriebsnetzes zu liefern, eine
Freistellung von Art.85 I EWGV. Artikel 1 legt als Ausgangsregelung
den Geltungsbereich der Gruppenfreistellungsverordnung fest. Inhaltlich bezieht sich die Gruppenfreistellungsverordnung demnach nur auf
eine Vereinbarung, die die Merkmale, die in Art.1 aufgezählt sind,
aufweist.

1.1. Vereinbarungen zwischen zwei Unternehmen:

Artikel 85 I EWGV wird gemäß Art.1 für nicht anwendbar erklärt auf
Vereinbarungen, an denen nur zwei Unternehmen beteiligt sind. Die Verordnung gibt keine Definition für den Begriff Unternehmen
(s.o.I.3.1.6.). Für die Bestimmung des Begriffs Unternehmen ist auf
die Definition, die für Art.85 EWGV entwickelt wurde, zurückzugreifen,
das heißt, der Unternehmensbegriff der Verordnung stimmt mit dem wei-
ten von Art.85 EWGV überein. Danach ist allerdings nur ein Unternehmen
gegeben, wenn zwischen mehreren juristischen oder natürlichen Personen
eine wirtschaftliche Einheit besteht und eine dieser juristischen oder
natürlichen Personen ihr Vorgehen nicht autonom bestimmen kann. Die
Verordnung gilt aber gemäß Art.11 in Verbindung mit Art.13 Nr.8 auch
für solche Verbindungen, in denen die Partner zwar rechtlich selbständig sind, aber faktisch der eine Partner vom anderen abhängig ist, so
daß er sein Wettbewerbsverhalten nicht selbständig bestimmen kann. Die
Verordnung erweitert also den Anwendungsbereich von Art.85 I EWGV, der
eigentlich nicht verletzt ist, um Umgehungen zu vermeiden
(s.o.I.3.1.6.). Daher handelt es sich auch in diesem Fall um eine Vereinbarung zwischen zwei Unternehmen, die die GVO zu beachten haben.

Bei einem selektiven Vertrieb steht nicht so sehr der Einzelvertrag
im Vordergrund als vielmehr das System[1], das heißt die Vielzahl der
gleichartigen Verträge (s.o.I.3.1.5.). Es muß sich aber bei den Ver-

---

[1] Ebenroth, S. 137

trägen um zweiseitige Vereinbarungen handeln, damit sie unter die Verordnung fallen[2], was angesichts der Menge der Vereinbarungen mit den
Händlern zweifelhaft sein könnte. Da der einzelne Vertrag aber nur
zwischen dem Lieferanten einerseits und dem zum Netz zugelassenen
Händler andererseits abgeschlossen wurde, beruhen die Vertriebssysteme
der Fahzeughersteller auf bilateralen Absprachen, so daß es sich um
eine Vereinbarung handelt, an der nur zwei Unternehmen beteiligt sind,
selbst wenn diese zu einem Netz von Parallelverträgen gehört[3]. Daher
ist irrelevant, ob diese Zwei-Parteien-Vereinbarung Teil eines größeren Vertragsnetzes ist[4].
In der Automobilbranche kommen oftmals Vereinbarungen zwischen mehr
als zwei Unternehmen vor. Beispielsweise legen zwei Lieferanten von
Kraftfahrzeugmarken nur eines Händlers, der nicht markenexklusiv gebunden ist, also mehr als eine Marke vertreiben kann, Wert darauf,
sich untereinander abzusprechen, damit die eine Beziehung nicht ausschließlich zu Lasten der anderen Beziehung geht respektive ein Lieferant nicht gegen den anderen ausgespielt wird. Nachdem die Verordnung aber für ihre Anwendung voraussetzt, daß es sich um eine Vereinbarung zwischen nur zwei Unternehmen handelt, müssen die Beteiligten
in diesen Fällen rechtstechnisch ihre Verträge so ausgestalten, daß
nur zwei Unternehmen eine Vereinbarung schließen[5], damit sie in den
Genuß der Freistellung kommen.

1.2. Vereinbarungen zwischen Herstellern:

Die Verordnung geht davon aus, daß vertikale Vertriebsvereinbarungen
zwischen den Vertragsparteien geschlossen werden. Allerdings kommt
dies in Art.1 der Verordnung nicht zum Ausdruck, so daß horizontale
Vertriebsverträge danach nicht ausgeschlossen wären. Horizontale Absprachen, also Vereinbarungen auf der gleichen Ebene, beispielsweise
zwischen zwei Produzenten, bringen aber für den Wettbewerb in der Regel eine größere Gefahr mit sich als vertikale Vereinbarungen, weil
sie insbesondere das Risiko einer Abstimmung dieser Vertragspartner
über Preise, Produktions- und Liefermengen in sich bergen und oftmals
zu Marktaufteilungen genutzt werden[6]. Deshalb sieht Art.6 Nr.1 vor,
daß Vereinbarungen von der Verordnung nicht freigestellt werden, wenn
beide Vertragsbeteiligten oder mit ihnen verbundene Unternehmen Kraftfahrzeuge herstellen. Wegen der befürchteten weitreichenden Wettbe-
werbsstörungen sind also derartige Vereinbarungen von der gruppenwei-

2 Erwägungsgrund 1 der Verordnung
3 EuGHE 1970, 515, 524 (Rdn.11) "Rochas"; KOM ABl. 86 L 295/19, 24; Blaise, Rev. trim.
1984, 662 in Verbindung mit Rev. trim. 1985, 577
4 van Houtte, JWTL 1984, 349, 351
5 kritisch Siragusa, Bulletin, S. 66f
6 Caspari, XI. EG-Kartellrechtsforum, S. 33

sen Freistellung ausgeschlossen (22. Erwägungsgrund). Artikel 6 Nr.1
schließt im Gegensatz zu anderen Verordnungen, die vertikale Vereinbarungen betreffen (z.B. VO 1983/83), schlechthin jede Vereinbarung zwischen Herstellern ohne Rücksicht auf eine Wechselseitigkeit der Absprachen (so aber Art.3a der Verordnungen 1984/83 und 1983/83, die
einseitige Vereinbarungen zulassen) aus[7].

Um zu verhindern, daß Hersteller über Unternehmen, mit denen sie enge
Beziehungen unterhalten und deren Entscheidungen sie maßgeblich beeinflussen, das Verbot des Art.6 Nr.1 umgehen, gilt es auch für verbundene Unternehmen im Sinne des Art.13 Nr.7 und 8 der Verordnung[8].
Danach werden mit Herstellern verbundene Unternehmen wie die Hersteller selbst behandelt[9]. Normzweck der Verbundklausel des Art.13 Nr.7
und 8 ist, den Vertragspartnern die von ihnen kontrollierten Unternehmen zuzurechnen, damit beispielsweise Vorschriften wie Art.6 Nr.1
nicht unterlaufen werden können[10]. Es ist daran Kritik geübt worden,
daß Vertragspartnern von Kfz-Vertriebsverträgen im Rahmen des Art.6
Nr.1 ihre Herstellereigenschaft bei einem von diesen geführten Gemein-
schaftsunternehmen (sogenannte Mehrmütter) nicht zugerechnet werden
könne, weil eine Mehrmütterklausel fehle[11]. Diese Kritik verkennt jedoch, daß Art.6 Nr.1 im Gegensatz zu anderen Verordnungen (s.o.) schon
jede Vereinbarung (vgl. auch Art. 12) zwischen Herstellern von vornherein verhindert und deshalb auch Vereinbarungen mit einem Gemein-
schaftsunternehmen, das in diesem Fall wie ein Hersteller behandelt
wird (s.o.), nicht gültig sind (85 II EWGV). Die Mehrmütterklausel des
Art.4 III der Verordnungen 1983/83 und 1984/83 nimmt nicht nur eine
vertikale Zurechnung vor, sondern auch eine horizontale. Diese Zurechnung ist auch sinnvoll, weil eine horizontale Vereinbarung zwischen
Herstellern innerhalb der Verordnungen 1983/83 und 1984/84 möglich
ist, wenn es sich nicht um wechselseitige Vereinbarungen (Art.3a der
VO 1983/83 und 1984/83, s.o.) handelt. Durch die GVO 123/85 wird jedoch eine horizontale Vereinbarung von Herstellern in jeder Hinsicht
ausgeschlossen, so daß eine Zurechnung nicht nötig ist. Was gewisser-
maßen nicht vorhanden sein kann (Art.85 II EWGV), braucht auch nicht
erfaßt (Zurechnung !) zu werden.

1.3. Händler, Lieferant und Ort der Unternehmen:

Die in Art.1 genannten Vertragspartner sind gemäß Art.13 Nr.2 die an
einer Vereinbarung beteiligten Unternehmen, also das die Vertragswaren

---

7 Blaise, Rev. trim. 1985, 577
8 vgl. van Houtte, JWTL 1984, 355
9 vgl. KOM ABl. 77 L 16/8 und 10 "GERO"; vgl. Lipkowsky, Die Zurechnung von
Wettbewerbsverstößen zwischen verbundenen Unternehmen im EWG-Wettbewerbsrecht, S. 58
10 vgl. Wiedemann, AT Rdn. 157
11 so Wiedemann, AT Rdn. 160

liefernde Unternehmen der "Lieferant" und das mit dem Vertrieb und
Kundendienst für Vertragswaren vom Lieferanten betraute Unternehmen
der "Händler". Die Verordnung findet auf allen Ebenen Anwendung, das
heißt unabhängig davon, ob Hersteller bzw. Importeur, Großhändler,
Händler oder Unterhändler[12]. Irrelevant ist demnach, ob der "Händler"
in dem einen Vertrag "Lieferant" und in dem anderen "Händler" ist, da
eine Lieferant-Händler-Beziehung auf allen Vertriebsebenen besteht,
vom Hersteller bzw. Importeur über den Großhändler bis zum örtlichen
Händler[13]. Die Verordnung ist also zum Beispiel in zwei Richtungen
anwendbar, wenn ein Großhändler, der vom Hersteller aufgrund einer
Vertriebsvereinbarung beliefert wird, mit einem vor Ort tätigen
Vertragshändler einen Unterhändlervertrag schließt.

Ebenfalls irrelevant ist der Ort des produzierenden Unternehmens, so
daß auch ein außerhalb Europas produzierender Lieferant und sein Händler, der in einem Mitgliedstaat der Europäischen Gemeinschaften etabliert ist, von der Verordnung betroffen sind. Die GVO nimmt hier keinerlei Unterscheidung vor und findet daher Anwendung, sofern der Händler in einem Mitgliedstaat seinen Geschäftsbetrieb hat[14].

1.4. Kartellrechtliche Abgrenzung zwischen Handelsvertreter und Vertragshändler:

Das Verbot des Art.85 I EWGV ist nur auf zwei Unternehmen anwendbar,
demnach nicht, "wenn es sich um ein einziges Unternehmen handelt, das
seine Vertriebsorganisation in seinen eigenen Geschäftsbetrieb eingegliedert hat"[15]. Handelsvertreter, die im Namen und auf Rechnung des
Geschäftsherrn tätig sind sowie den Weisungen des Prinzipals zu folgen
und dessen Interessen wahrzunehmen haben, sind grundsätzlich als ein
in das Unternehmen des Geschäftsherrn eingegliedertes Hilfsorgan anzusehen, mit dem das betroffene Unternehmen eine wirtschaftliche Einheit
bildet[16]. Aufgrund dieser Eingliederung handelt es sich bei Handelsvertretern richtigerweise schon gar nicht um ein Unternehmen im Sinne
des Art.85 EWGV (Eingliederungstheorie)[17], da eine derart enge Beziehung eine selbständige Rolle des Handelsvertreters, die es rechtfertigen würde, ihn als Unternehmen einzuordnen, nicht zuläßt.

1.4.1. Anwendbarkeit der GVO auf Vertragshändler, nicht Handelsvertreter:

12 Lukoff, CMLR 1986, 842
13 van Houtte, JWTL 1984, 349, 351
14 Blaise, Rev. trim. 1985, 577 in Verbindung mit Rev. trim. 1984, 662; Durand, JCP 1985
(supplément 6), 12, 13; vgl. van Houtte, JWTL 1984, 349, 351; ders., Bulletin, S. 26
15 EuGHE 1966, 321, 388 "Grundig-Consten" und 1966, 457, 485f "Italienische Republik"
16 EuGHE 1975, 1663, 2024 (Rdn. 538/540) "Suiker"
17 Grabitz/Koch, Art.85 Rdn.9; Langen/Niederleithinger/Ritter/Schmidt § 18 Rdn. EG 227;
Fikentscher, Wirtschaftsrecht, Band I, S. 589; kritisch zur Meinung des EuGH,
Handelsvertreter seien keine Unternehmen, Ebenroth, S. 126

Etwas anderes gilt, wenn der Absatzmittler als Vertragshändler im
eigenen Namen und auf eigene Rechnung tätig wird, da er in diesem Fall
wegen seiner wirtschaftlichen Selbständigkeit nicht als ein in das Unternehmen des Geschäftsherrn integriertes Hilfsorgan anzusehen ist, so
daß eine wettbewerbsrechtlich relevante Vereinbarung eine gemäß Art.85
EWGV untersagte Absprache zwischen zwei Unternehmen darstellen kann[18].
Eine Vereinbarung mit einem Vertragshändler kann also wegen dessen
wirtschaftlicher Selbständigkeit unter Art.85 EWGV fallen[19]. Erfaßt
wird in Art.1 der Gruppenfreistellung deshalb der Vertragshändlervertrag (s.o.I.2.2.1.)[20].

Auf den Handelsvertreter, der kein Unternehmen im Sinne des Art.1 der
GVO ist (s.o.), ist die Verordnung 123/85 demnach nicht anwendbar.
Hier fehlt es auch bereits an dem Merkmal des Weiterverkaufs, da der
Handelsvertreter, der sich auf die bloße Vermittlung von Vertragsab-
schlüssen beschränkt, nicht eigene Waren wie der Vertragshändler
anbietet, sondern nur Waren des Lieferanten[21]. Eine Vereinbarung mit
einem Kommissionsagenten, der zwar im eigenen Namen auftritt, aber auf
Rechnung des Geschäftsherrn handelt, welcher damit das gesamte
Geschäftsrisiko zu tragen hat, fällt ebenfalls nicht unter Art.85 I
EWGV[22] und wird nicht von der GVO erfaßt, da der Kommissionsagent nur
formal aus dem Unternehmen des Prinzipals ausgegliedert ist und gerade
im hier relevanten Verhältnis zum Hersteller einem Handelsvertreter
gleichsteht (s.o.I 2.2.2.4.). Danach kann der Lieferant mit einem
Absatzmittler, der als Handelsvertreter oder Kommissionsagent für ihn
tätig ist, Vereinbarungen schließen, ohne die Gruppenfreistellungsverordnung 123/85 beachten zu müssen. Es ist ihm möglich, Vertragsklauseln in die Absprache aufzunehmen, die bei einem Vertragshändlerverhältnis über die GVO 123/85 der Sanktion des Art.85 II EWGV
unterfielen, wie zum Beispiel eine Preisbindung des Absatzmittlers.
Der Lieferant hat zwar den Vorteil weiterreichender und für ihn günstigerer Vereinbarungen, muß dafür aber das wirtschaftliche Risiko,
welches er ansonsten auf den Absatzmittler zum großen Teil abwälzen
könnte, tragen.

Die Abgrenzung des Vertragshändlers vom Handelsvertreter bzw. Kommissionsagenten ist im Bereich des Kraftfahrzeugvertriebs in der Bundesrepublik von Bedeutung für die Vertriebssysteme von Daimler-Benz und
neuerdings nach einer Umstellung auch von Volkswagen[23]. Daimler-Benz
und teilweise Volkswagen betreiben nämlich das Neuwagengeschäft auf

---

18 EuGHE 1975, 1663, 2024 (Rdn. 541/542) "Suiker"
19 vgl. auch Langen/Niederleithinger/Ritter/Schmidt § 18 Rdn. EG 210; Ebenroth BB
1988/Beilage 10, S. 12; Blaise, Rev.trim. 1985, 577
20 Bunte/S. Rz. 24
21 Blaise, Rev. trim 1985, 577; Bunte/S. Rz. 27
22 Bunte/S. Rz. 28; vgl auch Ebenroth BB 1988/Beilage 10, S.5f und Ebenroth, S. 32
23 v.Westphalen, DB 1988/Beilage 8, S. 6 und 10; vgl. OLG Schleswig GRUR 1986, 260

der Basis des Handelsvertreterverhältnisses, das Ersatzteilgeschäft
haben sie dagegen mit ihren Absatzmittlern als Vertragshändlerverhältnis ausgestaltet (siehe dazu unten II.1.4.3.)[24]. Des weiteren wird das
Lastwagengeschäft wegen der hohen Preise der Objekte in der Regel über
Handelsvertreter oder eigene Niederlassungen abgewickelt[25].

1.4.2. Abgrenzung nach wirtschaftlicher Sicht:

Die möglichen diversen Rechtsbeziehungen, in die ein Absatzmittlungsverhältnis eingekleidet werden kann, zeigen für die Abgrenzung
ein gemeinsames entscheidendes Merkmal: Ausschlaggebend ist, ob der
Absatzmittler auf eigene oder fremde Rechnung tätig wird, also als
wessen Geschäft sich der Warenabsatz darstellt[26]. Wenn der Absatzmittler vom Geschäftsherrn wirtschaftlich selbständig ist, treffen ihn
auch die wirtschaftlichen Folgen der Geschäfte, wenn er hingegen in
das Unternehmen des Prinzipals integriert ist und nur als dessen
Hilfsorgan anzusehen ist, hat dieser die finanziellen Risiken des Absatzes bzw. der Abwicklung der mit Dritten geschlossenen Verträge zu
tragen[27]. Demnach ist also die Unterscheidung zwischen den integrier-
ten Hilfsorganen und einem Vertragshändler aus wirtschaftlicher Sicht
vorzunehmen, das heißt, ob der Absatzmittler aufgrund der zwischen ihm
und dem Prinzipal getroffenen Abmachungen Aufgaben zu erfüllen hat,
deren finanzielle Risiken ihn treffen[28]. Wenn aufgrund dieser Sichtweise kein integriertes Hilfsorgan anzunehmen ist, kann das Rechtsverhältnis nicht der Verbotsvorschrift des Art.85 I EWGV entgehen, wie
auch immer dieses Verhältnis nach nationalem Recht zu bewerten sein
mag[29]. Erst recht nicht ist daher bei der Beurteilung der Rechtsbeziehung auf deren Bezeichnung abzustellen[30]. Irrelevant für die Einordnung ist auch die Möglichkeit der Erteilung von Weisungen, da der Rahmen dieser Weisungen lediglich das Ergebnis der eigenen Wahl des Händlers ist[31]. Relevant ist also allein der wirkliche Charakter der
Rechtshandlungen, der Rechtsbeziehungen und der wirtschaftlichen Verhältnisse zwischen dem Absatzmittler und dem Lieferanten[32], was auch
in der zu beachtenden Bekanntmachung der EG-Kommission über Alleinvertriebsverträge mit Handelsvertretern zum Ausdruck kommt[33]. Diese Bekanntmachung spricht zwar ausdrücklich nur von Handelsvertretern,
meint aber auch Kommissionsagenten[34]. Danach werden Verträge mit Han-

---

24 v.Westphalen, DB 1988/Beilage 8, S. 6 und 10
25 vgl. v.Brunn, Wettbewerbsprobleme, S. 23
26 Ebenroth. BB 1988/Beilage 10, S. 7
27 vgl.EuGHE 1975, 1663, 2024 (Rdn. 541/542) "Suiker"
28 EuGHE 1975, 1663, 2024 (Rdn. 541/542) "Suiker"
29 EuGHE 1975, 1663, 2025 (Rdn. 544/547) "Suiker"
30 KOM ABl. 72 L 272/35,37 "Formica"
31 KOM ABl. 85 L 92/1, 37 (Tz. 9.3.) "Aluminium"
32 KOM ABl. 72 L 272/37 "Formica"
33 ABl. 62 L 2921
34 Ebenroth, S. 123

delsvertretern nicht von Art. 85 I EWGV erfaßt, wenn der Handelsvertreter auch funktionsmäßig Handelsvertreter ist. Entscheidende Kriterien für die Einordnung der Rechtsbeziehung als Vertragshändlerverhältnis sind demzufolge insbesondere eine erhebliche Lagerhaltung, be-
deutender unentgeltlicher Service auf eigene Kosten oder die eigene
Bestimmung von Preisen und Geschäftsbedingungen für die Handelsge-
schäfte. Als Geschäft des Absatzsmittlers stellt sich der Vertrieb
aber auch dann dar, wenn die typischerweise mit dem Vertrieb verbundenen Handelsrisiken ihn treffen, wie beispielsweise das Kredit- und
Absatzrisiko[35]. Den Ausschlag für die Anwendung der Verordnung auf
Vereinbarungen mit Absatzmittlern gibt infolgedessen die Risikoverteilung zwischen den Parteien[36].

Die praktische Abgrenzung des Handelsvertreters bzw. Kommissionsagenten stellt sich insbesondere bei den sogenannten einstufigen Vertriebssystemen, in denen die Händler lediglich als Vermittler tätig
werden, so bei Daimler-Benz[37] und Volkswagen (s.o.). Mercedes-Händler
haben in der Regel für die Unterhaltung der Lagerplätze und Ersatzteillager aufzukommen, ebenso müssen sie die Kosten für Sonderver-
kaufsaktionen, Gebrauchtwagenmindererlöse sowie Kulanzen aus ihrer
Provision bestreiten[38]. Bei einer Zugrundelegung der Kriterien, die
von der Bekanntmachung über Alleinvertriebsverträge mit Handelsvertretern vorgegeben werden (s.o.), würde danach bereits das Absatzmittler-
verhältnis der Daimler-Benz-AG nicht als Handelsvertreterverhältnis
von Art. 85 EWGV ausgenommen werden, weil die Mercedes-Händler insbesondere die Lagerkosten für die gesamten Vertragswaren zu bestreiten
haben. Allerdings muß eine Gesamtbetrachtung der wirtschaftlichen und
rechtlichen Gegebenheiten, die den Charakter des Absatzmittlerverhältnisses bestimmen, vorgenommen werden, so daß allein dieser Umstand
nicht den Ausschlag gibt.

1.4.3. Doppelprägung des Absatzmittlerverhältnisses:

Bei der Einordnung der einstufigen Vertriebssysteme von Daimler-Benz
und Volkswagen ist auch zu beachten, daß das Neuwagengeschäft in ein
Handelsvertreterverhältnis eingekleidet ist und das Ersatzteilgeschäft
von den Händlern als Vertragshändler betrieben wird (s.o.). Ein und
derselbe Vertreter dieser Vertriebssysteme tritt also einmal als Vertragshändler, das andere Mal als Handelsvertreter auf. Diese Beziehungen sind demnach von einer Doppelprägung gekennzeichnet, welche die
GVO keiner Regelung unterworfen hat. Der Europäische Gerichtshof hat

---

35 Ebenroth, BB 1988/Beilage 10, S. 7 mit Aufzählung weiterer Handelsrisiken
36 vgl. für das deutsche Recht BGH/WuW/E 1402, 1403 "EDV-Zubehör" und jünger BGH NJW
1986, 2954 "Telefunken"
37 OLG Schleswig GRUR 1986, 260
38 Hollmann, BB 1985, 1023, 1033; vgl. auch zum Handelsvertretervertrag der Daimler-Benz
AG Galan Michael, Die handels- und kartellrechtliche Beurteilung von Agentursystemen, S.
63 mit einem Abdruck der wichtigsten Vertragsvorschriften

jedoch entschieden, daß ein Verhältnis mit derartiger Doppelprägung nicht der Verbotsvorschrift des Art.85 EWGV entgehen kann, sofern es sich um ein und dieselbe Ware handelt[39]. Entscheidend ist demnach, ob Ersatzteile und Neuwagen in diesem Sinn dieselbe Ware sind. Zwar werden dieselben Komponenten sowohl für die Erstausrüstung als auch als Ersatzteil benutzt, aber es besteht ein erheblicher zeitlicher Unterschied: Ersatzteile werden später benötigt. Unabhängig von der GVO bilden Ersatzteile zudem einen eigenständigen Markt im Sinne des Art.86 EWGV[40]. Wenn aber der Ersatzteilmarkt in diesem Zusammenhang einen eigenständigen Markt bildet, kann es sich bei Kraftfahrzeugen und Ersatzteilen nicht um ein und dieselbe Ware im Sinne der Rechtsprechung des Europäischen Gerichtshofs (s.o.) handeln, auch wenn die Verordnung einen engen Zusammenhang zwischen den Kraftfahrzeugen und den dazugehörenden Komponenten herstellt (s.u.I.1.6.). Deshalb liegt zwar ein Rechtsverhältnis mit Doppelprägung vor, aber dieses fällt nicht in seiner Gesamtheit unter Art.85 EWGV, so daß die Verordnung in diesem Fall nur für das Vertragshändlerverhältnis Anwendung findet. Nachdem der Europäische Gerichtshof eine Aufspaltung unter den entsprechenden Voraussetzungen zuläßt, handelt es sich auch nicht um eine unzulässige Umgehung des Art. 85 EWGV, zumal die Risikoverteilung zwischen den Parteien klar geregelt ist und daher eine Verwischung der beiden Bereiche zu Lasten des Vertragshändlers ausgeschlossen ist. Die Daimler-Benz AG hat trotzdem den Vertrieb der Neuwagen über Handelsvertreter mit der GVO in Einklang gebracht, indem sie die Vorschriften der Verordnung auch für diesen Absatzmittlertyp beachtet hat[41].

1.4.4. Umstellung der Vertriebssysteme:

Die Automobilindustrie in der Bundesrepublik ist in den letzten Jahren zum Teil zu einer Änderung ihrer Vertriebssysteme übergegangen, indem sie ihre Absatzmittler durch die Ausgestaltung der Rechtsbeziehung als Handelsvertreterverhältnis voll in ihre Unternehmen integriert hat und ihnen insbesondere das Lagerhaltungsrisiko abgenommen hat[42]. Der Hersteller kann zwar sein Absatzsystem so umstellen, wie er es für richtig und sinnvoll hält, jedoch wird im deutschen Recht nicht als schützenswert das bloße Interesse an einer Preisbindung des Absatzmittlers anerkannt, so daß im Einzelfall der Übergang vom Vertragshändler- auf das Handelsvertreterverhältnis gegen § 22 IV oder §

39 EuGHE 1975, 1663, 2025 (Rdn. 544/547) "Suiker"
40 EuGHE 1979, 1869, 1896f (Rdn. 7f) "Hugin"
41 OLG Schleswig GRUR 1986, 261 (vgl. auch die Bestätigung durch den BGH in NJW RR 1988, 1441); für das Vertriebssystem von Volkswagen ist hinsichtlich der Vereinbarkeit der Handelsvertreterverträge mit der GVO nichts näheres bekannt, nachdem diese erst vor kurzem umgestellt wurden
42 Creutzig, Das Autohaus 1989 (Heft 4), S. 59 "Vertriebsstrukturen im Wandel"

26 II 2 GWB verstoßen kann[43]. Diese Vorschriften müssen von einem bundesdeutschen Hersteller, der sein Vertriebssystem dahingehend umstellt, beachtet werden, da sie von der GVO nicht verdrängt werden (s.o.I.4.1.1.4.).

1.5. Weiterverkauf von drei- oder mehrrädrigen Kraftfahrzeugen:

Freigestellt werden von der Verordnung Vereinbarungen, die die Lieferung von zum Zwecke des Weiterverkaufs bestimmten zur Benutzung auf öffentlichen Wegen vorgesehenen drei- oder mehrrädrigen Kraftfahrzeugen betreffen (Art.1).

Die Vereinbarung muß sich auf Kraftfahrzeuge, die zum Zwecke der Weiterveräußerung geliefert werden, beziehen. Wenn der Lieferant eine Vereinbarung mit einem Abnehmer schließt, der die Kraftfahrzeuge nicht an Unterhändler weiterveräußert oder an den Endverbraucher verkauft, wird diese nicht von der Gruppenfreistellungsverordnung erfaßt. Daher fallen Verträge zwischen einem Lieferanten und einer Autovermietagentur, wie beispielsweise Budget, Interrent oder Avis, nicht unter die Gruppenfreistellungsverordnung für den Vertrieb und Kundendienst von Kraftfahrzeugen[44].

Die Verordnung regelt nur den Vertrieb von Kraftfahrzeugen, die zur Benutzung auf öffentlichen Wegen vorgesehen und mindestens dreirädrig sind. Landwirtschaftliche Fahrzeuge, wie Traktoren, sind zwar nicht zur Benutzung öffentlicher Wege bestimmt, kommen aber um diese oftmals nicht umhin. Im Entwurf der Gruppenfreistellungsverordnung wurden "Ackerschlepper" als von der Verordnung betroffen im 34. Erwägungsgrund erwähnt. Hingegen fehlt jegliche Bemerkung in der endgültigen Fassung, so daß angenommen wurde, daß landwirtschaftliche Fahrzeuge nicht erfaßt sind[45] und Vereinbarungen darüber einer Einzelfreistellung bedürfen[46]. Allerdings können veröffentlichte Entwürfe bei Zweifeln über die Auslegung der endgültigen Verordnung herangezogen werden[47]. Im Entwurf der Verordnung sind landwirtschaftliche Fahrzeuge in den Geltungsbereich aufgenommen worden, so daß entsprechende Vereinba-

---

43 BGH/WuW/E 2238, 2246 "EH-Partner-Vertrag"; eine Änderung hinsichtlich der Anwendung des § 26 GWB im angegebenen Umfang ergibt sich durch die Reform des GWB nicht
44 vgl. auch van Houtte, JWTL 1984, 349, 350; ders., Bulletin, S. 25; siehe auch Bunte/S. Rz. 26, der Vereinbarungen mit Leasinggesellschaften in diesem Fall von der GVO nicht erfaßt sehen will, indem er Art.13 Nr.12, der das Leasing dem Verkaufen gleichsetzt, wie bei Art.3 Nr.10 hier ebenfalls reduziert. Allerdings besteht m.E. ein Unterschied zu der Wiederverkäuferklausel des Art.3 Nr.10, der zu Recht so verstanden wird, daß Leasinggesellschaften keine Wiederverkäufer sind, die vom Bezug von Vertragswaren ausgeschlossen werden können (s. auch Schwintowski, BB 1989, 2337, 2340; s.u.II.7.2.2.2.). Im Falle des Art.1 besteht jedoch keine Notwendigkeit, solche Vereinbarungen gegen den Wortlaut des Art.13 Nr.8, der ansonsten jeden Sinn verlieren würde, von vornherein auszunehmen, so daß Vereinbarungen mit Leasingunternehmen von der GVO erfaßt und freigestellt werden, wenn sie auch die anderen Voraussetzungen einhalten.
45 Lukoff, CMLR 1986, 842; van Bael/Bellis, S. 118, Fußnote 217
46 van Bael/Bellis, S. 118, Fußnote 217
47 EuGHE 1976, 153, 160 (Rdn. 5); Generalanwalt Warner in EuGHE 1976, 1639, 1665

rungen auch von der GVO 123/85 gedeckt sind. Zumal Fahrzeuge für die
Landwirtschaft einen engen sachlichen Zusammenhang aufweisen, so daß
zumindest eine analoge Anwendung angebracht ist[48].
Nachdem nur Kraftfahrzeuge, die mindestens drei Räder aufweisen, in
Art.1 genannt sind, regelt die Verordnung nicht den Vertrieb von
Motorrädern[49]. Vereinbarungen über Motorräder bedürfen daher einer
Freistellung im Einzelfall[50]. In der BMW-Entscheidung der Kommission
wurde der Vertrieb von Motorrädern in die Freistellung, welche der
Firma BMW gewährt wurde, miteinbezogen, da wegen der Verwandtschaft
des Vertriebs und Service zu den Personenkraftwagen der Firma BMW kein
anderes System zumutbar war[51]. Es wird vermutet, daß die Vorherrschaft
der japanischen Motorradindustrie in Europa und die Erfahrungen im
Kawasaki-Fall[52] die Gründe für die Nichteinbeziehung in die gruppenweise Freistellung durch die Verordnung sind[53]. Auf dem Markt der
Motorradhersteller, der oligopolistische Strukturen aufweist[54], ist
nämlich ein weiterer Trend zu einem exklusiven Vertrieb der einzelnen
Marken erkennbar[55], was durch eine gruppenweise Freistellung unter Umständen noch verstärkt werden könnte.

1.6. "Kraftfahrzeuge sowie in Verbindung damit deren Ersatzteile":
Die Verträge, die von der Verordnung der Verbotsvorschrift des Art.
85 I EWGV entzogen werden, betreffen die Lieferung der "Kraftfahrzeuge
sowie in Verbindung damit deren Ersatzteile". Zwischen dem Vertrieb
von Neufahrzeugen und dem Absatz der dazu gehörenden Ersatzteile
besteht ein wesentlicher rechtlicher und wirtschaftlicher Zusammenhang, der auch von der Verordnung (Art.1) anerkannt wird, indem sie
voraussetzt, daß Vereinbarungen über die Lieferung von Kraftfahrzeugen
in Verbindung mit den dazugehörenden Ersatzteilen geschlossen werden.
Deshalb ist die Verordnung nicht anwendbar, wenn eine Absprache nur
über Kraftfahrzeuge oder ausschließlich über Ersatzteile getroffen
wird[56]. Verträge, die von der Gruppenfreistellungsverordnung 123/85

---

48 so Generaldirektion Wettbewerb der EG-Kommission in einem nicht veröffentlichten
Schreiben vom 24.10.1988, zitiert nach Wiedemann, AT Rdn. 83f; ebenso Harding, Group
Exemptions, Tz. 5.3.2., S. 25; Blaise, Rev. trim. 1985, 578
49 Bunte/S., Rz.30; van Bael/Bellis, S. 118, Fußnote 217; Frignani, GRUR Int. 1984, 20,
Fußnote 7; vgl. van Houtte, Bulletin, S. 25
50 van Bael/Bellis, S. 118, Fußnote 217; vgl. Stöver, Bulletin, "Interventions"; S. 110
51 KOM ABl. 75 L 29/9
52 KOM ABl. 79 L 16/7: Der Motorradhersteller Kawasaki forderte seine Händler auf, denen
er ein Export- und Wiederverkaufsverbot auferlegt hatte, um die erheblichen
Preisunterschiede zwischen den Mitgliedstaaten aufrechtzuerhalten, diese
Vertragsvereinbarungen einzuhalten. Die Kommission stellte fest, daß die Abschottung der
nationalen Märkte mit dem Ziel der Aufrechterhaltung der unterschiedlichen
Preisstrukturen ein besonderes Merkmal des Vertriebs der Kawasaki-Erzeugnisse war.
53 J.M.W., ECLR 1983, 189; kritisch Frignani GRUR Int. 1984, 20, Fußnote 7
54 Stöver, Bulletin, "Interventions", S. 110
55 BKartA TB 1987/88, S. 63
56 KOM ABl. 88 L 45/34, 39; Blaise, Rev. trim. 1985, 578; vgl. Durand, JCP 1985 (suppl.
6), 12, 13

erfaßt werden sollen, müssen den Vertrieb sowohl von neuen Kraftfahrzeugen als auch deren Ersatzteilen regeln, ansonsten bedürfen sie
einer Freistellung im Einzelfall[57]. Jedoch führt eine Trennung von Abmachungen über Ersatzteile von denen für Kraftfahrzeuge nicht dazu,
daß grundlegende Bestimmungen der Verordnung nicht beachtet werden
müßten, im anderen Falle könnten diese durch die Aufspaltung unter Umständen umgangen werden. Deshalb muß eine solche Vereinbarung insbesondere die Bestimmung des Art.3 Nr.4, der eine ausschließliche
Ersatzteilbezugsbindung des Händlers nicht zuläßt[58], einhalten, so daß
der Zugang von Komponentenzulieferanten zu einem Vertriebsnetz, welches in dieser Art und Weise aufgespalten wurde, gewährleistet bleibt,
wenn die konkurrierenden Ersatzteile den Qualitätsstandard der Vertragswaren erreichen[59].

Die Verordnung erkennt den grundlegenden Zusammenhang zwischen Neuwagen und Ersatzteilen für die Anwendbarkeit (Art.1) der Verordnung an.
Die Kommission nimmt insofern den Standpunkt der Kraftfahrzeugindustrie ein, die das Automobil und dessen Komponenten als einheitliches und untrennbares Ganzes, als ein eng zusammenhängendes Bündel
ansehen, in dem die Ersatzteile dem "Primärprodukt" Auto nur zum Ge-
lingen verhelfen sollen[60]. In den Rechtsfolgen (Art.3 Nr.4) hat die
Kommission jedoch eine Trennung vorgenommen, indem sie eine Markenausschließlichkeit für Ersatzteile nicht zuläßt und daher nicht die Meinung der Kfz-Industrie teilt, die eine ausschließliche Ersatzteilbezugsbindung wegen des engen Zusammenhangs zwischen Neuwagen und deren
Ersatzteilen befürwortet hatte[61]. Deshalb geht die Meinung fehl, die
Kommission hätte den Standpunkt der Kfz-Industrie in der Verordnung
überhaupt nicht berücksichtigt[62]. Der enge Zusammenhang zwischen beiden Bereichen rechtfertigt nach der Verordnung nur nicht unbegrenzte
Wettbewerbsbeschränkungen[63].

Die in letzter Zeit zu beobachtende fortschreitende Integration des
Neuwagenvertriebs in die Unternehmen der Hersteller und der dazu parallel verlaufende Aufbau von reinen Servicebetrieben für Kraftfahrzeuge einer Marke, die in der Form des Vertragshändlerverhältnisses
geführt werden (s.o.), also die Trennung von Vereinbarungen für Ersatzteile und Neuwagen, erschüttert daher die Grundlagen der Gruppen-

---

57 KOM ABl. 88 L 45/39
58 vgl. unten II. 5.3.
59 KOM ABl. 88 L 45/37 "ARG/Unipart"
60 vgl. zur sog. Bündeltheorie der Kfz-Industrie Pfeffer, Der kartellrechtliche Schutz
der Zulieferindustrie, S. 11ff; Joerges, Vertriebspraktiken, S. 53 und 323, ders. RIW
1985, 527
61 vgl. unten II. 5.3.
62 so aber Joerges, consumer interest, S. 187, 199; a.A. Glatz, consumer interest, S.
237, 240f
63 so auch Glatz, consumer interest, S. 237, 240f

freistellungsverordnung[64] und führt dazu, daß wieder mehr Einzelfreistellungen im Kfz-Sektor beantragt werden.

---

64 Stöver, Das Autohaus 1989, Heft 22, S. 22, 26

2. Markenexklusivität:

Dem Händler kann gemäß Art.3 Nr.3 der Verordnung zur Pflicht gemacht
werden, keine neuen Konkurrenzfahrzeuge zu vertreiben und nicht konkurrierende neue Kraftfahrzeuge nicht in dem den Vertragswaren vor-
behaltenen Geschäftsbetrieb anzubieten (Markenausschließlichkeit).Wie
sich aus dem 7. Erwägungsgrund ergibt, soll sichergestellt werden, daß
sich der Vertragshändler nur auf die vom Hersteller ausgelieferten
Erzeugnisse konzentriert. Dadurch soll er für den Vertrieb und Kundendienst dieser Marke spezifisches Wissen anreichern, das wiederum dem
inter-brand-Wettbewerb förderlich sein soll.

2.1. Wirtschaftlicher Hintergrund:

In der Bundesrepublik waren 1989 durchschnittlich etwa 85% aller
Händler exklusiv an ein Fabrikat gebunden[1]. Vor allem die großen
einheimischen Hersteller wie VW, Opel, BMW oder Ford haben einen
Exklusivitätsgrad von über 95% erreicht[2], während die ausländischen
PKW-Hersteller durchschnittlich etwa zu 75% Händler exklusiv an sich
binden[3]. Die Hersteller streben insbesondere deshalb ein exklusives
Vertriebsnetz an, da der sogenannte multi-brand-dealer entweder Gefahr
läuft, mangels entsprechendem Einsatz weniger effizient zu sein, oder
sich finanziell duch Investitionen in die notwendige Diversifikation
zu übernehmen. Zudem besteht immer die Gefahr, daß er diejenige von
mehreren Kraftfahrzeugmarken bevorzugt, bei der die Profitmarge am
größten ist[4]. So vermißt die Firma Porsche, die momentan ihr Vertriebsnetz in der Bundesrepublik auf markenausschließliche Händler umstellt, bei den nicht-exklusiven Händlern insbesondere das Engagement
für ihre Marke[5].

2.2. Grundsatz: Markenausschließlichkeit:

Der Lieferant benötigt zum Vertrieb seiner Waren einen Absatzmittler,
der ihn nach außen repräsentiert und das von ihm aufgebaute Image
(bspw. durch Werbung) weitertransportiert und verstärkt. Nur wenn sich
der Absatzmittler ausschließlich für die Waren des Lieferanten in
einem Gebiet einsetzt, ist deren Absatz dort gesichert. Die Markenausschließlichkeit des Händlers ist Voraussetzung für die adäquate
Präsentation der Marke in dem dem Händler anvertrauten Gebiet. Wird
der Hersteller in einem Gebiet nicht präsentiert, könnte die Marke
dort verschwinden. Seine Existenzfähigkeit bezogen auf das dem Absatz-

---

[1] Das Autohaus 1990 (Heft 1,2), S.70
[2] vgl.auch Berg, S. 169, 188
[3] vgl. Das Autohaus 1990 (Heft 1,2), S. 70, 73ff
[4] vgl. Glatz, consumer interest, S. 237, 241
[5] Das Autohaus 1988 (Heft 18), S. 94

mittler anvertraute Gebiet hängt demnach eng mit dessen Markenausschließlichkeit zusammen[6]. Der Absatzmittler ist zur Förderung der
Interessen des Herstellers verpflichtet[7]. Aber bereits die Beratungs-
funktion des Händlers gegenüber dem Abnehmer macht Interessenkonflikte
bei mehreren Marken unvermeidbar[8] und gefährdet damit den Lieferanten.
Aus diesen Gründen wird die Pflicht, nur die Marke des Herstellers zu
vertreiben, gemäß Art.3 Nr.3 freigestellt. Wie sich auch aus der ausnahmsweisen Durchbrechungsmöglichkeit nach Art. 5 II Nr. 1a ergibt,
der dem Händler nur bei sachlich gerechtfertigten Gründen eine Befreiung von dieser Pflicht gewährleistet, ist daher Grundsatz die Markenausschließlichkeit[9]. Dieser Grundsatz rechtfertigt sich insbesondere
durch die Markterschließungsleistungen des Herstellers[10], indem er
bspw. durch seine Werbung schon zu einem großen Teil das Kraftfahrzeug
vorverkauft hat. Der Fabrikant hat das Bedürfnis nach seinem Produkt
durch seine Leistung erst geweckt. Deshalb läßt sich der Hersteller
seine Markterschließung vom Vertragshändler durch dessen Markenexklusivität vergüten.

Aus dem Grundsatz der Markenausschließlichkeit ergibt sich also, daß
die Verordnung den inter-brand-Wettbewerb zwischen den Vertriebsnetzen, den sie voraussetzt (s.o.I.3.2.4.), dem inter-brand-Wettbewerb in
ein und demselben Autohaus vorzieht[11].

Abzugrenzen von der Möglichkeit, dem Händler eine Markenausschließlichkeit aufzuerlegen, ist die sogenannte Bezugsausschließlichkeit.
Die Bezugsausschließlichkeit, derzufolge der Händler nur von einem
Lieferanten (z.B. vom Hersteller) Waren beziehen dürfte, ist von der
Verordnung 123/85 nicht freigestellt[12], das heißt, der Händler ist
frei, von anderen Lieferanten des Vertriebsnetzes die Vertragswaren,
aber eben nur diese (Markenausschließlichkeit !), zu beziehen.

2.2.1. Umgehungsversuche:

Die Verordnung schätzt die Markenexklusivität so hoch ein, daß sie
Umgehungsversuche von vornherein vermeiden will. Deshalb können beispielsweise nicht genehmigte Vertriebs- und Kundendienstvereinbarungen mit Konkurrenzunternehmen (so Art.3 Nr.5) oder eine Beteiligung
des Vertragshändlers an konkurrierenden Unternehmen, die nicht dem
Vertriebsnetz angehören, untersagt werden. Der Vertragshändler konzentriert sich sonst nicht mehr auf "seine" Marke. Daher ermöglicht
Art.13 Nr.8, daß das Konkurrenzverbot auch auf das Unternehmen er-

---

6 vgl. Tietz, S. 96
7 vgl. Ebenroth, BB 1988/Beilage 10, S. 13
8 Ulmer, Vertragshändler, S. 423
9 Stöver, Das Autohaus 1983, 1340; Bunte/S. Rz. 40, 79
10 vgl. Marvel, Exclusive Dealing, The Journal of law and economics 1982, S.1ff, isb.7
11 vgl. auch BEUC-News June 1983, Number 25, S. 1 (Dossier)
12 Blaise, Rev. trim. 1985, 568, 585

streck werden kann, mit dem der Vertragshändler durch eine kapital-
mäßige Beteiligung oder den entsprechenden tatsächlichen Einflußmöglichkeiten verbunden ist[13]. Wegen der Relativität der Vertragsbezie-
hungen hat das Konkurrenzverbot allerdings keine Auswirkung auf das
verbundene Unternehmen[13]. Damit es nicht leerläuft, kann dem Vertragshändler untersagt werden, sich an anderen Unternehmen in einer Weise
zu beteiligen, die wirtschaftlich gesehen einer Beeinträchtigung der
im Rahmen der Verordnung möglichen Markenexklusivtät gleichkäme[14].
Umgehungen können dann mit den entsprechenden zivilrechtlichen Sanktionsmöglichkeiten geahndet werden. Winkelzüge, wie zum Beispiel die
vom Hersteller nicht genehmigte Vermietung der Verkaufsfläche an eine
vom Sohn des Vertragshändlers gegründete GmbH, die wirtschaftlich gesehen mit der Hereinnahme eines Zweitfabrikats vergleichbar ist[15],
können so ausgeschlossen werden.

2.2.2. Fehlende Vereinbarung:

Wenn die Vertragsparteien keinerlei Vereinbarung über die Markenausschließlichkeit getroffen haben, wäre der Vertragshändler möglicherweise berechtigt, Konkurrenzprodukte zu vertreiben. Dafür könnte
man anführen, daß es keinen allgemeinen Grundsatz gibt, demzufolge der
Vertragshändler ohne ausdrückliche Vereinbarung eines Konkurrenzverbots, keine Konkurrenzfahrzeuge vertreiben darf[16]. Außerdem würde
das auch seiner Stellung als selbständiger Kaufmann widersprechen[17].
Andererseits ist der Absatzmittler zur Förderung der Interessen des
Herstellers, die sich eben in der Pflicht zum Vertrieb der Produkte
des Herstellers niederschlägt, angehalten[18]. Gerade deshalb und zur
Vermeidung von Interessenkonflikten (s.o.) soll § 86 HGB analog angewandt werden, wenn eine Vereinbarung fehlt[19]. Die Verordnung sieht die
Markenexklusivität als so grundlegend für die enge Beziehung zwischen
dem Vertragshändler und dem Hersteller an, daß sie sie sogar gegen
Umgehungsversuche (s.o.) schützt. Angesichts des Zwecks der Verordnung, durch die enge Zusammenarbeit von Hersteller und Vertragshändler
einen spezifischen Kundendienst für das Kraftfahrzeug hervorzubringen,
sollen irgendwelche Beeinträchtigungen oder gar die Zerstörung der
Beziehung von vornherein vermieden werden. Deshalb setzt die Verordnung geradezu die Markenausschließlichkeit für das Funktionieren der

---

13 vgl. Bunte/S. Rz. 41
14 andere Sicht: Bunte/S. Rz. 41
15 vgl. OLG/WuW/E 2708, 2709 und BGH WM 1984, 38 f
16 OLG/WuW/E 2708 und 2709
17 Stumpf, Der Vertragshändlervertrag, S. 52 (Rdnr. 52); vgl. auch Fikentscher/Straub in
Gemeinschaftskommentar § 18 Rdnr. 239
18 Ebenroth, BB 1988/Beilage 10, S. 1, 13; vgl. auch BGH DB 1984, 555
19 BGH WM 1984, 38 f; BGH DB 1984, 555; OLG/WuW/E 3972; Wolter, NJW 1985, 2875; Wolter,
S.17; Pfeffer, NJW 1985, 1242; Ebenroth, BB 1988/Beilage 10, S. 1, 13

Beziehung zwischen den beiden Vertragsparteien voraus, so daß es gerechtfertigt ist, § 86 HGB zur Ergänzung der Verordnung heranzuziehen.
Das heißt, § 86 HGB wird durch die Verordnung nicht nur nicht verdrängt, sondern gerade wegen der gegenseitigen Ergänzung und Auswirkung von nationalem und gemeinschaftlichem Recht (s.o.I.4.3.) anzuwenden sein.

2.2.3. Ort des Konkurrenzverbotes:

Art.3 Nr.3 spricht davon, daß andere, also nicht-konkurrierende
Kraftfahrzeuge in den Geschäftsbetrieben angeboten werden dürfen. Dies
könnte man bei einer wörtlichen Auslegung dahingehend verstehen, daß
die Freistellungsfähigkeit des Konkurrenzverbotes auf den Ort des
Geschäftsbetriebes beschränkt ist und demnach Konkurrenzfahrzeuge
außerhalb des Geschäftsbetriebes verkauft werden dürften[20]. Allerdings
bezieht sich das "in Geschäftsbetrieben, in denen Vertragswaren angeboten werden" nicht auf konkurrierende Kraftfahrzeuge, sondern auf
solche, die mit den Vertragsfahrzeugen nicht im Wettbewerb stehen. Der
französische und englische Verordnungstext bringen dies ebenfalls klar
zum Ausdruck. Aber auch eine Auslegung nach dem Sinn der Vorschrift
kann nicht dahin gehen, daß das Konkurrenzverbot, das hauptsächlich
tätigkeitsbezogen ist[21], da der Vertragshändler eben sein persönliches
Engagement auf die eine Marke konzentrieren soll, nur auf den Ort
bezogen ist. Ansonsten wäre eine Umgehung beispielsweise durch Eröffnung einer Verkaufsstätte nur wenige Meter vom eingeführten und be-
kannten Geschäftsbetrieb möglich. Demnach bleibt es prinzipiell bei
der Markenexklusivität, woran auch eine räumliche Trennung nichts ändert[22]. Im anderen Falle würde der Grundsatz der Markenausschließlichkeit verwässert[23].

2.3. Ausnahmen von der Markenausschließlichkeit:

Das grundsätzliche Konkurrenzverbot ist allerdings nicht umfassend,
sondern erfährt gewisse Einschränkungen und Ausnahmen zugunsten der
unternehmerischen Freiheit des Absatzmittlers und sowohl des inter-
als auch intra-brand-Wettbewerbs.

2.3.1. Andere neue Kraftfahrzeuge:

Artikel 3 Nr.3 stellt die Verpflichtung frei, neue konkurrierende
Kraftfahrzeuge nicht zu vertreiben und andere Kraftfahrzeuge, die zwar
vertrieben werden dürfen, nicht in dem gleichen Geschäftsbetrieb anzu-

---

20 so Lukoff, CMLR 86, S.841, 852 und Demaret, Fordh. Corp. Law Inst. 1986, S. 149, 176;
vgl. aber auch Erwägungsgrund 7; vgl. auch van Bael/Bellis, S. 119
21 vgl. Bunte/S. Rz.41
22 vgl. Ebenroth/Obermann, DB 1981, 833
23 so auch van Bael/Bellis, S.119

bieten (vgl.o.). Andere Kraftfahrzeuge sind solche, die nicht im Wettbewerb mit denen des Prinzipals stehen[24]. Damit meint Art.3 Nr.3 nicht
ein Konkurrenzverhältnis derart, daß eine unmittelbare Substituierbar-
keit zwischen den Marken gegeben sein muß. Vielmehr nimmt die VO an,
daß zwischen den Vertragskraftfahrzeugen und den "anderen Kraftfahrzeugen" in der Regel überhaupt kein, allenfalls ein theoretisches
Konkurrenzverhältnis besteht. Daraus folgt, daß "andere Kraftfahrzeuge" bei einem Vertragshändler, der Kraftwagen der Oberklasse vertreibt, nicht schon Unterklassewagen sind. Deshalb kann beispielsweise
ein BMW-Händler nicht unter Berufung auf Art.3 Nr.3 Autos der Firma
Lada vertreiben. Andere Kraftfahrzeuge im Sinne der Verordnung sind
folglich Lastkraftwagen, Busse oder Motorräder[25]. Ein Interessenkonflikt ergibt sich bei diesen nicht konkurrierenden Erzeugnissen nicht
aus der Natur der Waren, sondern der abgelenkten Einsatzbereitschaft
des Vertragshändlers für die Erzeugnisse des Lieferanten[26], die jedoch
hier akzeptiert wird. Eine andere Auslegung,die zur Folge hätte, daß
jede Art von Kfz unter das Konkurrenzverbot fallen würde[27], würde
letztlich die unternehmerische Freiheit des Vertragshändlers[28] zu weit
einschränken. Diese Kraftfahrzeuge, wie LKWs oder Traktoren, dürfen
demnach vertrieben, allerdings nicht vom Geschäftsbetrieb des Vertragshändlers aus angeboten werden, wenn der Hersteller darauf besteht, daß seine nach außen hin einheitlich angebotenen Erzeugnisse
durch andere Kfz nicht gestört werden sollen. Daher müssen sie auf
Verlangen des Lieferanten räumlich getrennt werden.

2.3.2. Gebrauchtwagen:

Die Verordnung stellt das Konkurrenzverbot nur für neue Kraftfahrzeuge frei. Daher werden derartige wettbewerbsbeschränkende Vereinbarungen nur bei Neufahrzeugen, nicht hingegen bei Gebrauchtwagen
freigestellt[29]. Durch die dem Vertragshändler nach der VO 123/85 nicht
verbietbare Möglichkeit des Verkaufs von gebrauchten Automobilen wird
der inter-brand-Wettbewerb, wenn auch eingeschränkt, in ein und demselben Autohaus ermöglicht, da insbesondere jüngere Gebrauchtwagen in
Konkurrenz zum Neufahrzeug stehen[30]. Der Gebrauchtwagen hat darüberhinaus eine Bedeutung als Zahlungsmittel, sozusagen als Sonderwährung,
beim Kauf eines Neufahrzeuges erlangt[31]. Wie mittlerweile üblich kann
ihn der Käufer beim Händler in Zahlung geben und auf den Kaufpreis für

---

24 vgl. Bunte/S. Rz. 40
25 Bunte aaO; Ebel/Genzow, DB 1985, 743
26 vgl. Ulmer, Der Vertragshändler, S. 424
27 so van Bael/Bellis, S. 119
28 Ebenroth, BB 1988/Beilage 10/ S. 1, 13
29 vgl. Ebel/Genzow, DB 1985, 743 und Lukoff, CMLR 1986, 852
30 v.Brunn, Wettbewerbsprobleme, S. 46
31 v.Brunn, Wettbewrbsprobleme, S.48f

77

das neue Auto anrechnen lassen[32]. Hinsichtlich dieser Bedeutung erweitert die Möglichkeit des Gebrauchtwagenverkaufs den intra-brand-Wettbewerb, zumal mittlerweile die gebrauchten Fahrzeuge, die in Zahlung gegeben werden, von den Händlern zu überhöhten Preisen angerechnet werden. Letzteres findet seinen Grund auch darin, daß die Händler den Preisempfehlungen der Hersteller, die oft faktisch bindend sind, durch die Inzahlungnahme der Gebrauchtwagen entgehen können[33]. Automobile aus zweiter Hand stehen in einem so engen Zusammenhang mit dem Verkauf von neuen Fahrzeugen, daß sie auch im selben Geschäftsbetrieb angeboten werden dürfen. Vom Fabrikanten kann allerdings zu Recht zur Pflicht gemacht werden, daß sie außerhalb der eigentlichen Verkaufsräume stehen müssen, um deren Einheitlichkeit zu bewahren.

2.3.3. Branchenfremde und ergänzende Produkte:

Zu branchenfremden Produkten, also zu Waren, die nichts mit Kraftfahrzeugen zu tun haben, äußert sich die Verordnung nicht. Hier ergibt sich jedoch der Interessenkonflikt aus der Schwächung des persönlichen Einsatzes für die Vertragswaren durch die branchenfremden Produkte (vgl.o.II.2.3.1.). Es ist zwar nicht gerechtfertigt, dem Händler jede andere unternehmerische Betätigung zu untersagen (vgl. o.II.2.3.1.). Um aber zu vermeiden, daß der Anteil dritter Erzeugnisse am Umsatz so groß wird, daß der Absatz der Vertragswaren beeinträchtigt oder gar der Charakter des Geschäftsbetriebs verfälscht wird[34], fällt die Verpflichtung des Vertragshändlers, die Zustimmung für die Hereinnahme einzuholen, nicht unter das Kartellverbot. Das heißt, der Vertragshändler darf grundsätzlich andere Produkte vertreiben, allerdings nicht in demselben Geschäftsbetrieb, wenn der Hersteller seine Zustimmung nicht erteilt hat[35]. Was für andere Kfz (bspw. Motorräder, Lastkraftwagen etc.) gilt, deren Vertrieb auf Verlangen räumlich getrennt werden muß, hat erst recht für diese Produkte zu gelten. Demnach ist die Erweiterung des Konkurrenzverbots auf branchenfremde Produkte nicht freistellungsfähig[36], die Pflicht zur Einholung des Einverständnisses des Prinzipals bei einem Vertrieb vom Geschäftsbetrieb aus hingegen schon.

Dagegen können Produkte, die in einem engen Zusammenhang mit dem Kraftfahrzeug stehen und dessen Vertrieb sinnvoll ergänzen (z.B. Autozubehör), auch ohne Zustimmung vom Geschäftsbetrieb des Absatzmittlers aus verkauft und angeboten werden. Dies rechtfertigt sich daraus, daß

32 vgl. v. Brunn, Wettbewerbsprobleme, aaO und Bundeskartellamt TB 1987/88, S. 62
33 vgl. BKartA TB 1987/88, S.62 und 1985/86, S.61
34 vgl. Ulmer, Der Vertragshändler, S. 425
35 vgl. Ulmer aaO, S. 424 und Stumpf, Der Vertragshändlervertrag, S. 52 (Rdnr. 32)
36 Pfeffer, NJW 1985, 1243 und AGBG-Wolf § 9 Rz. V 30

diese komplementären Produkte[37] die Attraktivität des Autohauses erhöhen, sofern dies in einem sinnvollen Rahmen geschieht. Das heißt eben
ergänzend, aber nicht verdrängend. Davon geht auch die GVO aus, da sie
den Vertrieb von Gebrauchtwagen zuläßt.

2.3.4. Kundendienst:

Artikel 3 Nr.3 ermöglicht eine Freistellung für die Markenexklusivität nur hinsichtlich des Vertriebs von Kraftfahrzeugen, nicht hingegen für die Instandsetzung und Reparatur von Kraftwagen, die nicht erwähnt werden. Der Vertragshändler ist also frei, Kraftfahrzeuge anderer Marken zu reparieren bzw. instandzuhalten. Dies ergibt sich nicht
nur aus dem Wortlaut der Verordnung, sondern auch aus dem Sinn, da im
anderen Falle die in Zahlung genommenen Gebrauchtwagen nicht repariert
werden könnten. Die Markenexklusivität kann also schon mit Rücksicht
auf die Gebrauchtwagen für die Instandsetzung und Reparatur nicht gelten[38]. Infolgedessen kann der Händler jede Marke reparieren, sofern
ein sinnvoller Rahmen eingehalten wird. Zumal er durch seine
Qualitätsarbeit neue Kunden für die Vertragsmarke gewinnen kann.

---

37 vgl. Tietz, S. 96
38 vgl. Erwägungsgrund 11 des VO-Entwurfs

3. Zweitmarkenvertrieb:

Wenn der Händler gem. Art.4 Abs.1 Service- und Absatzförderungspflichten übernommen hat, so wird die Markenausschließlichkeit und das
Konkurrenzverbot nach Art.3 Nr.3 und 5 nur unter der Voraussetzung
freigestellt, daß die Vertragsparteien vereinbaren, daß der Lieferant
zustimmt, den Händler von diesen Verpflichtungen zu befreien, sofern
dieser sachlich gerechtfertigte Gründe dafür vorbringt (vgl. auch
Art.1 Abs.2 VO 19/65). Durch diese Vorschrift, die als Mindestvoraus-
setzung im 17. Erwägungsgrund bezeichnet ist, soll verhindert werden,
daß der Händler in zu große wirtschaftliche Abhängigkeit gerät und dadurch von vornherein möglicherweise den Hersteller tangierende Wettbewerbshandlungen unterläßt.

Eine entsprechende Änderungsvereinbarung zugunsten des Händlers muß
jedoch nicht aufgenommen werden, wenn der Absatzmittler keine Verpflichtungen zur Verbesserung der Struktur von Vertrieb und Kundendienst gemäß Art.4 Abs.1 übernommen hat, da erst durch die Service-
und Absatzförderungspflichten die Markenbindung des Absatzmittlers zur
Regel wird[1] und damit seine wirtschaftliche Abhängigkeit.

3.1. Zusammenhang mit dem Vertragsgebiet:
3.1.1. Synallagma:
Gemäß Art. 5 II Nr.1b darf der Lieferant das Vertragsgebiet ebenfalls nur ändern, wenn er sachlich gerechtfertigte Gründe dafür nachweist. Es besteht daher nur eine Änderungsmöglichkeit, einmal hinsichtlich der Markenexklusivität und des Konkurrenzverhältnisses und
das andere mal hinsichtlich des Vertragsgebietes, wenn die jeweils den
Vertrag ändernwollende Partei sachlich gerechtfertigte Gründe dafür
darlegt. Folglich scheint ein Zusammenhang zwischen der Änderung der
Markenexklusivität und der Änderung des Vertragsgebietes zu bestehen[2],
der nicht nur wegen der unmittelbaren textlichen Aufeinanderfolge angenommen werden könnte.

Die Markenausschließlichkeit des Händlers ist Voraussetzung für die
Präsentation der Marke und damit letztlich für die Existenzfähigkeit
des Herstellers bezogen (!) auf das dem Händler anvertraute Gebiet.
Wird der Hersteller in einem Gebiet nicht präsentiert, könnte die
Marke dort verschwinden (s.o.II.2.2.). Wenn auf der anderen Seite dem
Händler ein genügend großes Vertragsgebiet zugewiesen ist, so kann er
aus diesem die entsprechenden Gewinne schöpfen. Insofern ist die Ein-
räumung eines entsprechenden Vertragsgebietes, welches für den Händler

---

1 vgl. Schmitt, Selektiver Vertrieb und Kartellrecht, S. 84
2 Bunte/S. Rz. 82 f

die Erwerbsquelle darstellt[3], existenznotwendig für den Händler. Folglich sind die Markenexklusivität und das entsprechende Vertragsgebiet jeweils grundlegend für die Existenzfähigkeit von Hersteller und Vertragshändler. Beide Parteien sehen darin wesentliche Pflichten, ja Hauptpflichten innerhalb des Rahmenvertrages, die ihnen erst die Chance geben, ihre Investitionen zu amortisieren und Gewinne zu machen. Der Vertragshändler möchte seine Markterhaltungs- und Marktausbauleistungen vergütet sehen, der Hersteller seine Markterschließungsleistungen (vgl.o.II.2.2.). Wenn die Verordnung aus diesem Grund eine Änderung des status quo jeweils nur ausnahmsweise zuläßt, geht sie also von einem ungefähren Gleichgewicht zwischen dem angemessenen Vertragsgebiet als Leistung und der Markenexklusivität als Gegenleistung aus. Das ergibt sich auch aus dem 17. Erwägungsgrund des VO-Entwurfs. Dort meint die Kommission, wenn dem Konkurrenzverbot eine Ausschließlichkeitsverpflichtung hinsichtlich des Vertragsgebietes gegenübersteht, daß dann ein *ausgewogenes Verhältnis*[4] von Rechten und Pflichten gegeben ist, welches die einseitige Abhängigkeit des Händlers verringert und dessen Wettbewerbsmöglichkeiten verbessert[5]. Der gleiche Ansatz findet sich in der endgültigen Verordnung (s.o.). Dieser Gedanke eines ungefähren Gleichgewichts von Leistung und Gegenleistung ist dem gegenseitigen Vertrag als Typus immanent[6]. Die Markenexklusivität findet demnach ihre Entsprechung beziehungsweise ihr Gegenstück in der Zuweisung bzw. Erhaltung eines entsprechenden Vertragsgebietes[7], das heißt, beide korrespondieren miteinander[8], zwischen ihnen besteht eine Interdependenz[9], ja man kann sagen, zwischen beiden Pflichten ist ein do-ut-des-Verhältnis gegeben. Der Hersteller gibt das angemessene Vertragsgebiet, der Händler übernimmt dafür im Gegenzug die Markenausschließlichkeit.

Wenn man von diesem engen, ja synallagmatischen Zusammenhang der beiden Pflichten ausgeht, so muß dies auch bei der Auslegung der Verordnung berücksichtigt werden. D.h. die wechselseitige Abhängigkeit der beiderseitigen Vertragspflichten ist bei der Geltendmachung der vertraglichen Rechte, hier der jeweiligen ausnahmsweisen Änderungsmöglichkeit, zu beachten[10]. Daher müssen insbesondere die für beide Seiten maßgeblichen Änderungsgründe in ihrer Intensität korrespondieren bzw. einander entsprechen. Die jeweils vorgebrachten außer-

---

3 so AGBG-Wolf § 9 Rz. V 36
4 Hervorhebung vom Verfasser
5 vgl. auch Ebel/Genzow, DB 1985, 746
6 Larenz, Richtiges Recht, S. 66
7 vgl. van Bael/Bellis, S. 119; Groves, ECLR 1987, 83 ("..the other side of the coin.."); Baldi, Das Recht des Warenvertriebs in der EG, S. 70, 71
8 Bunte/S. Rz. 82
9 Wolter, S. 173 und 175
10 so auch die Definition für das funktionelle Synallagma, vgl. Günter Hager, Der Gedanke der Solidarität in der Lehre vom Synallagma, S. 26

gewöhnlichen Gründe haben in ihrer Schwere vergleichbar zu sein. Demnach kann ein Händler ein Zweitfabrikat nur hereinnehmen, wenn die
außergewöhnlichen Gründe in ihrer Intensität entsprechend auf der
anderen Seite dem Hersteller das Recht geben würden, das Vertragsgebiet zu ändern.

3.1.2. Geschäftsgrundlage:

Die GVO geht davon aus, daß ein ungefähres Gleichgewicht zwischen
den Pflichten des Händlers, die die Markenexklusivität betreffen, und
den Pflichten des Herstellers, welche sich auf das Vertragsgebiet
beziehen, besteht (s.o.) und überläßt daher jeder Vertragspartei, ob
sie die Leistung der anderen als ihrer Leistung gleichwertig betrachtet (sog. subjektive Äquivalenz)[11]. Zentrales Problem bei langfristigen Verträgen derart ist die Reziprozität von Rechten und Pflichten,
da sich nämlich das beim Vertragsschluß vorausgesetzte Gleichgewicht
durch geschäftspolitische Fehlentscheidungen oder durch eine Wandelung
der Wettbewerbsbedingungen verändert haben kann[12]. Um diesen möglichen
Veränderungen Rechnung zu tragen, macht die GVO die Aufnahme einer Art
clausula rebus sic stantibus in den Vertrag zur Pflicht (zwar nur zu
Lasten des Herstellers, zu dessen Gunsten nach 5 II Nr. 1b nicht eine
entsprechende Klausel aufgenommen werden muß, der sich aber in der Regel eine solche vorbehält[13]). Dies ist gerade bei Dauerschuldverhält-
nissen wichtig[14]. Sollte eine Partei das präsumtive ungefähre Gleichgewicht dadurch stören wollen, daß sie es mittels dieser Klausel verändern möchte, weil sich mittlerweile die Rahmenbedingungen verändert
haben, so läßt die Verordnung dies nur zu, wenn sachlich gerechtfertigte Gründe gegeben sind. In diesen Ausnahmefällen überwindet der
Gedanke der objektiven Äquivalenz, also der wirklichen Gleichwertigkeit von Leistung und Gegenleistung, das von der GVO vorausgesetzte
Prinzip der Vertragsbindung[15]. Bei einer Änderung der ursprünglich der
Vereinbarung zugrundegelegten Rahmenbedingungen, nämlich der
Geschäftsgrundlage, ermöglicht daher der Vertrag beiden Parteien eine
Anpassung der Vereinbarung an die veränderten Umstände. Deshalb kann
man bei Vorliegen von sachlich gerechtfertigten Gründen von einer
Änderung der Geschäftsgrundlage durch eine Äquivalenzstörung, also
eine Wandlung der wirtschaftlichen Verhältnisse[16], sprechen. Auch
dieser Umstand, nämlich, daß es sich um die Geschäftsgrundlage des
Vertrages handelt, ist bei der Auslegung, hier der sachlich gerechtfertigten Gründe, zu berücksichtigen: Eine Anpassung des Vertrages

---

11 vgl. Larenz, Richtiges Recht, S. 67
12 Joerges, ZHR 1987, 219
13 Tietz, S. 208f
14 BGH/LM § 242 (Ba) Nr. 57
15 vgl. auch Larenz, Richtiges Recht, S. 76
16 vgl. auch Fikentscher, Schuldrecht, S. 137

wegen einer Änderung der Geschäftsgrundlage ist ebenfalls nur ausnahmsweise, nämlich dann, wenn dem Verpflichteten das Festhalten am Vertrag nicht mehr zugemutet werden kann, möglich[17].

3.2. Wirtschaftlicher Hintergrund:

85% aller Vertragshändler sind exklusiv gebunden (s.o.). Deutlich unter diesem Durchschnitt liegen kleinere ausländische Marken. So weist bspw. die Firma Lada einen Exklusivitätsgrad von 63% auf, Saab 58%, Chrysler 57% und Rover 53,6%. Diese Marken, die einen geringen Marktanteil haben, ermöglichen dem Händler nicht allein das Auskommen. Die geringste Exklusivität ist bei Sport- und Luxusfahrzeugen festzustellen, so sind bis jetzt (s.o.II.2.1.) bei Porsche etwa 5% , bei Jaguar 16% aller Händler exklusiv gebunden[18]. Höherwertige und exklusive Wagen verschiedener Marken werden oftmals nur zusammen in einem Autohaus vertrieben, was wiederum ihr exklusives Image fördert, aber auch die flächendeckende Marktbearbeitung ermöglicht.

Die Zeiten, in denen ein Händler aus emotionalen Gründen seinem Fabrikat die Treue hielt, sind endgültig vorbei. Haben bisher die Hausbanken bei sinkenden Umsätzen dem Händler ein Überleben ermöglicht, so sind es heute gerade sie, die den Autohändler zu einer Änderung der Vertriebsstruktur drängen[19]. Deshalb streben die Händler durchaus an, ein weiteres Fabrikat verkaufen zu können, zumal die zusätzlichen Belastungen für den Händler durch etwaige finanzielle Unterstützung seitens des Zweitlieferanten abgemildert werden[20].

3.3. Grundsatz: Keine Hereinnahme einer Zweitmarke:

Der Grundsatz der Markenausschließlichkeit zieht nach sich, daß der Händler prinzipiell nicht befugt ist, eine Zweitmarke in den Geschäftsbetrieb hereinzunehmen. Der Hersteller kann sein Vertriebsnetz nach seinen Vorstellungen gestalten (s.o.I.3.2.). Daher braucht er sich auch keine Konkurrenz im eigenen Vertriebssystem, das er aufgebaut hat, zu schaffen[21]. Dem trägt auch die Gruppenfreistellungsverordnung Rechnung, indem sie die Vertragsparteien bei Vorliegen der entsprechenden Voraussetzungen verpflichtet, eine Klausel in den Vertrag aufzunehmen, derzufolge dem Händler erlaubt wird, ein Zweitfahrzeug hereinzunehmen, wenn er sachlich gerechtfertigte Gründe, die außergewöhnlich sein müssen, nachweist. Es besteht eben durchaus die naheliegende Gefahr, daß sich die Absatzchancen des Lieferanten durch

---

17 vgl. Fikentscher, Schuldrecht, S. 136
18 zum Ganzen: Das Autohaus 1990 (Heft 1,2), S. 70, 73ff
19 Gunther Maack: Das Kreuz mit der Exklusivität, Das Autohaus 1988 (Heft 5), S. 46
20 vgl. Schmitt, Selektiver Vertrieb und Kartellrecht, S. 86
21 Ebenroth/Obermann, DB 1981, 829,833

Nachlassen des Händlerengagements[22], durch Verkleinerung der Verkaufsfläche[23] oder Schwächung des Managements oder/und der Kapitalbasis[24]
mindern. Insbesondere soll vermieden werden, daß sich der Vertragshändler die Rosinen beider Marken herauspickt[25], da er dann einen Lieferanten gegen den anderen ausspielt. Typische Beispielsfälle sind die
Bevorzugung der Kraftfahrzeuge, bei denen die Profitmarge am größten
ist[26], oder die Konzentration des Händlers auf die Modelle, deren Absatz einer der Hersteller durch Verkaufsfördermaßnahmen vorantreibt[27].
Grundsatz ist infolgedessen, daß der Händler kein Zweitfabrikat
hereinnehmen darf.

Um zu verhindern, daß die ökonomischen Interessen des Produzenten
tangiert werden, ist der Grundsatz an den wirtschaftlichen Auswirkungen auf den Hersteller zu messen. Deshalb kann es nicht darauf ankommen, ob eine echte Doppelvertretung vorliegt oder der andere Fabrikant
als bloßer Zweitlieferant des Händlers auftritt[28]. Der Grundsatz wird
durchbrochen, wenn sich die Betreuung eines Konkurrenzfabrikats durch
den Händler wirtschaftlich auf den Hersteller wie die Hereinnahme
eines Zweitfabrikats auswirkt[29]. Demnach ist nicht entscheidend, wie
das Verhältnis bezeichnet wird, sondern wie es sich wirtschaftlich
darstellt.

3.4. Ausnahmen vom Verbot des Zweitmarkenvertriebs:

Der Grundsatz, daß der Vertragshändler kein Zweitfabrikat hereinnehmen darf, wird allerdings bereits durch die Verordnung gem. Art.5
II Nr.1a durchbrochen. Eine Klausel, dahingehend, daß der Lieferant
zustimmen muß, den Händler von der Markenexklusivität zu befreien,
falls dieser nachweist, daß sachlich gerechtfertigte Gründe dafür vorliegen, muß in den Vertrag aufgenommen werden (vgl. auch Art.1 Abs.2
der VO 19/65). Zwar muß sich der Absatzmittler aufgrund seiner
Interessenwahrungspflicht mit allen Kräften für das ursprünglich über-
nommene Fabrikat einsetzen, jedoch geht, wenn solche sachlich gerechtfertigten Gründe vorliegen, das Interesse des Vertragshändlers am Erhalt des eigenen Unternehmens der Loyalität zum Hersteller vor[30].

Selbstverständlich können die Vertragsparteien einvernehmlich regeln,
daß der Händler berechtigt ist, ein Konkurrenzfahrzeug zu vertreiben[31]. Artikel 5 II Nr.1a ermöglicht dem Händler dagegen, einseitig

---

22 vgl. OLG/WuW/E 1846,1848 und BGH/WuW/E 1624
23 OLG/WuW/E 2708, 2709
24 vgl. Tietz, S. 187 und kritisch Ebenroth/Obermann, DB 1981 , 829, 834
25 vgl. auch Tietz, S. 295
26 vgl. Glatz, consumer interest, 237, 241
27 Wolter, S.45
28 vgl.: so aber OLG/WuW/E 4480, 3482
29 vgl. auch OLG/WuW/E 2708, 2709 und BGH WM 1984, 38f(s.o.II.2.2.)
30 vgl. Ebenroth/Obermann, DB 1981, 833
31 vgl. auch BGH NJW 1984, 1183

den Vertrag abzuändern, also den Rechtsgrundsatz der Vertragsbindung
zu durchbrechen. Dann trifft ihn allerdings für die Gründe die Darle-
gungs- und Beweislast. Sofern er diese nachgewiesen hat und berech-
tigterweise ein zusätzliches Fabrikat vertreibt, kann der Lieferant
die Hereinnahme nicht als Kündigungsgrund anführen[32].

3.4.1. Sachlich gerechtfertigte Gründe:

Artikel 5 II Nr.1a spricht davon, daß der Händler sachlich gerechtfertigte Gründe vorbringen muß, damit er ein Zweitfabrikat hereinnehmen kann. Der 18. Erwägungsgrund stellt hingegen auf außergewöhnliche
Gründe ab. Sachlich gerechtfertigte Gründe sind solche, die nicht
sachfremd sind, d.h. der Händler dürfte nicht willkürlich, also ohne
nachvollziehbaren Grund, die Hereinnahme eines Konkurrenzfahrzeuges
verlangen[33]. Hingegen sind außergewöhnliche Gründe um einiges höher
angesiedelt[34], sie verlangen einen wirklichen Ausnahmefall. Demnach
muß der Begriff sachlich gerechtfertigter Grund ausgelegt werden,
nachdem scheinbar ein Widerspruch zwischen den Erwagungsgründen und
dem Verordnungstext besteht, der nicht ohne weiteres durch Verweis auf
den Verordnungsentwurf gelöst werden kann[35], da sich dieser hierzu
nicht äußert[36].

Der Händler soll grundsätzlich seine Bemühungen ausschließlich auf
die Vertragsmarke konzentrieren (s.o.II.2.2.), da der einzelne
Händlervertrag seine Grundlage in der vertrauensvollen Kooperation,
die gerade darauf beruht, daß der Händler auf die Wahrnehmung alter-
nativer Angebote grundsätzlich verzichtet, findet[37]. Zudem weicht vom
Rechtsgrundsatz der Vertragsbindung, der nur bei Einvernehmlichkeit
eine Ausnahme erleidet, die einseitige Abänderbarkeit ab, weshalb nur
schwerwiegende Änderungsgründe zuzulassen sind[38]. Aufgrund dessen können nur nicht-sachfremde Gründe nicht ausreichen, sondern es müssen
außergewöhnliche Gründe, wie die Erwägungen der Kommission nahelegen,
gegeben sein[39], zumal die Begründungserwägungen zur Auslegung der Verordnung heranzuziehen sind[40].

3.4.1.1. Außergewöhnliche Gründe:

Allerdings geben die außergewöhnlichen Gründe nur einen ersten
Anhaltspunkt für die Möglichkeit des Vertragshändlers, eine Zweitmarke
hereinzunehmen. Wann außergewöhnliche Gründe vorliegen, ist nicht

---

32 AGBG-v.Westphalen Rdn. 20
33 vgl. Bunte/S., Einleitung Rz.106
34 Bunte/S., Einleitung Rz.106
35 so aber Bunte/S., Einleitung Rz.106
36 vgl. Erwägungsgrund 17 und 18 des VO-Entwurfs
37 Bunte/S. Rz. 79 und 80
38 BGH NJW 1984, 1183
39 a.A. Bunte/S., Einleitung Rz. 106
40 vgl. EuGHE 1977, 65, 93 (Rz. 15/18) "Concordia"

geklärt, nachdem die Erwägungsgründe und die Bekanntmachung der
Kommission hierzu wenig Anhaltspunkte geben. Lediglich für das Änderungsrecht des Lieferanten bezüglich des Vertragsgebietes gibt der
19. Erwägungsgrund ein Beispiel dahingehend, daß eine erhebliche
Beeinträchtigung des Vertriebs oder Kundendienstes zu besorgen sein
muß.

Es könnte, nachdem das vorausgesetzte ungefähre Gleichgewicht der
Markenexklusivität und des Vertragsgebietes als Geschäftsgrundlage
anzusehen ist, auf die Grundsätze der Geschäftsgrundlage zurückgegrif-
fen werden (s.o.II.3.1.2.). Zwar soll innerstaatliches Recht nicht
ohne weiteres zur Auslegung einer einheitlich anzuwendenden Verordnung
der EWG herangezogen werden, jedoch kann es als Anhaltspunkt benutzt
werden, um Rechtsunsicherheiten zu vermeiden. Nach den Grundsätzen der
Geschäftsgrundlage berechtigt auch nicht jede Störung die Anpassung
des Vertrages[41], sondern nur außergewöhnliche Gründe, die es unzumutbar machen, am Vertrag festgehalten zu werden[42]. Wenn die Kommission
für das Änderungsrecht des Lieferanten eine erhebliche Beeinträchtigung verlangt, so besteht durchaus eine strukturelle Ähnlichkeit
(s.o.II.3.1.2.).

3.4.1.2. Unzumutbarkeit:

Wegen dieser Ähnlichkeit ist es gerechtfertigt, die Grundsätze der
Geschäftsgrundlage als Orientierungspunkt für die Auslegung der außer-
gewöhnlichen Gründe heranzuziehen. Demnach ist entscheidend, ob es dem
Händler weiter zugemutet werden kann (s.o.II.2.2.), sich nur auf das
Vertragserzeugnis zu konzentrieren. Wann die Zumutbarkeit für den
Händler noch gegeben ist, ist an dessen wirtschaftlichen Verhältnissen
zu messen[43], d.h. wirtschaftliche Zumutbarkeit.

In der Praxis stellt sich das Problem, ab welchem Grad der wirtschaftlichen Interessenbeeinträchtigung der Händler einen Anspruch auf
Hereinnahme einer Zweitmarke hat. Man könnte unter Hinweis auf die
Interessenwahrungspflicht des Händlers und die Pflicht, sich auf eine
Marke zu konzentrieren (s.o.), verlangen, daß eine drohende Existenz-
vernichtung nötig ist, also eine Existenzbedrohung[44]. Eine andere Mög-
lichkeit wäre, bereits eine Nichtauslastung sachlicher und personeller
Kapazitäten ausreichen zu lassen[45], weil der Hersteller auf die Aus-
lastung vorhandener Kapazitäten bspw. durch Bewahrung vor möglichen
Fehlinvestitionen Einfluß nehmen kann und konnte[46].

---

41 vgl. Palandt § 242, 6 B e
42 BGH NJW 1958, 1772; BGHZ 84, 1,8
43 vgl. Kom. ABl 75 L 29/1,2 "BMW"
44 vgl. OLG/WuW/E 1846,1848
45 so BKartA, Schreiben vom 24.9.82-B-7-1/80, zitiert nach Pfeffer, NJW 1985, 1243 Fn.
35; ACBG-v.Westphalen Rdn. 19; Wolter, S. 69
46 so Ebenroth/Obermann, DB 1981, 833

Auf der einen Seite können niemals nur drohende Einkommensverluste
für den Händler ausreichen[47], ansonsten stünde die prinzipiell ge-
wollte Markenexklusivität nur auf dem Papier und wäre damit wertlos,
weil Absatzrückgänge und damit Einkommensverluste in einer dem Wettbewerb ausgesetzten Wirtschaftsbranche jederzeit drohen. Auf der anderen Seite muß die Grenze erreicht sein, wenn der Vertragshändler die
Beziehung als derart belastend empfinden muß, daß er statt ihrer die
Vertragsbeendigung wählen würde[48]. Zwischen diesen beiden Extremen muß
das Moment liegen, das den Händler berechtigt, ein zusätzliches Fabrikat in den Geschäftsbetrieb aufzunehmen.

Auf die Existenzbedrohung bzw. -gefährdung kann zum einen deshalb
nicht abgestellt werden, weil sich dies als Problem der Größe des
Händlerbetriebes erweist, für das sich vernünftige Abgrenzungsmöglich-
keiten nicht finden lassen[49]. Zum anderen kann ein sich vor Existenz-
nöten befindender Absatzmittler bereits so sehr angeschlagen sein, daß
selbst die sofortige Aufnahme eines Konkurrenzfahrzeuges, was aber
praktisch kaum durchführbar ist, ihn nicht mehr davor bewahrt, vom
Markt zu verschwinden.

Ausreichend kann aber auch nicht eine bloße Nichtauslastung der
vorhandenen Kapazitäten sein, da ansonsten ebenfalls zu leicht die
vertrauensvolle Kooperation zwischen Hersteller und Händler gestört,
ja zerstört werden könnte[50]. Wenn die Verordnung auf einen außergewöhnlichen Grund abstellt, so ist die fehlende Kapazitätsauslastung
in personeller und sachlicher Hinsicht nicht ein solcher, da sie sich
durchaus im Rahmen einer wirtschaftlichen Betätigung aufhält. Der
Händler soll eben in guten wie in schlechteren Zeiten nicht ohne weiteres das Band zum Hersteller durchtrennen können. Erst wenn eine
wirtschaftlich so schwerwiegende Nichtauslastung der sachlichen und
personellen Kapazitäten erreicht ist[51], daß es dem Händler nicht mehr
zumutbar ist, weitere Belastungen auf sich zu nehmen und sich dem
Risiko des Verschwindens vom Markt auszusetzen, ohne daß damit gleich
eine Existenzbedrohung einhergehen muß, ist es ihm möglich, ein Kfz
einer anderen Marke zusätzlich zu vertreiben. Die Zumutbarkeit ist
überschritten, wenn es für den Händler nicht absehbar ist, wann sein
nicht nur geringfügig betroffener Betrieb wieder die Rentabilität erreicht. Momentane oder kurzfristige Beeinträchtigungen der Kapazitätsauslastung berechtigen ihn nicht schon, wie auch nicht erst die drohende Existenzvernichtung. Im letzteren Fall wäre für ihn höchst-
wahrscheinlich nur noch das endgültige Verschwinden absehbar. So muß

---

47 so aber wohl Joerges, RiW 1985, 529
48 Wolter, S. 185
49 Wolter, S. 20
50 vgl. Bunte/S. Rz. 80
51 ABGB-Wolf § 9 Rz. V 30

der Vertragshändler berechtigt sein, eine Zweitmarke hereinzunehmen, wenn die vorhandene Kapazität seit einer geraumen Zeit wesentlich ungenutzt bleibt. Etwa bei einer Nichtnutzung von 25% der Gesamtkapazität ist die Toleranzgrenze erreicht[52]. Zusätzlich darf für ihn nicht absehbar sein, wann eine Trendwende eintritt. Dann ist es unverhältnismäßig, den Absatzmittler am ursprünglichen Vertrag festzuhalten.

Demnach ist z.B. der Grad der nötigen wirtschaftlichen Beeinträchtigung bei einer Existenzbedrohung durch systematischen Abbau der Unterorganisation überschritten[53], ebenso, wenn die Durchsetzung einer Vertriebspolitik die Existenzvernichtung zur Folge hätte[54]. Nicht dagegen reicht eine Kundenerwartung dahingehend aus, daß der Händler eine bestimmte Marke zusätzlich führt[55].

3.4.1.3. Risikoverteilung:

Wenn die wirtschaftliche Unzumutbarkeit vorliegt, müssen noch weitere Voraussetzungen gegeben sein, insbesondere ist wie bei der Lehre von der Geschäftsgrundlage die jeweilige Risikoverteilung zu beachten:

Eine aufgrund eigenen Verschuldens des Händlers herbeigeführte Lage, die objektiv dazu berechtigen würde, das Konkurrenzverbot zu durchbrechen, kann daher nicht dazu führen, daß dieser einen entsprechenden Anspruch geltend macht. So ist eine durch vom Hersteller nicht veranlaßte Investitionen herbeigeführte Existenzbedrohung kein ausreichender Grund[56]. Aber nicht nur eigenes Verschulden berechtigt den Händler nicht, sondern auch Umstände, die dem Risikobereich des Händlers, also seiner Sphäre zuzurechnen sind. Hierzu gehört bspw. der ungerechtfertigte und nicht veranlaßte Ausbau von Kapazitäten personeller oder sachlicher Art[57]. Begebenheiten, die beide oder die Allgemeinheit betreffen, bewirken ebenfalls nicht einen Anspruch des Händlers auf Hereinnahme eines Konkurrelnzfabrikats.

Hingegen führen Umstände, die der Sphäre des Prinzipals zuzurechnen sind, zu den außergewöhnlichen Gründen[58], wie bspw. langfristige Fehlleistungen des Herstellers[59]. Ausreichend ist aber auch der geringe Marktanteil eines ausländischen Fabrikanten, der zwar für sich nicht ausschlaggebend ist[60], jedoch dazu führt, daß dem Händler ein Auskom-

---

52 vgl. auch Wolter, S. 70
53 vgl.OLG/WuW/E 3480, 3482
54 siehe OLG/WuW/E 1846, 1848
55 OLG/WuW/E 3036
56 vgl. auch BGH/WuW/E 1455, 1458
57 Wolter, S. 65
58 vgl. AGBG-Wolf § 9 Rz. V 30
59 vgl. Tietz, S. 74
60 vgl. BGH/WuW/E 1624

men allein mit dieser Marke nicht möglich ist[61]. Ebenso eine zu schwa-
che Nachfrage in dünn besiedelten Gebieten[62].

Indessen führt eine bei Vertragsschluß für den Händler gegebene
Absehbarkeit der Unzumutbarkeit nicht ohne weiteres zum Anspruchsaus-
schluß, da hier das Verhandlungsübergewicht des Herstellers zu berücksichtigen ist. Sofern die außergewöhnlichen Gründe gegeben sind, ist
noch eine Prüfung dahin vorzunehmen, ob dem Absatzmittler durch
Hereinnahme des Konkurrenzfabrikats überhaupt geholfen werden kann.
Das heißt, es ist ein hypothetischer Vergleich anzustellen[63]. Wenn
dieser für den Händler negativ ausfällt, steht ihm der Anspruch nicht
zu, da dann die Hereinnahme nicht die intendierte Wirkung hätte, nämlich die Erhaltung des Händlerbetriebs zu ermöglichen. Daraus folgt
auch, daß eine Kausalität zwischen Konkurrenzverbot und den außergewöhnlichen Gründen bestehen muß, wie der 18. Erwägungsgrund andeutet,
der von zu weitreichenden Verpflichtungen nach Art.3 Nr.3 und 5
spricht. Das heißt, die den Händler wirtschaftlich beeinträchtigende
Lage muß gerade aus den freigestellten Verpflichtungen resultieren.

3.4.1.4. Zusätzliche Kriterien:

Die Gruppenfreistellungsverordnung sieht die Markenexklusivität als
so bedeutend an, daß sie nur in besonders gelagerten Fällen eine
Durchbrechung zuläßt. Hierbei wird insbesondere nicht nur die Natur
der Ware, sondern es wird auch die Tätigkeit und das Engagement des
Absatzmittlers, welche er auf eine Marke konzentrieren soll
(vgl.o.II.2.2.3.), berücksichtigt. Selbst, wenn der Händler zwei von
der Art völlig verschiedene Fahrzeuge vertreibt, ist nicht ausgeschlossen, daß ein Kunde mit einem festen Kaufvorhaben im Laufe des
Verkaufsgesprächs abweichende Vorstellungen entwickelt und ein Kraftfahrzeug der Unterklasse kauft, obwohl er ein Fahrzeug einer gehobene-
ren Klasse kaufen wollte[64]. Solche Manipulationen, die nicht immer
beabsichtigt sein müssen, sind bei direkt konkurrierenden Automobilen
noch wahrscheinlicher.

Wenn dem Händler grundsätzlich der Anspruch auf Vertrieb eines weiteren Automobils zusteht, weil er außergewöhnliche Gründe nachgewiesen
hat, kann er deswegen noch nicht ohne weiteres verlangen, jedes ihm
zusagende Konkurrenzfabrikat in seinen Geschäftsbetrieb aufzunehmen,
da er auch jetzt noch die berechtigten Interessen des Herstellers zu
beachten hat[65]. Zwar ändert zum Beispiel ein direktes Konkurrenzverhältnis, wie bei Wagen der Oberklasse (BMW und Mercedes) nichts an
den außergewöhnlichen Gründen, aber der Lieferant kann bei Vorliegen

61 vgl. Berg, S. 169, 188
62 Stöver, Das Autohaus, 1983, 1340
63 vgl. OLG/WuW/E 3480, 3482
64 Wolter, S. 65
65 AGBG-Wolf § 9 Rz. V 30, der § 86 HGB analog anwendet

eines solchen Konkurrenzverhältnisses seine Zustimmung zur Hereinnahme
gerade dieses Konkurrenzprodukts verweigern[66]. Wenn eine hohe Substi-
tuierbarkeit, wie bspw. unter den japanischen Marken, die es deshalb
grundsätzlich ablehnen, zusammen in einem Autohaus vertrieben zu werden[67], gegeben ist, kann der Händler gerade dieses Konkurrenzfabrikat
nicht vertreiben. Deshalb ist auf das Konkurrenzverhältnis oder
darauf, ob der Vertrieb der Marke überhaupt gestört werden kann, auch
Rücksicht zu nehmen[68]. Das einseitige Änderungsrecht des Händlers ist
also am Prinzip des mildesten Mittels, d.h. das den Hersteller am we-
nigsten tangierende Mittel, zu messen[69]. Zwischen Kleinwagen und geho-
beneren Kraftfahrzeugen besteht keine unmittelbare Konkurrenz[70]. Beispielsweise werden oftmals Porsche und Fahrzeuge von VW und Audi (VAG)
von einem Händler vertrieben, wobei sich solche Händler, die in erster
Linie VAG-Fahrzeuge verkaufen, durch das Porsche-Emblem von den VAG-
Partnern absetzen wollen[71]. Das hohe Ansehen von Porsche, das zu einem
Imagegewinn des VW-Händlers und damit auch des Herstellers führt[72],
ist ein Umstand, der sich positiv auf das Verlangen des Händlers auswirkt. Eine Ergänzung des Angebots, wie z.B. Geländewagen und normale
Pkw aktuell bei Chrysler und Jeep, kann den Lieferanten nicht berechtigen, der Aufnahme gerade dieser Marke nicht zuzustimmen. Diese
Kriterien, zu denen auch die räumliche Trennung der Konkurrenzprodukte
gehört[73], beeinflussen allerdings den Anspruch nicht dahingehend, daß
weniger hohe Anforderungen an die sachlich gerechtfertigten Gründe zu
stellen sind, sondern ergänzen ihn. Sie bestimmen weniger das "ob" als
vielmehr das "wie", also die Modalitäten der Hereinnahme der Zweitmarke.

3.4.1.5. Ergebnis:

Ein Händler darf ein Zweitfabrikat hereinnehmen, wenn er außergewöhnliche Gründe darlegt. Diese setzen voraus, daß es ihm wirtschaftlich unzumutbar ist, nur eine Marke zu vertreiben, die Unzumutbarkeit
nicht auf Umstände zurückzuführen ist, die in seiner Risikosphäre liegen, und die Hereinnahme einer bestimmten Marke die Interessen des
Herstellers nicht übermäßig tangiert.

3.4.2. Eigenmächtige Hereinnahme:

Falls der Händler ein Konkurrenzfahrzeug in seinen Geschäftsbetrieb
aufnimmt, ohne daß sachlich gerechtfertigte Gründe vorliegen, ist der

---

66 vgl. Wolter, NJW 1985, 2875
67 vgl. Tietz, S. 186 und 210
68 Stöver, Das Autohaus 1983, 1340 und Ebel/Genzow, DB 1985, 745
69 vgl. Bunte, ZIP 1982, 1170; a.A.Ebenroth, S. 179
70 vgl. OLG/WuW/E 1846, 1848
71 Das Autohaus, 1988 Heft 18, S. 94
72 OLG/WuW/E 2103
73 Stöver, Das Autohaus, 1983, 1340

Hersteller zur außerordentlichen Kündigung berechtigt[74]. Wenn der Absatzmittler dagegen den Nachweis erbracht hat, daß außerordentliche Gründe es rechtfertigen, ein Konkurrenzfahrzeug zusätzlich zu vertreiben, so hat er, wie Art.5 II Nr.1a zeigt, einen Anspruch auf Zustimmung gegen den Hersteller. Dieses Zustimmungserfordernis ist zu akzeptieren, da der Fabrikant sich nicht Konkurrenz im eigenen Vertriebsnetz schaffen muß und zudem ein berechtigtes Interesse daran hat, über die Absatzaktivitäten seiner Absatzmittler Klarheit zu haben[75]. Aus den gleichen Gründen kann sich der Hersteller auch eine schriftliche Zustimmung ausbedingen, darf diese aber dann nicht willkürlich benutzen[76]. Eine solche Pflicht betrifft nur die praktische Durchführung und kann schon deshalb nicht von Art.85 I EWGV erfaßt werden. Allerdings kann die Zustimmung auch konkludent erteilt werden, wenn der Händler bei Vorliegen der außergewöhnlichen Gründe ein Zweitfabrikat aufnimmt und der Lieferant trotz Kenntnis nicht einschreitet.

Wenn die Zustimmung des Herstellers jedoch über Gebühr verzögert oder ungerechtfertigt verweigert wird, stellt sich für den Händler das Problem, ob er eigenmächtig, nachdem die sonstigen Voraussetzungen erfüllt sind, eine weitere Marke in den Betrieb aufnehmen darf. Einerseits könnte angeführt werden, daß wegen der Gefahr schwerwiegender Interessenkonflikte in der Person des Händlers beim Vertrieb konkurrierender Produkte nicht schon bei Bestehen der Zustimmungspflicht, sondern erst dann, wenn diese tatsächlich erteilt ist oder der Hersteller zur Zustimmung verurteilt wurde, der Anspruch praktisch umgesetzt werden kann[77]. Zudem könne das Zustimmungserfordernis den Absatzmittler vor unbedachten Schritten, die zu Schadensersatzpflichten oder gar zur Kündigung führen, bewahren[78]. Schließlich könne man dem Händler kein faktisches Durchsetzungsrecht angesichts der ihm auferlegten Beweislast zugestehen[79]. Deshalb müsse er bei einer verweigerten Zustimmung den Rechtsweg einschlagen[80]. Andererseits gäbe es bei Vorliegen der ernsthaften Gründe eine gewisse Dringlichkeit zur Übernahme, so daß es gegen den Sinn der Verordnung verstoßen würde, die Bitte erst dem Gericht vorzutragen[81]. Ansonsten wäre die Hinfälligkeit des Anspruchs durch Zusammenbruch des Unternehmens zu befürchten[82]. Schließlich käme die Verweigerung bei Erfüllung der Voraussetzungen einer unzulässigen Rechtsausübung gleich, was durch

---

74 Wolter, NJW 1985, 2875
75 Ebenroth/Obermann, DB 1981, 833
76 vgl. BGH NJW RR 1988, 1077
77 so AGBG-Wolf § 9 Rz. V 30
78 vgl. Ebenroth/Obermann, DB 1981, 833
79 Wolter, NJW 1985, 2875
80 vgl. Immenga/Mestmäcker § 26 Rz. 229
81 Blaise, Rev. trim. 1985, 584
82 Pfeffer, NJW 1985, 1243

die Möglichkeit einer eigenmächtigen Hereinnahme verhindert werden müsse[83].

Der Hersteller braucht ausreichend Zeit, um die außerordentlichen Gründe, die der Händler vorgebracht hat, nachzuprüfen und die Konsequenzen seiner Zustimmung zu bedenken. Damit sich der Zustimmungsvorbehalt nicht in eine bloße Anzeigepflicht in der Praxis wandelt, muß ihm genügend Zeit gewährt werden[84]. Auf der anderen Seite sind aber auch die berechtigten Interessen des Händlers zu berücksichtigen, so daß von ihm nicht verlangt werden kann, daß er den ganzen Instanzenweg, der sich über Jahre hinziehen kann, durchschreitet und sich damit sein Anspruch erledigt[85]. Deshalb ist es gerechtfertigt, eine eigenmächtige Hereinnahme bei rechtsmißbräuchlicher Ablehnung bzw. Behandlung der Zustimmung zu ermöglichen[86], immer auf die Gefahr entsprechender zivilrechtlicher Sanktionen hin. Daher kann der Händler eigenmächtig handeln, wenn der Fabrikant die Zustimmung willkürlich verzögert oder verweigert. In diesen Situationen kann aber insbesondere eine vorläufige Regelung durch einstweilige Verfügung hilfreich sein[87].

3.4.3. Vertragliche Festsetzung der außergewöhnlichen Gründe:

Gemäß Art.5 Abs.3 können sachlich gerechtfertigte Gründe bei Abschluß der Vereinbarung im einzelnen festgelegt werden, die dann jedoch ohne Diskriminierung angewandt werden müssen. Durch die Fixierung der sachlich gerechtfertigten Gründe könnten die Parteien verbindlich festgelegt haben, wann eine Änderung des Konkurrenzverbotes (aber auch eine Vertragsgebietsänderung) vorgenommen werden könnte. Sie könnten damit die Entscheidung, ob außergewöhnliche Gründe vorliegen oder nicht, nicht mehr einer erst im Einzelfall vorzunehmenden Abwägung überlassen haben, sondern autark darüber bestimmen, wann solche gegeben sind[88]. Folglich könnten die außergewöhnlichen Gründe, wenn sie bei Abschluß des Vertrages im einzelnen festgelegt werden, in ihrer von der Verordnung verlangten Intensität herabgesetzt[89] und damit das Änderungsrecht ausgeweitet und der Rechtsgrundsatz der Vertragsbindung abgeschwächt werden. Um letzteres und einseitige Vorteile für eine Partei aufgrund ihres Verhandlungsübergewichts zu verhindern, müssen sich die außergewöhnlichen Gründe in ihrer Intensität jeweils an dem von der Verord-

---

83 Pfeffer, NJW 1985, 1243 und Bunte/S. Rz. 81; vgl. auch OLG/WuW/E 3480, 3481
84 Ebenroth/Obermann, DB 1981, 833
85 Bunte/S. Rz.81
86 vgl. OLG/WuW/E 1846, 1847
87 vgl. AGBG-Wolf § 9 Rz. V 30
88 vgl.: so BGH NJW RR 1988, 1381, 1382 (in anderem Zusammenhang), der dann allerdings noch prüfen will, ob das Vorgehen mit § 242 BGB noch vereinbar ist
89 so wohl Wolter, S. 40

nung vorgegebenen Maß orientieren. Das heißt, sie können in ihrer
Intensität nicht durch vertragliche Festlegung abgeschwächt werden.

3.4.4. Deutsches Recht:

Nach deutschem Recht steht dem Absatzmittler ein Anspruch aus § 26 II
2 GWB gegen den Hersteller auf Zustimmug zur Hereinnahme einer weiteren Kfz-Marke in den Geschäftsbetrieb zu, wenn der Lieferant dem
überwiegenden Teil seines Vertriebsnetzes die Gestattung hierzu
erteilt hat, dem Anspruchsteller dagegen aus willkürlichen Gründen
verweigert hat[90]. Wenn sich der Kfz-Hersteller zu einem bestimmten
Vertriebssystem entschlossen hat, darf er es nicht ohne weiteres
durchbrechen. Eine Diskriminierung liegt demnach vor, wenn er etwas
verweigert, was bei anderen gegeben wurde und sonst nicht sachlich
gerechtfertigt ist[91]. Da der Vertragshändler selbständiger Kaufmann
ist, besteht nicht schon ein Anspruch auf Gleichbehandlung, wenn
andere Vertragshändler eine Zweitmarke vertreten, es sei denn allen
oder dem überwiegenden Teil der Händler des Vertriebsnetzes wurde
dieses Recht gewährt[92]. Nun könnte man der Meinung sein, daß die
Gruppenfreistellungsverordnung im Grundsatz mit ihrer Regelung diesen
Rechtszustand wiedergibt[93].

Artikel 5 II Nr.1a will dafür sorgen, daß die Ausgeglichenheit von
Leistung und Gegenleistung (s.o.II.3.1.1.) einigermaßen bestehen
bleibt und gibt dazu dem Händler die Möglichkeit, den Vertrag zu ändern. Es ist aber nicht Aufgabe des Kartellrechts die Gleichwertigkeit
von Leistung und Gegenleistung zu ermöglichen. Insofern handelt es
sich bei Art.5 II weniger um Kartellrecht als vielmehr um Zivilrecht[94], dessen Aufgabe es ist, sich um einen wirtschaftlichen Ausgleich zu bemühen. Das Diskriminierungsverbot nach § 26 II GWB be-
schäftigt sich dagegen mit genuin zugewiesenem Kartellrecht. Daher
handelt es sich um unterschiedliche Regelungsbereiche und wird § 26 II
GWB nicht verdrängt, sondern ist ergänzend zur Lückenschließung
heranzuziehen (s.o.I.4.1.1.1.2.)[95]. Wenn also bspw. der Hersteller einem
Händler die Aufnahme eines Zweitfabrikats in den Betrieb gestattet,
obwohl der Grad der wirtschaftlichen Interessenbeeinträchtigung
(s.o.II.3.4.1.2.) bei weitem nicht erreicht ist, und einem anderen
Händler, der in einer vergleichbaren Situation ist, die Gestattung aus
nicht nachvollziehbaren, willkürlichen Gründen verweigert, so gibt ihm
§ 26 II GWB die Möglichkeit, gegen den Hersteller vorzugehen. Dieses

---

90 vgl. BGH/WuW/E 1455; BGH WM 1984, 38; OLG/WuW/E 3972 und Ebenroth/Obermann, DB 1981,
833 und isb. 834
91 Ebenroth, S. 116f
92 OLG/WuW/E 3972, 3974 und BGH WM 1984, 38,39
93 so Bunte /S. Rz. 80 und Pfeffer, NJW 1985, 1243
94 ähnlich auch Joerges, Vertriebspraktiken S. 344
95 siehe auch Wolter, NJW 1985, 2875

Ergebnis bestätigt auch der Grundsatz, durch die GVO dem Händler nicht Rechte zu nehmen (s.o.I.6.2.).

4. Vertragsgebietsänderung:

Nach Art.5 II Nr.1b gilt die Freistellung unter der Voraussetzung, daß
der Lieferant sich verpflichtet, mit weiteren innerhalb des Vertragsgebietes tätigen Unternehmen Vertriebs- und Kundendienstvereinbarungen
über Vertragswaren nur zu schließen oder das Vertragsgebiet nur zu ändern, wenn er nachweist, daß sachlich gerechtfertigte Gründe dafür
vorliegen. Diese Änderungsmöglichkeit soll sich der Lieferant vorbehalten können, allerdings wie der 19. Erwägungsgrund sagt, nur bei
Vorliegen außergewöhnlicher Gründe, um die wirtschaftliche Abhängigkeit des Händlers zu vermindern und dessen Wettbewerbshandlungen zu
verstärken (17. Erwägungsgrund).

4.1. Wirtschaftlicher Hintergrund:

Die Interessen des Herstellers gehen dahin, daß der Vertragshändler
das Marktpotential des ihm anvertrauten Gebietes ausschöpft[1] und dort
als "Platzhalter" für ihn in einer in seinen Augen hinreichend repräßen-
tativen Weise auftritt[2]. Deshalb wird, wenn der Händler den lokalen
Markt nur unzureichend nützt, der Hersteller sehr bald zu einer "Ver-
dichtung" des Händlernetzes schreiten wollen[3], was insbeondere in
Ballungsgebieten dazu führte, daß sich die Verkaufsgebiete der Händler
zumeist überschneiden[4]. Aber nicht nur die Leistungsfähigkeit des
Händlers, sondern auch ein Händler- und Servicenetz von unzureichender
Dichte kann die Wettbewerbschancen selbst renommierter Marken wesentlich vermindern[5]. Die Tendenz geht jedoch allgemein dahin, die unbe-
dingte Marktrepräsentanz zugunsten einer ausgewogenen durch Markt-
potentialberechnungen aufeinander abgestimmten Besetzung des Händlernetzes aufzugeben[6], was eben zu Verdichtungen, aber auch zu Auflocke-
rungen des Händlernetzes führen kann.

Für den Händler ist ein genügend großes Vertragsgebiet Voraussetzung,
damit er Gewinne aus ihm schöpfen kann. Deshalb ist das entsprechende
Vertragsgebiet als Erwerbsquelle[7] existenznotwendig für den Händler
(s.o.II.3.1.1.). Der Händler möchte seine Markterhaltungs- und -
ausbauleistungen vergütet und deshalb das Vertragsgebiet erhalten sehen (s.o.II.3.1.1.), da eine Verkleinerung des Gebietes grundsätzlich
eine Verringerung des Umsatzes zur Folge hat[8].

---

1 v.Westphalen, NJW 1982, 2465
2 Wolter, S. 164
3 Berg, S. 189
4 Berg, S. 189 und auch Wolter, S. 10
5 vgl. Berg, S. 189 und Bunte, ZIP 1982, 1169
6 Schmitt, Selektiver Vertrieb und Kartellrecht, S. 65
7 AGBG-Wolf § 9 Rz. V 36
8 vgl. BGH NJW 1984, 1184

4.2. Änderungsmöglichkeiten nach deutschem Recht:

In der Bundesrepublik unterscheidet der BGH zwischen einem Vertragsgebiet mit Alleinvertriebsrecht des Händlers und einem solchen Gebiet,
das von vornherein nicht ausschließlich einem Händler zugewiesen ist[9].
Ist dem Händler ein Vertragsgebiet zur grundsätzlich alleinigen Betreuung übertragen, so stellt die nicht einverständlich herbeigeführte
Gebietsverkleinerung oder der Einsatz eines weiteren Händlers einen
einseitigen Eingriff des Lieferanten in die vertragliche Rechtsposi-
tion des Händlers dar, der, wenn vorformuliert, unangemessen im Sinne
des § 9 AGBG und daher unwirksam ist (Ford-Urteil)[10]. Hat der Hersteller dem Händler kein alleiniges Betätigungsfeld überlassen, so ist es
nicht unangemessen, wenn der Vertrag einen ausdrücklichen Vorbehalt
für den Einsatz weiterer Händler enthält, ohne dabei besondere
Änderungsgründe zu nennen (Opel-Urteil)[11]. Demnach kann der Hersteller
nach deutschem Recht das Vertragsgebiet nach seinem Ermessen ändern,
wenn dem Absatzmittler kein Alleinvertriebsrecht auf der Handelsstufe
zugestanden wurde, was sich insbesondere in den Ballungsgebieten negativ für die Händler auswirkt, da sich hier die Vertragsgebiete meistens überschneiden (s.o.).

4.3. Grundsatz: Unveränderbarkeit des Gebietes:

Artikel 85 I EWGV findet gemäß Art.1 nur dann keine Anwendung, wenn
dem Händler oder einer bestimmten Anzahl von Händlern ein abgegrenztes
Gebiet übertragen wird. Das heißt, die Zuweisung eines Vertragsgebietes ist für die Freistellung der gesamten Vereinbarung Voraussetzung[12]. Wenn der Hersteller keine entsprechende Vereinbarung über die
einseitige Veränderbarkeit des Vertragsgebietes, sofern eine solche
überhaupt in den Vertrag aufgenommen wird, eingeht (Art.5 II), muß er
auf die Markenausschließlichkeit verzichten[13]. Hier wird wieder der
enge Zusammenhang zwischen dem Vertragsgebiet und der Markenexklusivität deutlich, der bei der Interpretation zu berücksichtigen ist
(s.o.II.3.1.).
Der Hersteller kann zwar sein Vertriebsnetz nach seinen Vorstellungen
organisieren (s.o.I.3.2.). Indem er sich jedoch für seinen Absatz zu
einem Vertragshändlersystem entschieden hat und nicht zu eigenen
Niederlassungen, hat er sich der unternehmerischen Freiheit teilweise
begeben und muß deshalb Rücksicht auf seine Absatzmittler nehmen[14].
Die einseitige Ausübung von Änderungsvorbehalten, die das Betreuungs-

---

9 jüngstens BGH NJW RR 1988, 1077, 1080
10 BGH NJW 1984, 1182
11 BGH NJW 1985, 623,628; dazu kritisch Bunte, NJW 1985, 600
12 vgl. auch Ebel/Genzow, DB 1985, 746
13 vgl. auch Ebel/Genzow, DB 1985, 736 und Bunte/S. Rz. 82
14 vgl. BGH NJW 1984, 1183

gebiet beeinträchtigen, wirkt sich in der Sache allerdings auf den
Händler wie eine Teilkündigung aus, gleichgültig, ob eine Gebietsverkleinerung oder eine zusätzliche Einsetzung vorgenommen wird, in
beiden Fällen ist dies mit einer Schmälerung der Gewinnchancen des Absatzmittlers verbunden[15] und daher mit einer Beeinträchtigung der zur
Existenz notwendigen Erwerbsquelle (s.o.II.3.1.1.). Dies wird auch von
der GVO entsprechend berücksichtigt, sofern die Parteien überhaupt
einen Änderungsvorbehalt zugunsten des Lieferanten vereinbaren, da
hierzu keine Pflicht besteht[16]. Die Vorbehaltsklausel darf dann nur
bei Vorliegen sachlich gerechtfertigter Gründe ausgeübt werden (Art. 5
II Nr.1b). Demnach gesteht die Verordnung dem Händler zwar keineswegs
einen absoluten Bestandsschutz des Gebietes zu, trotzdem kann man
nicht davon sprechen, daß die Verordnung als Prinzip die Veränderbarkeit des Gebietes durch den Lieferanten anerkennt und dem Händler nur
einen angemessenen Schutz dagegen gewährt[17]. Vielmehr genießt der
Absatzmittler insofern Gebietsschutz, als der Hersteller dieses nur
bei sachlich gerechtfertigten Gründen verändern darf[18]. Grundsatz ist
demnach, daß der Hersteller das Betreuungsgebiet nicht ändern darf.
Dies rechtfertigt sich auch daraus, daß dem Händler zur Erlangung der
Freistellung ein rechtlich bindendes Gebiet zuzuweisen ist (s.o.), das
wertlos wäre, wenn es jederzeit verändert werden könnte. Schließlich
folgt das auch aus dem Zusammenhang mit der Markenexklusivität, da die
Unveränderbarkeit des Gebietes als eine Art Karenzentschädigung für
das Konkurrenzverbot erscheint.

4.3.1. Marktverantwortungsgebiet:

Nach Art. 1 kann dem Händler und einer bestimmten Anzahl von anderen
Vertriebsunternehmen ein Vertragsgebiet zugewiesen werden. Infolgedessen liegt zumindest aus der Sicht des Vertragshändlers eine Nicht-
Ausschließlichkeit, vorbehaltlich einer quantitativen Begrenzung der
Händler, vor[19]. Die Regel ist heute, daß sich die Vertragsgebiete
überschneiden (s.o.II.4.1.) und daher keine exklusiven Betreuungsgebiete vorliegen. Das setzt auch die Verordnung voraus, da sie nur von
einem Unternehmen oder von einer bestimmten Anzahl von Unternehmen des
Vertriebsnetzes in einem Gebiet spricht[20]. Weshalb auch wirklich
exklusive Betreuungsgebiete möglich sind[21]. Aus diesen Gründen und
wegen der dem Hersteller gegebenen ausnahmsweisen Möglichkeit der
Veränderbarkeit (s.o.) kann auch nicht von einem Besitzstand des Händ-

---

15 BGH NJW 1984, 1184 und AGBG-v.Westphalen Rz. 15 und 16
16 Bunte/S. Rz. 84
17 so aber Joerges, Vertriebspraktiken, S. 326
18 AGBG-Wolf § 9 Rz. 36
19 Lukoff, CMLR 1986, 860
20 vgl. aber auch Blaise, Rev. trim. 1985, 579 und 580, der den Begriff der relativen
Exklusivität benützt
21 a.A. Martinek, S. 71

lers die Rede sein[22], sondern nur von einem Organisationsrecht[23]. Die Kommission geht daher zu Recht in der Kfz-Branche von einem sogenannten Marktverantwortungsgebiet aus[24]. Dabei ist auch zu berücksichtigen, daß der Händler keinen Gebietsschutz gegen Verkäufe von Vertragswaren durch andere Händler hat[25].

4.3.2. Errichtung von Niederlassungen:

In Art. 5 II Nr. 1b ist ein Fall nicht geregelt: Die Errichtung von eigenen Niederlassungen durch den Hersteller in einem Händlergebiet. Der Wortlaut erwähnt nur die Einsetzung weiterer Unternehmen und die territoriale Änderung. Demnach könnte der Hersteller, sofern er dies mit dem Händler vereinbart hat, jederzeit Niederlassungen in dessen Gebiet eröffnen. Die Folgen wären dann allerdings die gleichen, wie wenn er zusätzliche Händler in das Vertragsgebiet einsetzt oder einen Teil des Vertragsgebietes dem Händler nimmt, nämlich die Beschneidung der Erwerbsmöglichkeiten des Absatzmittlers. Aber auch hier wie bei der Hereinnahme einer Zweitmarke durch den Händler (s.o.II.3.3.) ist darauf abzustellen, wie sich eine irgendwie geartete Änderung wirtschaftlich auf die andere Partei auswirkt. Das heißt, wenn sich die Modifizierung wirtschaftlich wie eine Änderung des Vertragsgebietes auf den Händler auswirkt, so liegt eine solche vor. Durch die Eröffnung von Niederlassungen wird die Erwerbsquelle des Autohändlers beeinträchtigt, so daß auch dieser Fall von der GVO nur gedeckt ist, wenn der Hersteller sachlich gerechtfertigte Gründe vorweist. Diese Interpretation deckt sich auch mit der BMW-Entscheidung, in der die Kommission die Errichtung von Niederlassungen in eine Reihe mit der Einsetzung weiterer Händler und einer Vertragsgebietsänderung gestellt hat[26].

Diese wirtschaftliche Sichtweise hat auf der anderen Seite zur Folge, daß keine Beeinträchtigung vorliegt, wenn eine bloße Ersetzung, also der Austausch eines Händlers, der bspw. seinen Betrieb geschlossen hat, durch den Produzenten vorgenommen wird.

4.4. Verdrängung des deutschen Rechts:

Nachdem die GVO sachlich gerechtfertigte Gründe verlangt, ist eine in die Disposition des Fabrikanten gestellte Veränderbarkeit des Vertragsgebietes nicht mehr freistellungsfähig[27]. Die Opel-Entscheidung des BGH gibt dem Hersteller die Möglichkeit, nach seinem Ermessen

22 so auch Wolter, NJW 1985, 2876
23 AGBG-v.Westphalen Rdn. 14; vgl. auch BGH NJW 1985, 628
24 vgl. auch ABl. 78 L 46,33,40 "BMW-Belgium" und ABl. 83 L 327, 31, 36 "Ford"; siehe zum Ausdruck "Martkverantwortungsgebiet" aus der deutschen Rechtsprechung insbesondere BGH NJW 1984, 1182 "Ford"
25 siehe auch BGH NJW 1984, 1182
26 ABl 75 L 29/3
27 Pfeffer, NJW 1985, 1246

das Gebiet zu ändern, sofern er dem Händler kein alleiniges Betreu-
ungsrecht für das Gebiet zugestanden hat (s.o.II.4.2.). Es kommt deshalb zu einer indirekten Kollision des deutschen und europäischen
Rechts, da es sich bei dem deutschen Recht um AGB-Recht, also Zivilrecht handelt, und bei dem europäischen um Kartellrecht
(s.o.I.4.2.2.). Diese Kollision ist, nachdem dem Händler durch das
deutsche Recht eine Position genommen wird, die ihm gerade die Verordnung geben soll, nach dem Prinzip des Vorrangs des europäischen Rechts
zu lösen (s.o.I.4.2.3.). Infolgedessen ist eine Vertragsgebietsänderung nach dem Ermessen des Herstellers, wie sie vom BGH vertreten
wird, durch die Verordnung 123/85 überholt[28].
Der Vorbehalt, weitere Händler nach eigenem Ermessen einsetzen zu
können, ist aber auch vertriebspolitisch bedenklich, da der Händler
dann besonders vorsichtig investieren wird[29].

4.5. Ausnahmen vom Grundsatz der Unveränderbarkeit des Gebietes:
Der Hersteller wird sich in der Regel einen Vorbehalt zur Änderung
des Vertragsgebietes ausbedingen[30]. Wenn dieses Änderungsrecht in den
Vertrag aufgenommen wurde, dann kann es jedoch nur ausnahmsweise ausgeübt werden. Der 19. Erwägungsgrund verlangt wie beim Änderungsrecht
des Händlers (s.o.II.3.4.1.1.) außergewöhnliche Gründe. Daher führt
der Zusammenhang zwischen Vertragsgebiet und Markenexklusivität
(s.o.II.3.1.1.) dazu, daß das Änderungsrecht des Lieferanten nach den
gleichen Grundsätzen wie das des Händlers zu behandeln ist. Demzufolge
müssen die außergewöhnlichen Gründe eine Intensität erreicht haben,
die es dem Hersteller unzumutbar macht, weiter mit dem Absatzmittler
in dem bisherigen Umfang zusammenzuarbeiten.

4.5.1. Unzumutbarkeit:
Ein außergewöhnlicher Grund liegt nach dem 19. Erwägungsgrund vor,
wenn eine erhebliche Beeinträchtigung des Vertriebs oder Kundendienstes zu besorgen ist. Auch hier ist auf die wirtschaftliche Zumutbarkeit für den Hersteller abzustellen (s.o.II.3.4.1.2.). Diese ist mit
Sicherheit überschritten, wenn der Hersteller in seiner Existenz,
bezogen auf das Vertragsgebiet, bedroht ist, also die Marke im Gebiet
gefährdet ist[31]. Hingegen reicht eine Sicherung des Marktanteils oder
die Erreichung eines höheren nicht aus, da hierfür schon kein Maßstab
vorgegeben ist[32], zudem keine wesentliche Beeinträchtigung vorliegt.

---

28 AGBG-Ulmer Rdn. 883; Pfeffer, NJW 1985, 1246; Bunte/S. Rz. 82; Ebel/Genzow, DB 1985,
746; Assmann, EWiR § 9 AGBG 11/88, 737, 738
29 vgl. Ebenroth, BB 1988/ Beilage 10, S. 25, Fn. 256
30 Bunte/S. Rz. 84
31 LG Frankfurt ZIP 1982, 1224, 1228
32 BGH NJW RR 1988, 1080 und Wolter, S. 29

Wegen des Grundsatzes der Vertragsbindung sind auch hier nur beacht-
liche Gründe[33], also schwerwiegende Änderungsgründe berechtigend, sofern nicht eine einvernehmliche Änderung erfolgt[34]. So kann ein außergewöhnlicher Grund bspw. das vollkommene Versagen des ursprünglichen
Händlers sein, der lokalen Nachfage zu genügen[35], so daß von einer
Repräsentation des Herstellers durch den Händler nicht mehr die Rede
sein kann. Aber auch die Verletzung wesentlicher Vertragspflichten
kann zu einem außergewöhnlichen Grund führen und muß wegen des Ver-
hältnismäßigkeitsgrundsatzes nicht ohne weiteres in eine Kündigung
münden[36]. Hierzu gehört auch eine wesentliche, nicht nur bloße[37] Verfehlung der Jahreszielsetzung[38] und nicht nur einmalig, sondern
längerfristig, so daß es für den Hersteller unzumutbar ist, weil nicht
absehbar, mit dem Händler im bisherigen Umfang weiterzuarbeiten. Ein
Grund kann aber auch eine wesentliche Unterschreitung des Bundesdurch-
schnitts der Verkaufszahlen der Händler in einem Vertragsgebiet
sein[39], wesentlich heißt hier wie bei der fehlenden Kapazitätsauslastung im Betrieb des Händlers (s.o.II.3.4.1.2.) etwa 25 % unter dem
Durchschnitt[40]. Ein Verschulden des Absatzmittlers muß nicht vorliegen, so daß bspw. die fehlende Flächenabdeckung wegen einer zu
großen Entfernung zum nächsten Autohaus ausreicht[41]. Hingegen kann in
der Regel selbst eine beträchtliche Steigerung des Marktanteils in der
Bundesrepublik nicht zu einem außergewöhnlichen Grund führen[42]. Ansonsten hätte es der Hersteller durch eine neue Absatzstrategie oder
Werbung selbst in der Hand, einen außergewöhnlichen Grund zu schaffen.
In der Folge würde das auch zum Gegenteil dessen führen, was der Hersteller bezweckt, nämlich zu einer Lähmung der Absatztätigkeit der
bisherigen Händler. Schließlich ist die besondere Situation der Kraftfahrzeugindustrie zu beachten: Wenn ein Hersteller ein neues Modell
auf den Markt bringt, erreicht er in der Regel eine erhebliche Absatz-
steigerung, die dann jedesmal ein Grund zur Vertragsgebietsänderung
wäre.

4.5.2. Risikoverteilung:

Sofern es für den Hersteller unzumutbar ist, mit dem Absatzmittler im
bisherigen Ausmaß weiterzuarbeiten, er daher das Vertragsgebiet in

---

33 vgl. BGH NJW RR 1988, 1080
34 vgl. BGH NJW 1984, 1183
35 Goyder, EEC Competition law, S. 228
36 vgl. VO-Entwurf Art. 5 Nr.2b
37 so aber van Bael/Bellis, S. 123 mit dem verfehlten Hinweis in Fußnote 250 auf den 19.
Erwägungsgrund
38 Ingo Hoffmann, Die Vertragsbeendigung durch den Hersteller gegenüber seinem in- und
ausländischen Vertriebshändler, S. 42
39 vgl. Wolter, S. 102
40 vgl. auch Wolter, S. 102
41 LG Frankfurt ZIP 1982, 1228
42 aber Wolter, S. 102 und LG Frankfurt ZIP 1982, 1228

irgendeiner Art ändern darf, müssen allerdings noch andere Voraussetzungen vorliegen. Nur Gründe, die dem Risikobereich des Vertragshändlers zuzurechnen sind, können dem Hersteller das Recht geben, das Betreuungsgebiet zu schmälern[43]. Hingegen kann der Produzent das Vertragsgebiet nicht ändern, wenn die objektiv berechtigende Lage aufgrund seines Verschuldens entstanden ist. Ausreichend ist aber auch, wenn sie durch Umstände ausgelöst wurde, die seiner Sphäre zuzurechnen sind. Außergewöhnliche Gründe sind auch nur solche, die bei Vertragsschluß für den Fabrikanten nicht vorhersehbar waren[44]. Eine Einschränkung wie beim Händler (s.o.II.3.4.1.3.) ist wegen des Verhandlungsübergewichts des Produzenten nicht möglich.

4.5.3. Zusätzliche Kriterien und ergänzendes deutsches Recht:
Die Vertragsgebietsänderung stellt für den Händlerbetrieb einen so schwerwiegenden Eingriff dar, daß sie in ihrer Wirkung einer Teilkündigung gleichkommt[45]. Jedoch wird das Vertragsverhältnis nicht beendet, sondern, wenn auch unter anderen Vorzeichen, fortgesetzt, so daß der Produzent weiter auf die Interessen des Absatzmittlers Rücksicht zu nehmen hat. Der Fabrikant bleibt allerdings berechtigt, die Änderung des status quo vorzunehmen, muß dabei aber dem Vertragshändler insbesondere die Möglichkeit geben, sich den geänderten Umständen anzupassen, bspw. was das Ersatzteillager oder das Personal angeht[46]. Wegen der strukturellen Ähnlichkeit mit der Teilkündigung (s.o.II.4.3.), ist ihm eine Art Kündigungsfrist einzuräumen[47]: Eine Anpassungsfrist von drei Monaten ist z.B. bei 20-prozentigem Verlust des Betreuungsgebietes nach deutschem AGB-Recht zu kurz[48]. Um eine Umgehung von § 89b HGB, der aufgrund analoger Anwendung bei Beendigung des Vertragsverhältnisses dem Vertragshändler einen Ausgleichsanspruch gegen den Prinzipal gewährleistet, durch die Veränderung des Vertragsgebietes zu verhindern, ist dem Händler nach deutschem Recht ein finanzieller Ausgleich zu gewähren[49]. Eine Regelung dieser Sachverhalte ist in der GVO nicht erfolgt. Das deutsche AGB-Recht fügt sich jedoch sinnvoll in den Zweck der Verordnung ein, dem Händler einen gewissen Schutz zu geben. Deshalb wird das deutsche Recht, das verlangt, daß diese zusätzlichen Kriterien in den Vertrag aufgenommen werden, von der Verordnung nicht verdrängt (s.o.II.4.2.4.), sondern ergänzt das europäische Kartellrecht[50].

---

43 vgl. BGH NJW RR 1988, 1080
44 Pfeffer, NJW 1985, 1246
45 BGH NJW 1984, 1184
46 BGH NJW 1984, 1183 und AGBG-Wolf § 9 Rz. V 36
47 v.Westphalen, NJW 1982, 2472
48 BGH NJW 1984, 1183
49 BGH NJW 1984, 1183 und 1184; AGBG-Wolf § 9 Rz. V 36
50 Pfeffer, NJW 1985, 1246; Ebel/Genzow, DB 1985, 746; Bunte/S. Rz. 84

4.5.4. Ergebnis:

Als Ergebnis kann festgehalten werden, daß der Hersteller bei einer
einseitigen Änderung des Vertragsgebietes außergewöhnliche Gründe darlegen muß, die es ihm unzumutbar machen, mit dem Händler im bisherigen
Umfang weiter zusammenzuarbeiten, und welche nicht aus seiner Risikosphäre stammen. Wenn er danach zu einer Veränderung berechtigt ist,
muß er aber dem Händler genügend Zeit zur Anpassung an die veränderten
Umstände geben.

4.5.5. Zustimmungserfordernis:

Wenn der Händler eine Änderung des Konkurrenzverbotes erreichen will,
so hat er die Zustimmung des Fabrikanten hierzu einzuholen, kann aber
auch die Änderung eigenmächtig herbeiführen, wenn der Hersteller die
Zustimmung rechtsmißbräuchlich verzögert oder verweigert
(s.o.II.3.4.2.). Im Gegensatz zum Entwurf enthält die endgültige Verordnung zu einem Zustimmungserfordernis des Händlers keinerlei Bestimmung. Trotzdem könnte man der Meinung sein, daß der Lieferant das Einverständnis des Händlers zu einem derart schwerwiegenden Eingriff einzuholen hat[51]. Nicht zuletzt wegen des engen Zusammenhangs mit der
Änderung des Konkurrenzverbots, bei der die Zustimmung nötig ist. Wenn
jedoch der Entwurf eindeutig ein Zustimmungserfordernis des Händlers
verlangt[52] und sich dann der endgültige Verordnungstext hierzu nicht
mehr äußert, so ist, nachdem veröffentlichte Entwürfe zur Auslegung
heranzuziehen sind[53], davon auszugehen, daß die Kommission auf das
Erfordernis des Händlereinverständnisses verzichtet[54]. Diese Auslegung
rechtfertigt sich insbesondere auch aus der Prärogative des Herstellers, über sein Vertriebsnetz entscheiden zu können[55]. Aus diesem
Grund muß hier der prinzipiell zu berücksichtigende Zusammenhang zwischen Vertragsgebiet und Konkurrenzverbot zurücktreten. Die Interdependenz ist vielmehr dahingehend auszulegen, daß das Änderungsrecht
des Händlers bei rechtsmißbräuchlicher Verweigerung der Zustimmung
auch eigenmächtig, also ohne Zustimmungserteilung, durchgesetzt werden
kann. Demzufolge kann der Lieferant das Betreuungsgebiet des Absatzmittlers ändern, ohne daß er dessen Zustimmung bedarf, aber nicht ohne
zuvor die Sachlage gemeinsam mit dem Händler erörtert zu haben, da
dieser Gelegenheit erhalten soll, sich auf die neue Situation einzustellen[56] (s.o.II.4.5.3.).

---

51 so Lukoff, CMLR 1986, 852 und 860
52 Art. 5 Nr. 2a VO-Entwurf
53 vgl. Generalanwalt Warner in EuGHE 1976, 1639, 1665; EuGHE 1976, 153, 160 (Rdn. 5)
54 vgl. die harte Kritik von Daverat, gaz. pal. 1984 I, 84, 90
55 vgl. Daverat, gaz. pal. 1984 I, 84, 90
56 vgl. BGH NJW RR 1988, 1080

4.5.6. Änderungskündigung:

Artikel 5 Abs.2 Nr.1b will mit dem Erfordernis der sachlich gerechtfertigten Gründe dem einzelnen Händler Schutz gewährleisten. Die
Verordnung erfaßt daher das individuelle Verhältnis zwischen dem Hersteller und dem von einer Änderung bedrohten Händler. Wenn hingegen
der Hersteller sein gesamtes Vertriebsnetz umstellen und dabei die Betreuungsgebiete schmälern will, so müßte er, wenn auch hier die Verordnung zum Zuge kommen sollte, jedem einzelnen Händler gegenüber
außergewöhnliche Gründe nachweisen. Wenn die Beibehaltung des bisherigen Vertriebssystems oder der bisherigen Vertriebspolitik für den Hersteller nicht unzumutbar wäre, so könnte er in dieser Hinsicht keinerlei Änderung mehr vornehmen. Da sich dies aber mit dem Grundsatz, daß
der Hersteller sein Vertriebssystem nach seinen Vorstellungen organisieren kann, was auch eine Änderung miteinschließt, nicht verträgt,
muß dem Hersteller die Möglichkeit einer Änderungskündigung[57] (zur
Kündigung insgesamt s.u.II.8.) belassen werden. Deshalb soll durch die
Verordnung dem Hersteller nicht das Recht beschnitten werden, seine
gesamte Vertriebspolitik zu ändern, ohne daß außergewöhnliche Gründe
vorliegen. Eine Änderung der Vertriebspolitik, die zugleich eine Änderung der Betreuungsgebiete zur Folge hat, kann dann mit der Änderungskündigung durchgesetzt werden. Wenn hingegen nur das einzelne Verhältnis zu einem Händler betroffen ist, besteht zwar durchaus die Möglichkeit einer Änderungskündigung, diese muß dann jedoch sachlich gerechtfertigt sein, so daß eine Umgehung nicht möglich ist. Abzugrenzen von
der Änderungskündigung ist die Teilkündigung, die dazu führen würde,
daß ein bestimmtes Gebiet aus dem Händlerbezirk herausgenommen wird[58]
und daher, sofern eine entsprechende Möglichkeit vereinbart wird,
ebenfalls die Voraussetzungen der GVO beachten muß.

---

57 allgemein zu dieser Semler, Handelsvertreter- und Vertragshändlerrecht, S. 42
58 vgl. allgemein Semler, Handelsvertreter- und Vertragshändlerrecht, S. 41

5. Ersatzteile:

Gemäß Art.3 Nr.4 ist die Verpflichtung des Händlers freigestellt, konkurrierende Ersatzteile, die nicht den Qualitätsstandard der Vertragswaren erreichen, weder zu vertreiben noch bei der Reparatur der Vertragswaren zu verwenden. Nach Art.4 I Nr.7 kann dem Händler aufgegeben
werden, im Rahmen von Gewährleistung, unentgeltlichem Kundendienst und
Rückrufaktionen für Vertragswaren nur Ersatzteile des Vertragsprogramms zu verwenden. Schließlich kann der Vertragshändler vom Lieferanten gem. Art.4 I Nr.8 und 9 verpflichtet werden, den Endverbraucher darauf hinzuweisen, daß er bei Reparaturen konkurrierende Ersatzteile verwenden wird oder solche verwendet hat, sofern Ersatzteile des
Vertragsprogramms vorhanden waren. Auf der anderen Seite hat der Hersteller eine getrennte Rabattierung für Kraftfahrzeugersatzteile und
sonstige Waren vorzunehmen (Art.5 I Nr.2c).
Nach dem 8. Erwägungsgrund ist das Konkurrenzverbot bei Ersatzteilen
nicht unerläßlich für wirtschaftlichen Vertrieb. Deshalb soll der
Händler frei sein, qualitätsgleiche Teile oder solche, die den Qualitätsstandard der Vertragswaren übertreffen, zu verwenden und zu vertreiben. "Bei derartiger Abgrenzung des Konkurrenzverbots wird dem
Interesse sowohl an der Sicherheit der Fahrzeuge als auch an der Aufrechterhaltung wirksamen Wettbewerbs Rechnung getragen".

5.1. Wirtschaftlicher Hintergrund:

Der Vertrieb der Ersatzteile ist durch die unterschiedlichsten Interessen der Beteiligten geprägt: Die Hersteller wollen eine Überwachung
des Ersatzteilvertriebs aus Gründen der Sicherheit des Produkts, sie
wollen die Produktqualität und die Güte der den Kunden angebotenen
Serviceleistungen erhalten[1]. Nur durch den Einfluß auf den Ersatzteilvertrieb könnten sie ihr Image, das durch die Sicherheit ihrer Kraftfahrzeuge und damit durch die Qualität der Ersatzteile geprägt werde,
pflegen und das Vertrauen potentieller Kunden gewinnen[2]. Die Zulieferindustrie, die oft eng mit den Herstellern zusammenarbeitet und Teile
nach deren Vorgaben produziert[3], ist am freien Zugang zu den Vertriebsnetzen der Kfz-Hersteller interessiert. Durch die ungehinderte
Zugangsmöglichkeit kann die Zulieferindustrie zwar keinen zusätzlichen
Marktanteil gewinnen, aber immerhin auf günstigere Abgabepreise hof-
fen, wenn sie ohne Umweg über den Hersteller direkt an die Kfz-Händler
liefern könnte[4]. Den Teilelieferanten sind in der Regel die Vertriebs-

---

1 Frignani, GRUR Int. 1984, S. 19, 21
2 Frignani, GRUR Int. 1984, S. 19, 21
3 Pfeffer, Der kartellrechtliche Schutz der Zulieferindustrie, S. 74ff
4 vgl. Joerges, Vertriebspraktiken, S. 329

netze der Kfz-Produzenten bis auf solche von Importeuren, die bisher keine Logistiksysteme für Ersatzteile aufgebaut haben, verschlossen[5]. Die Händler haben ein virulentes Interesse daran, nicht zu sehr in einseitige Abhängigkeit zu den Fabrikanten geraten und die Verbraucher wollen sichere und zugleich preisgünstige Ersatzteile[6]. Insbesondere bei einem stagnierenden Neuwagenabsatz treten diese Interssengegensätze noch schärfer hervor, da sich dann die Hersteller, aber auch die Zulieferanten, auf den Ersatzteilmarkt konzentrieren, um Absatzschwierigkeiten auszugleichen[7].

Nicht zuletzt wegen der divergierenden Interessen zeichnen sich die Wettbewerbsbedingungen auf dem Ersatzteilmarkt durch eine größere Komplexität der Distributionsformen und Lebhaftigkeit aus[8]. So haben sich bspw. als Folge der Bindung der Händler an die Hersteller spezialisierte Werkstattdienste, wie Auspuff- und Reifendienste, an die die Teilelieferanten ohne Einschränkung liefern können, und ein umfangreicher Do-it-yourself-Markt herausgebildet[9]. Trotzdem beherrschen die Kfz-Fabrikanten heute über die Vertragshändler zwischen 43% und 62% des gesamten Ersatzteilmarktes in Deutschland, Großbritannien und Frankreich[10].

Die Lieferanten beeinflussen aber das Bestellverhalten der Händler nicht nur vertraglich, sondern auch faktisch durch ausgeklügelte EDV-Dispositionssysteme, die zentral die Bevorratung der Lager steuern[11]. Durch diese dialogorientierte Lagerbewirtschaftung werden die Ersatzteillager der Autohäuser geradezu automatisch aufgefüllt[12]. Zum Beispiel sind sämtliche Händler von VW inzwischen über Post- und EDV-Leitungen on line mit den Großrechnern der Werksverkaufssteuerung in Wolfsburg verbunden, deren Ziel es insbesondere ist, den Bestell- und Liefervorgang für Teile zeitlich zu effektivieren[13].

5.2. Nationales Recht:

In der Bundesrepublik Deutschland hat das Bundeskartellamt 1979 Volkswagen und Audi eine Ersatzteilbezugsbindung der VAG-Händler untersagt[14]: Eine Beschränkung der Vertriebsorganisation, bei Zulie-

---

5 Tietz, S. 287
6 Bunte/S. Rz. 42
7 Jordan, RIW 1982, 871 und Pfeffer, Der kartellrechtliche Schutz der Zulieferindustrie, S. 22
8 Joerges, GRUR Int. 1984, 222, 284 und BEUC-News, May 1984 Nr. 7, S. 2 und 1983 Nr. 25, S. 3
9 vgl. Office of Fair Trading, Car servicing and repairs, 1983, S. 7; Tietz, S. 139 und 143; BEUC-News 1984 Nr. 7, S. 2
10 Vgl. Joerges, Vertriebspraktiken, S. 48
11 vgl. Joerges, Vertriebspraktiken, S. 51 und 60 und Monopolkommission, 7.Sondergutachten 1977, Tz. 144 und 163
12 vgl. Tietz, S. 189 und insb. Das Autohaus 1988 (Heft 19), S. 16
13 vgl. Brachat, Das Autohaus 1988 (Heft 19), S. 16 und 17
14 BKartA/WuW/E 1781

ferern Teile zu kaufen (Ersatzteilbezugsbindung)[15], würde eine unbillige Behinderung der Händler i.S.d. § 26 II GWB darstellen. Diese Un-
tersagungsverfügung, welche das Kammergericht bestätigte[16], wurde 1981
vom Bundesgerichtshof aufgehoben[17]. Zur Begründung führte der BGH an,
daß zwischen dem Neufahrzeugabsatz und dem Ersatzteilgeschäft ein derart enger Zusammenhang besteht, daß nicht nur eine Bezugsbindung bezüglich der Neufahrzeuge gerechtfertigt ist, sondern auch für die Ersatzteile. Nur wenn eine enge Kooperation zwischen Hersteller und
Händler besteht, wird der Produzent über Erfahrungen, die beim Kundendienst und der Instandsetzung gemacht werden, am laufenden gehalten.
Deshalb ist es nicht unbillig, wenn die Zulieferer von den Vertriebsnetzen der Hersteller ferngehalten werden können, selbst wenn sie
identische Teile an Händler und Hersteller liefern. Letztere nehmen
nämlich eine zusätzliche, die Qualität steigernde Eingangskontrolle
der zugelieferten Teile vor.

In Großbritannien gilt, nachdem die Monopols and Mergers Commission
entsprechendes empfohlen hatte[18], daß der Lieferant mit dem Händler
keine Ausschließlichkeitsbindungen vereinbaren darf, aufgrund derer
dem Absatzmittler zur Pflicht gemacht werden könnte, Ersatzteile nur
vom Hersteller zu beziehen. Ausnahmen werden nur bei Teilen, die bei
Rückrufaktionen und Kundendienst bzw. Gewährleistung verwandt werden
sollen, zugelassen.

Die Rechtslage in der Bundesrepublik steht also in krassem Gegensatz
zu der in Großbritannien.

5.3. Grundsatz: Freier Vertrieb von konkurrierenden Ersatzteilen:

Der Ersatzteilmarkt ist nicht ohne weiteres mit dem Markt für
Neufahrzeuge vergleichbar, sondern zeichnet sich durch Eigenheiten
aus. Sofern der Verbraucher einmal ein Auto gekauft hat, muß er Ersatzteile dieser Marke oder solche, die für diese bestimmt sind, benutzen[19]. Der Verbraucher konnte beim Kauf des Kraftfahrzeugs zwischen
den verschiedenen Marken auswählen, hingegen ist ihm diese Auswahlfreiheit, sofern er eben ein Auto einer bestimmten Marke gekauft hat,
bei den Ersatzteilen genommen. Er muß solche verwenden, die auf dieses
Kraftfahrzeug zugeschnitten sind. Der Konsument mußte zwar beim Kraft-
fahrzeugkauf für einen Vergleich verschiedener Marken die Mühe auf

---

15 Monopolkommission, 7.Sondergutachten 1977, Tz. 164
16 OLG/WuW/E 2247
17 BGH NJW 1982, 46 (Original-VW-Ersatzteile II), kritisch dazu Emmerich, S. 156 m.w.N.
; vgl.auch BGH LM § 26 Nr.9 (Original-Ersatzteile) und BGH NJW 1973, 243 (Original-VW-
Ersatzteile I), krit. dazu Monopolkommission, 7.Sondergutachten 1977, Tz.168
18 abgedruckt (z.T.) in Joerges, Vertriebspraktiken, S. 177 und in Plaisant/Daverat,
Rev. trim. de droit commerciale 1983, 147, 185, die einen kurzen Überblick über das
Recht (Ersatzteile) in England, Frankreich, Deutschland und der Schweiz geben
19 vgl. BEUC-News 1983 Nr. 25, S. 3 (Dossier)

sich nehmen, verschiedene Vertriebsnetze zu besuchen[20]. Wenn der Händler jedoch nur Ersatzteile des Herstellers vertreibt, ist dem Verbraucher, der gerade auf solche Ersatzteile angewiesen ist, diese Mühe abgenommen, aber zugleich auch jede Vergleichsmöglichkeit abhanden gekommen. Somit ist de facto der inter-brand-Wettbewerb bei den Ersatzteilen ausgeschaltet[21]. Wenn aber der Händler die Möglichkeit hat, für die Marke passende Ersatzteile von anderen Lieferanten als dem Hersteller zu beziehen, so wird die Auswahlfreiheit des Verbrauchers, der aufgrund seiner fehlenden Kompetenz diese oft nicht nutzen kann[22], durch die Auswahlfreiheit des Händlers ersetzt oder zumindest ermöglicht. In einer arbeitsteiligen Wirtschaft ist es auch nur konsequent, wenn der Händler darüber bestimmen kann, welches Teil am geeignetsten nach Preis und Qualität ist[23]. Um den Wettbewerb in einem Mindestmaß aufrechtzuerhalten, bestimmt daher Art.3 Nr.4, daß der Händler Ersatzteile von anderen Lieferanten verwenden und vertreiben darf, es sei denn sie erreichen nicht die Qualität der vom Hersteller gelieferten. Demnach ist Grundsatz, daß der Händler frei ist, konkurrierende Ersatzteile zu vertreiben und zu verwenden[24]. Folglich soll der grundsätzlich gewünschte inter-brand-Wettbewerb zwischen den Automarken durch einen Wettbewerb zwischen den Ersatzteilmarken[25] in demselben Autohaus ersetzt werden. Die Kommission behandelt also den Ersatzteilmarkt wie einen eigenständigen Markt[26] und läßt eine Durchbrechung der Markenexklusivität zu, wenn die konkurrierenden Teile mindestens qualitätsgleich sind[27]. Daraus folgt auch, daß dort, wo die Markenexklusivität für Kraftfahrzeuge bereits nicht zugelassen wird (Gebrauchtwagen !, s.o.II.2.3.2.), sie erst recht nicht für deren Ersatzteile gilt. Der Händler bleibt daher bei nicht von der Vereinbarung betroffenen Kfz frei, konkurrierende Ersatzteile zu benutzen und zu vertreiben, auch wenn sie minderer Qualität als die Vertragswaren sind[28].

Die Kommission anerkennt zwar den grundlegenden Zusammenhang zwischen Neuwagen und Ersatzteilen, insbesondere für die Anwendbarkeit der GVO (s.o.II.1.6.), nimmt jedoch bei den Konsequenzen eine Trennung vor. Die Verordnung teilt daher nicht die Ansicht der Kraftfahrzeugindustrie, die den Neuwagen- und Ersatzteilvertrieb als einheitliches Gan-

---

20 Joerges, consumer interest, S. 187, 202
21 BEUC-News 1983 Nr. 25, S. 3 (Dossier)
22 vgl. Joerges, consumer interest, 187, 209
23 Stöver, Das Autohaus 1983, 1340
24 Vaughan, Law of the EC, paras 19.293 (S. 1033); Blaise, Rev. trim. 1985, 585; Plaisant/Daverat, Rev. trim. de droit commerciale 1985, 147, 178; vgl. auch Bunte/S. Rz. 42
25 allerdings versehen die Zulieferer ihre Teile oftmals nicht mit einer Marke
26 Jeantet/Kovar, Rev. trim. du droit 1983, S. 547, 572f und Joerges Vertriebspraktiken, S. 321
27 vgl. auch Mathé, RabelsZ 1984, 732, 733 und Jeantet/Kovar, Rev. trim. 1983, S. 573
28 van Houtte, JWTL 1984, 353 und Joerges, Vertriebspraktiken, S. 43

zes sieht und auch in den Rechtsfolgen als Bündel[29] behandelt wissen
will, sondern läßt im Gegensatz zum Standpunkt der Kfz-Industrie eine
ausschließliche Ersatzteilbezugsbindung der Vertragshändler nicht zu.

5.4. Verdrängung des nationalen Rechts:

Die für die Ersatzteile gefundenen komplizierten Regelungen, welche
am längsten umkämpft waren, sind nicht nur ein Ergebnis der Abwägung
der divergierenden Interessen der Beteiligten, sondern stellen auch
einen Kompromiß zwischen den extremen Rechtsauffassungen des Bundesge-
richtshofes in der Bundesrepublik auf der einen und der Monopols and
Mergers Commission in Großbritannien auf der anderen Seite dar[30].
Sowohl die vom BGH vertretene ausschließliche Ersatzteilbezugsbindung
der Vertragshändler wurde nicht übernommen als auch nicht eine nur
durch Gewährleistungsarbeiten und Kundendienst eingeschränkte Bezugsfreiheit der Händler, wie sie von der Monopols and Mergers Commission
vorgeschlagen wurde (s.o.II.5.2.). Die vom BGH vertretene Auffassung
wird durch die Verordnung 123/85 verdrängt, da sie eine Wettbewerbsbeschränkung ermöglicht, die vom europäischen Recht, das Vorrang genießt
(s.o.I.4.1.1.1.), ausdrücklich unter das Kartellverbot gestellt
wurde[31]. Damit gilt in der Bundesrepublik wieder annähernd der Standpunkt des Kammergerichts (s.o.II.5.2.)[32]. Aber auch das strengere britische Recht, das die nur bei Gewährleistungs- und Rückrufarbeiten
eingeschränkte vollkommene Bezugsfreiheit des Händlers ermöglicht,
wird von der Verordnung bei einem Konflikt in seiner Wirkung suspen-
diert, da auch eine freigestellte Wettbewerbshandlung und damit ein
von der Verordnung geregelter Bereich Vorrang vor dem nationalen Recht
genießt (s.o.I.4.1.1.1.). Die Kommission hat dem Hersteller ganz bewußt die Möglichkeit eröffnet, dem Händler die Pflicht aufzuerlegen,
Ersatzteile, die nicht den Qualitätsstandard der von ihm gelieferten
erreichen, nicht zu verkaufen oder bei Reparaturen zu benutzen. Demnach liegt keine Regelungslücke oder Ausnahme vom Vorrangprinzip vor,
so daß das britische Recht ebenfalls zurückgedrängt wird.

5.5. Ausnahmen vom freien Vertrieb:

Von dem Grundsatz, daß der Händler frei ist, konkurrierende Teile zu
verwenden und zu vertreiben, machen Art.3 Nr.4 und Art.4 Nr.7 Ausnahmen zugunsten des Herstellers, um insbesondere seinem Interesse an der

---

29 vgl. zur sog. Bündeltheorie der Kfz-Industrie Pfeffer, Der kartellrechtliche Schutz
der Zulieferindustrie, S. 11ff und Joerges, Vertriebspraktiken, S. 53 und 323
30 vgl. Joerges, RIW 1985, 528
31 Pfeffer, NJW 1985, 1243; Ebel/Genzow, DB 1985, 743; Ebel, Kartellrechtskommentar, Rz.
314, S. 110; Bunte/S. Rz. 44; Ingo Hoffmann, Die Vertragsbeendigung durch den Hersteller
gegenüber seinem in- und ausländischen Vertriebshändler, S. 52; Ulmer, ZHR 1988, 597f
32 Emmerich, S. 156, spricht sogar von einer bewußten Korrektur durch das europäische
Recht; vgl. auch BKartA TB 1983/84, S. 77

Sicherheit der Fahrzeuge, also letztlich seinem Image, Rechnung zu tragen (s.o.II.5.1.).

5.5.1. Gleicher Qualitätsstandard:

Der Verbraucher, der sich ein bestimmtes Kraftfahrzeug gekauft hat, sieht dieses als Gesamtheit an und nicht als ein zusammengesetztes Puzzle von Einzelteilen. Er kauft ein Auto und nicht einen Sack voll Teile. Wenn ein Teil des Kraftfahrzeugs defekt ist, so funktioniert für den Verbraucher eben das ganze Auto nicht. Der Konsument trifft keine Differenzierungen zwischen den Teilen und dem Fahrzeug als Ganzem und unterscheidet damit erst recht nicht zwischen den Zulieferern, die die schadhaften Teile produziert haben, und der Marke des Fabrikanten. Irgendwelche Beeinträchtigungen seines Fahrvergnügens wird der Konsument pauschal dem Hersteller anlasten. Daher trifft bei der Fehlerhaftigkeit eines Teiles des Automobils in den Augen des Verbrauchers den Hersteller zumindest ein Auswahlverschulden, d.h. er macht den Hersteller dafür verantwortlich, daß dieser nicht die zum Funktionieren des Kraftfahrzeugs nötigen Teile ausgewählt hat bzw. nicht die entsprechenden Anforderungen an die Zulieferer gestellt hat[33]. Um Imageschäden für den Hersteller zu vermeiden, sieht deshalb Art.3 Nr.4 vor, daß der Produzent dem Vertragshändler verbieten kann, Ersatzteile zu vertreiben und zu verwenden, die nicht seinen Qualitätsstandard erreichen.

5.5.1.1. Qualität:

Was allerdings unter Qualität zu verstehen ist, ist ungeklärt, nachdem die Verordnung sich hierzu nicht äußert und auch die Konzeption des modernen Automobilbaus keinen absoluten Qualitätsbegriff kennt[34]. Weder der Verordnungstext noch die Erwägungsgründe oder die Bekanntmachung treffen eine Aussage, wie die Qualität des Teiles geprüft werden soll[35], d.h. aufgrund welcher Kriterien über das Qualitätsniveau entschieden werden soll[36]. Wenn geklärt ist, welche Kriterien für die Prüfung ausschlaggebend sind, so ist auch in etwa geklärt, was die Verordnung unter Qualität versteht.

5.5.1.2. Funktionalität:

Ein Kraftfahrzeug funktioniert im allgemeinen nur so lange, wie jedes seiner Teile funktionstüchtig ist. Jedes Teil des Fahrzeugs hat die ihm zugewiesene Aufgabe zu erfüllen. Wenn das nicht der Fall ist, hat das negative Auswirkungen auf das Automobil als Ganzes. Ein Kraftfahrzeug ist also nur funktionsfähig, wenn alle Teile einwandfrei

---

33 vgl. Schütz, WuW 1989, S. 111, 112
34 Frignani, GRUR Int. 1984, 22 und Jeantet/Kovar, Rev.trim. du droit 1983, 573
35 Mathé, RabelsZ 1984, 731
36 Daverat, gaz. pal. 1984 I, 84, 91

zusammenwirken. Deshalb muß sich ein Teil, das ausgetauscht wird, in
diese Gesamtheit wieder nahtlos einfügen. Eine Einfügung ohne jeden
Funktionsverlust ist gewährleistet, wenn das Ersatzteil genau die
gleichen technischen Daten wie das ursprüngliche dem Fahrzeug als Ganzem angepaßte Teil hat, also aus dem gleichen Material besteht und
genau die gleichen Maße aufweist. Sofern allerdings das Ersatzteil
diese äußeren Merkmale nicht aufweist, bedeutet das noch nicht, daß es
schlechterer Qualität ist, da auch eine Verbesserung eines Teils mit
einer Änderung der äußeren Merkmale verbunden ist. Nur so ist auch die
Bemerkung der Kommission im 8. Erwägungsgrund, daß insbesondere auch
Ersatzteile vom Händler vertrieben werden können, die den Qualitätsstandard der Vertragswaren nicht nur erreichen, sondern übertreffen,
zu verstehen. Zudem wäre ein anderes Verständnis der Qualität dem
technischen Fortschritt abträglich. Bei vom ursprünglichen Ersatzteil
abweichenden Normen kann es daher nicht auf die vorgegebenen Daten
ankommen, sondern entscheidend ist dann das erforderliche Zusammenwirken mit den anderen Teilen ("Einbauqualität") und das Verhalten im
langfristigen Fahrbetrieb[37]. Demnach ist die gleiche Qualität erreicht
oder übertroffen, wenn die konkurrierenden Ersatzteile die vom Lieferanten angebotenen genau ersetzen oder ihnen funktionell angepaßt
sind[38]. Qualität, wie sie die Verordnung versteht, umfaßt also funktionelle und technische Charakteristika[39].

Die prüfungsrelevanten Kriterien, bspw. technische Spezifikationen,
sollten in den Vertragstext aufgenommen werden[40], damit die durchgeführte Qualitätskontrolle für den anderen Vertragsteil jederzeit nachvollziehbar ist, d.h. an einem neutralen Ort unter den relevanten Bedingungen nochmals durchgeführt werden kann[41].

5.5.1.3. Nachbau- und Identteile:

Für die Anwendung von Art.3 Nr.4 muß zwischen Originalersatzteilen,
Identteilen (Parallelteile) und Nachbauteilen unterschieden werden[42].
Unwichtig in diesem Zusammenhang sind die sog. Eigenkonstruktionsteile, bei denen keine Konkurrenzsituation besteht, da sie ausschließlich vom Produzenten hergestellt werden. Als Nachbauteile (oder
"nicht-identische Teile") bezeichnet man jene, die von Firmen, die
nicht mit der Automobilindustrie zusammenarbeiten, nachgebaut und dann
auf dem freien Markt angeboten werden[43]. Die Nachbauer produzieren
Teile, die entweder technisch unkomplizierter Art sind oder wegen

---

37 vgl. Sölter, Bezugsbindungen in vertikalen Kooperationssystemen, S. 11
38 Kom. ABl.86 L 295, 19, 24 "Peugeot"
39 van Bael/Bellis, S. 121
40 Durand, JCP 1985, supplément 6, S. 15; vgl. auch Davidow, Antitrust Bull. 1983, 863, 878
41 vgl. Davidow, Antitrust Bull. 1983, 863, 878
42 vgl. zu den Begriffen Frignani, GRUR Int. 1984, 21 und ders., Bulletin, S. 76
43 vgl. Frignani, GRUR Int. 1984, 21

ihres schnellen Verschleißes, z.B. Auspuffanlagen, einer hohen Umschlagshäufigkeit unterliegen[44]. Diese Teile haben wegen der fehlenden
detaillierten technischen Vorgaben und Angaben der Automobilindustrie
meistens eine mindere Qualität als die Teile, die vom Fabrikanten angeboten werden[45].

Originalteile bzw. Originalersatzteile sind diejenigen, welche von
einer Zulieferfirma nach den Vorgaben des Produzenten hergestellt worden sind und vom Automobilproduzenten für die Ausstattung neuer Fahrzeuge oder zur Deckung seines Ersatzteilbedarfs verwendet werden[46].
Indem der Hersteller die zugelieferten Teile mit seiner Marke versieht
bzw. versehen läßt und sie als "Originalersatzteile" bezeichnet, ver-
bürgt er sich gegenüber dem Endverbraucher dafür, daß die Teile voll
dem eigenen Qualitätsstandard entsprechen[47]. Identteile oder Parallelteile werden von den Zulieferern in gleicher Weise hergestellt wie die
an die Kfz-Fabrikanten gelieferten Teile und über ein unabhängiges
Vertriebsnetz auf dem freien Markt angeboten[48]. Die Ident- oder Parallelteile, die den Originalersatzteilen entsprechen, unterscheiden sich
von diesen nur durch den Vertriebsweg, nämlich daß sie am Hersteller
vorbei auf den Markt gebracht werden, und durch die Eingangskontrolle
bei den Autoproduzenten[49]. Sie sind also von gleicher technischer Qualität.

5.5.1.4. Qualitätssicherung:

Fast alle Kraftfahrzeughersteller nehmen beim Wareneingang der
Teile, die von den Zulieferanten stammen, eine Qualitätskontrolle vor
("Filterwirkung")[50]. Zeigt sich bei der Stichprobenkontrolle ein man-
gelhaftes Teil, wird die gesamte Lieferung zurückgewiesen[51]. Durch
diese Eingangskontrolle wird also nicht eine technische Qualitätserhö-
hung bewirkt, sondern die vorausgesetze Qualität gesichert. Die Vornahme von Qualitätssicherungsmaßnahmen läßt den alten Streit, ob diese
eine Qualitätssteigerung darstellen oder nicht, wieder aufleben. Dieser Streit läßt sich nicht allein anhand "technischer" Meßkriterien
entscheiden[52].

Für eine Steigerung der Qualität durch Qualitätssicherungsmaßnahmen[53]
wird vorgebracht, daß bereits die bloße Existenz einer Eingangskontrolle und damit die latent bestehende Gefahr der Zurückweisung der

---

44 Joerges, Vertriebspraktiken, S. 44
45 vgl. Joerges, Vertriebspraktiken, S. 45 und Frignani, GRUR Int. 1984, 21
46 Frignani, GRUR Int. 1984, 21 und Pfeffer, Der kartellrechtliche Schutz der
Zulieferindustrie, S. 25
47 Pfeffer, Der kartellrechtliche Schutz der Zulieferindustrie, S. 25f
48 Frignani, GRUR Int. 1984, 21 und Pfeffer, Der kartellrechtliche Schutz der
Zulieferindustrie, S. 4
49 Pfeffer, Der kartellrechtliche Schutz der Zulieferindustrie, S. 4
50 Joerges, Vertriebspraktiken, S. 73
51 vgl. BGH NJW 1982, 46f
52 so auch Joerges, Vertriebspraktiken, S. 332
53 vgl. auch Bunte/S. Rz.45

Zulieferung die Qualität zu beeinflussen vermag[54]. Zur Begründung wird
weiter angeführt, daß schon zwischen den Vertragswerkstätten bspw. bei
der Instandsetzung erhebliche Qualitätsunterschiede bestehen, die der
Vereinheitlichung der Qualität hinderlich sind, weshalb nicht auch
noch Qualitätsunterschiede, egal welcher Art, bei den Ersatzteilen
hinzukommen sollen[55]. Der Qualitätsunterschied werde bereits durch die
bloße Eingangskontrolle begründet. Deshalb sollen durch die zusätzliche Stichprobenkontrolle beim Wareneingang die Ersatzteile eine andere
(sichere, bessere) Qualität erhalten[56].

Dem wird entgegengehalten, daß die Identteile von völlig gleicher Art
und Qualität sind[57], da der Zulieferer die Teile entsprechend denselben technischen Spezifikationen, demselben Material, derselben Bearbeitung und derselben Qualitätskontrolle produziert[58]. Die Bezeichnung
eines Teils nach seiner Qualitätskontrolle als Originalersatzteil, was
nur eine Marketingstrategie der Produzenten sei, soll letztlich nur
eine künstliche Qualitätsdifferenzierung aufbauen[59]. Deshalb sollen
Sicherungsmaßnahmen zur Erhaltung der Qualität keine Qualitätssteigerung darstellen.

Die Zulieferer, die eng mit den Kfz-Herstellern zusammenarbeiten[60],
sind mit hohen Investitionen an Entwicklung, Konstruktion, Erprobung
und Fertigung der Produkte beteiligt[61]. Die Ersatzteile, die von den
Zulieferern produziert werden, stellen demnach nicht nur Erzeugnisse
dar, die ausschließlich nach fremden Vorgaben gefertigt werden. Die
Zulieferanten haben aber nicht nur einen erheblichen Teil der For-
schungs- und Entwicklungskosten zu tragen, sondern mußten in den letzten Jahren auch finanzielle Lasten für die Lagerhaltung von Teilen für
die Kraftfahrzeughersteller übernehmen. Durch die Zunahme der Teilevielfalt, von 1974 bis 1984 erhöhte sich die Teilevielfalt allein um
70%, wurde die Stapel- und Lagerfläche so groß, daß eine Lagerung nur
im Werk der Hersteller nicht mehr möglich war. Um die Lagerfläche für
die Teile zu reduzieren, übertrugen die Kfz-Fabrikanten den Zulieferern die Lagerhaltung der für die Ausstattung der Neufahrzeuge und
zur Deckung des Ersatzteilbedarfs benötigten Komponenten. Deshalb wird
in der Regel nicht mehr an ein Lager im Fahrzeugwerk geliefert, dort
kontrolliert und neu verteilt, sondern vom Zulieferanten direkt ans
Band. Damit die kurzfristig benötigten Mengen an Teilen bereitgestellt

---

54 so BGH NJW 1982, 46, 49
55 Sölter, Bezugsbindungen in vertikalen Kooperationssystemen, S.31
56 so Sölter, Bezugsbindungen in vertikalen Kooperationssystemen, S. 16
57 Pfeffer, Der kartellrechtliche Schutz der Zulieferindustrie, S. 2
58 Glatz, consumer interest, S. 237, 247
59 vgl. Mathé, RabelsZ 1984, 731
60 Pfeffer, Der kartellrechtliche Schutz der Zulieferindustrie, S. 74ff
61 Kurtenbach, Die Beurteilung von Bezugs- und Alleinvertriebsvereinbarungen in
Franchiseverträgen nach § 18 GWB und Art. 85 EWGV, S. 86

werden können, mußten die Zulieferer ihre Lager erheblich ausbauen.
Bei Abruf der entsprechenden Mengen werden die Teile prompt ohne Zwi-
schenlagerung zur sofortigen Zusammensetzung und zum Vertrieb ausge-
liefert. Dieses System nennt man "Just in Time" (JIT)[62]. Deshalb wurde
mit der Abwälzung der Lagerhaltung auf den Zulieferanten diesem auch
die Qualitätskontrolle übertragen[63]. Die Zulieferunternehmen fungieren
hier wie eine ausgelagerte Betriebsabteilung des Automobilherstel-
lers[64]. Die Qualitätskontrolle beim Eingang der Waren wird in Zukunft
noch mehr Bedeutung verlieren. Nachdem dem Zulieferer aufwendige Aus-
gangskontrollen aufgebürdet wurden[65], kann aus diesen Gründen die
bloße Eingangskontrolle der Kfz-Fabrikanten grundsätzlich nicht als
Qualitätssteigerung aufgefaßt werden. Ansonsten würde auch der Zweck
der Verordnung, den marktschließenden Effekt der Ersatzteilbezugsbindung der Händler durch den Produzenten zu verhindern, verfehlt und die
Zulieferanten als Wettbewerber zu den Herstellern bei den Ersatzteilen[66] ausgeschaltet. Deshalb gilt prinzipiell, daß eine zusätzliche
Eingangskontrolle dem Hersteller nicht die Möglichkeit gibt, dem Händler den Vertrieb und die Verwendung von konkurrierenden Ersatzteilen
zu untersagen. Wenn man die Stichprobenkontrolle dagegen als Qualitätssteigerung versteht, hätte dies letztlich zur Folge, daß die Händler wiederum nur seine Teile verkaufen und bei Reparaturen benutzen
dürften. Demnach würde über die Qualitätskontrolle durch die Hintertür
die grundsätzlich abgelehnte Bezugsbindung wieder eingeführt. Daraus
folgt, daß der Händler Ident- bzw. Parallelteile, welche der Zulieferer in größerer Zahl produziert als der Hersteller abnimmt, grundsätzlich frei beziehen kann[67]. Wenn Ersatzteile wirklich durch Qualitätskontrollen vom Hersteller zu Teilen höherer Güte werden sollten, ist
das nur von Fall zu Fall anzunehmen und darf nicht zu der allgemeinen
Annahme führen, daß Qualitätskontrollen die Qualität der Teile erhöhen[68].

Qualitätssicherungsmaßnahmen bewirken also grundsätzlich keine Qualitätssteigerung, es sei denn es wird nachgewiesen, daß solche Maßnahmen
bei einer bestimmten in Serie produzierten Komponente tatsächlich zu
einer Verbesserung der Qualität gerade dieser ganzen Reihe führen.

5.5.1.5. Beweislast:

---

62 vgl. zum Ganzen Nagel/Riess/Theis, DB 1989, 1505; Süddeutsche Zeitung,
17./18.02.1990, Nr. 40/S. 35
63 Nagel/Riess/Theis, DB 1989, 1509
64 Nagel/Riess/Theis, DB 1989, 1509
65 Berg, S. 169, 187; Monopolkommission, 7.Sondergutachten 1977, Tz. 139;
Nagel/Riess/Theis, DB 1989, 1509
66 vgl. Pfeffer, Der kartellrechtliche Schutz der Zulieferindustrie, S. 65
67 Stöver, Das Autohaus 1983, 1340
68 vgl. auch Stöver, Das Autohaus 1983, 1340 und Frignani, GRUR Int. 1984, 22

Wenn der Wortlaut des Art.3 Nr.4 in den Vertragstext übernommen wer-
den sollte, ist damit noch nicht die Frage geklärt, ob der Händler be-
weisen muß, daß ein Ersatzteil zumindest den Qualitätsstandard der
Vertragswaren erreicht, oder der Hersteller nachweisen muß, daß ein
Ersatzteil seinen Qualitätsanforderungen nicht genügt. Dafür, daß der
Händler die Beweislast trägt, wird angeführt, daß ansonsten die
Chancen für den Zutritt der Zulieferer verschlechtert würden[69]. Die
Zutrittsmöglichkeit der Zulieferer sei um einiges höher, wenn der
Händler als verantwortliche Vertragspartei über seine Bezugsquellen
entscheidet[70], nachdem die Verordnung voraussetzt, daß ein ernannter
Vertraghändler die Qualität des Produkts beurteilen kann und daher
keine Teile minderer Güte benutzen wird[71].

Eine Beweisführung zu Lasten des Herstellers wird mit dessen Interesse an der Sicherheit und Zuverlässigkeit des Kraftfahrzeugs begründet, da der Fabrikant wie bei der Montierung des Kfz die Kompetenz behalten sollte, über die Qualität von Teilen ein Urteil zu fällen[72],
zumal der Händler genausowenig wie der Verbraucher fähig ist, die Qualität der Produkte einzuschätzen[73]. Schließlich wird vorgebracht, daß
sich die Beweislast nach den allgemeinen Grundsätzen zu beurteilen
habe, nachdem eine entsprechende Regel fehlt[74]. Danach stellt eine
Einschränkung der Bezugsfreiheit des Händlers eine Ausnahme dar, die
derjenige zu beweisen hat, der sich auf sie beruft[75]. Deshalb soll der
Hersteller, der den Händler am Bezug von Fremdteilen hindern will,
nachweisen, daß Fremdteile den Qualitätsstandard der Vertragsprodukte
nicht erreichen[76].

Der Kfz-Hersteller fügt die Einzelteile eines Kraftzeugs zu einer
homogenen Gesamtheit zusammen, er entwickelt das Kraftfahrzeug und
stimmt die Einzelteile untereinander ab. Deshalb kann auch nur der
Produzent die Funktion eines Einzelteils, welche ihm im Gesamtgefüge
zugewiesen ist, feststellen[77]. Die Kontrolle des Qualitätsniveaus kann
nur durch den Fabrikanten durchgeführt werden, da er über alle Gegebenheiten verfügt, die für die Definition der Leistungsbeschreibung
eines Einzelteils ausschlaggebend sind[78]. Das heißt, er verfügt über
das Wissen der Funktion eines jeden Teiles, er weiß, was es leisten
muß, damit das Kraftfahrzeug als Ganzes funktioniert. Deshalb ist der

---

69 vgl. Joerges, consumer interest, S. 187, 213f
70 vgl. Jorges aaO, S. 216
71 Joerges, Vertriebspraktiken, S. 332 und 374; ders., consumer interest, S. 215
72 van Bael, swiss review of intern. antitrust law 1983, S. 19
73 so Glatz, consumer interest, S. 237, 247; vgl. auch Lukoff, CMLR 1986, 850
74 Stöver, Das Autohaus 1983, 1340; Weltrich, DB 1987, 2297
75 Weltrich, DB 1987, 2297
76 Weltrich, DB 1987, 2297; Stöver, Das Autohaus 1983, 1340 und ders., Bulletin, S. 95f;
Ebel/Genzow, DB 1985, 743; Ebel, Kartellrechtskommentar, Rz. 314, S. 111; vgl. auch
Bunte/S. Rz. 45; Vollmer, Preisbindungen bei kooperativem Warenabsatz, S. 118
77 Reuter, DB 1979, 293, 294
78 Jeantet/Kovar, Rev. trim. du droit 1983, 573

Hersteller der geborene Hüter der Qualität der Teile[79]. Zudem ist der
Kfz-Produzent für die Qualitätsentscheidung besser ausgerüstet als der
einzelne Händlerbetrieb[80]. Schließlich ist es der Einheitlichkeit
eines Vertriebsnetzes abträglich, wenn Qualitätsprüfungen nicht zentral, also beim Hersteller, sondern zersplittert, also bei den einzelnen Händlern, vorgenommen werden. Nur wenn die Qualitätskontrolle an
einem Ort vorgenommen wird, wird auch verhindert, daß einzelne Händler
aufgrund ihrer eigenen, nicht nachvollziehbaren Qualitätskontrollen
auf Kosten des Vertriebsnetzes profitabel ausscheren können[81]. Deshalb
muß der Hersteller derjenige sein, der über die Qualität von Ersatzteilen urteilt. Wenn man als Grundsatz die freie Bezugsmöglichkeit der
Händler anerkennt, folgt daraus, daß die Zulieferanten grundsätzlich
auch freien Zugang zu den Vertriebsnetzen haben (s.o.II.5.3.). Der
freie Zugang der Ersatzteilindustrie wird daher nicht durch eine die
tatsächlichen Verhältnisse verkennende Umkehrung der Beweislast
herbeigeführt, sondern von der Verordnung unabhängig von einer Beweis-
lastregel gewährleistet. Nur wenn die Qualität der Vertragswaren nicht
erreicht wird, kann dem Händler untersagt werden, diese qualitätsminderen Teile zu beziehen. Deshalb stellt die Einschränkung der Bezugsfreiheit eine Ausnahme dar, die der Hersteller, der sich darauf
beruft, zu beweisen hat. Die Beweislast dafür, daß die konkurrierenden
Ersatzteile nicht die entsprechende Güte aufweisen, trifft also den
Hersteller. Dies umfaßt insbesondere auch die Nachweislast für die
Durchführung einer bereits erfolgten Qualitätskontrolle, aufgrund
derer die Bezugsfreiheit des Händlers eingeengt wurde[82].
    Wenn die Beweislast im Vertrag anders geregelt sein sollte, wird die
grundsätzliche Bezugsfreiheit des Händlers eingeschränkt. Eine andere
Beweislastverteilung als die von der Verordnung vorgesehene zu Lasten
des Herstellers ist aus diesem Grunde nicht freistellungsfähig[83].
    5.5.1.6. Rechtsfolgen:
    Wenn der Hersteller nachgewiesen hat, daß Ersatzteile, die mit den
Vertragswaren konkurrieren, deren Qualitätsstandard nicht erreichen,
kann er den Vertrieb dieser Teile und die Verwendung bei der Reparatur
dem Händler untersagen. Das heißt aber nicht, daß dem Händler in diesem Fall eine Ersatzteilbezugsbindung auferlegt werden kann, sondern
nur, daß er gerade die qualitätsminderen Ersatzteile nicht verkaufen
und bei der Instandsetzung bzw. -haltung benutzen darf. Demnach kann
der Hersteller gem. Art. 3 Nr.4 nicht verbieten, daß sich der Ver-

---
79 Reuter, DB 1979, 293, 294
80 vgl. Joerges, Vertriebspraktiken, S. 331
81 vgl. auch Joerges, Vertragsgerechtigkeit in Relationierungsverträgen, S. 704
82 vgl. Davidow, Antitrust Bull. 1983, 878
83 Weltrich, DB 1987, 2297; Ebel/Genzow, DB 1985, 743; Ebel, Kartellrechtskommentar, Rz.
314, S. 111; Bunte/S. Rz. 45

tragshändler an andere Anbieter des identischen Teiles wendet. Ebenso kann sich der Vertragshändler weiterhin wegen anderer Teile, die nicht den geforderten Gütemaßstab unterschreiten, an den Zulieferanten der bemängelten Komponente wenden. Die Untersagungsmöglichkeit besteht also immer nur für ein konkretes Ersatzteil eines Zulieferanten, das eine mindere Serienqualität[84] aufweist.

5.5.1.7. Ergebnis:

Wenn von Zulieferern angebotene Ersatzteile nicht die gleiche Qualität wie die vom Hersteller gelieferten aufweisen, kann der Händler verpflichtet sein, diese nicht zu vertreiben. Die gleiche Qualität ist vorhanden, wenn die Ersatzteile funktionell gleichwertig sind. Die Beweislast für die fehlende Qualitätsgleichheit trägt der Hersteller.

5.5.2. Zubehör:

Artikel 3 Nr.4 gilt dem Wortlaut nach nur für Ersatzteile. Nach dem Definitionskatalog sind Ersatzteile diejenigen Teile, die in ein Kfz eingebaut oder daran angebaut werden, um Bestandteile des Fahrzeuges zu ersetzen. Für die Abgrenzung vom Zubehör ist die Verkehrsauffassung maßgebend (Art. 13 Nr.6). Eine für die Vertragsparteien mögliche das Zubehör betreffende Regelung ist in der Verordnung nicht vorgesehen. Daher wird die Auffassung vertreten, daß die Bindung des Verkaufs von Zubehör nicht freigestellt ist[85]. Eine andere Ansicht vertritt die Meinung, daß eine Bindung bezüglich der ausschließlichen oder bevorzugten Benutzung des Zubehörs zulässig ist, wenn sie inhaltlich der Regelung für Ersatzteile gem. Art.3 Nr.4 entspricht, d.h. der Zugang zum Vertriebsnetz für Zubehörprodukte nur frei ist, wenn diese den Qualitätsstandard der Vertragswaren, zu denen auch Zubehör gehört, erreichen[86]. Rechtsmethodisch wendet diese Meinung Art.3 Nr.4 analog an.

In den Händlerbetrieben ist das Zubehör meist in die Ersatzteilbewirtschaftung integriert[87]. Deshalb ordern viele Händler das ganze Teileprogramm beim Hersteller, welches Ersatzteile und Zubehör umfaßt. So beziehen bspw. die VW-Händler ihre Motorenöle direkt vom Volkswagenwerk[88]. Die Händler differenzieren demnach nicht mehr zwischen Zubehör und Ersatzteilen.

Die Verkehrsauffassung, die für die Abgrenzung zwischen Zubehör und Ersatzteilen ausschlaggebend sein soll (s.o.), kann sich ändern, so daß ein bestimmter Gegenstand von der einen in die andere Gruppe hinüberwechseln kann[89]. Diese Abgrenzungsschwierigkeiten zeigen sich auch

---

84 entscheidend ist bei in Serie gefertigten Produkten die Serienqualität: Sölter, Bezugsbindungen in vertikalen Kooperationssystemen, S. 13
85 Ebel/Genzow, DB 1985, 743; Ebel, Kartellrechtskommentar, Rz. 314, S. 111
86 Bunte/S. Rz. 31
87 Tietz, S. 189
88 vgl. die Pressemitteilung der Kom. vom 13.05.1989 ABl. 86 Nr. C 119/S.14
89 vgl. auch v.Brunn, Wettbewerbsprobleme, S. 63

in einer Entscheidung der Kommission, in der dem Fiatkonzern aufgegeben wurde, seine Händler nur zu verpflichten, Motoröle von Fiat zu verwenden, wenn konkurrierende Öle nicht der Qualität und den Spezifika entsprechen, die für die Leistung der Vertragsfahrzeuge notwendig sind[90]. Mit dieser Entscheidung hat die Kommission Motorenöl, das eigentlich dem Zubehör zugeordnet wird[91], wie ein Ersatzteil gem. Art.3 Nr.4 behandelt. In einer darauffolgenden Entscheidung hat die Kommission Volkswagen ein Negativattest für ein Rundschreiben erteilt, das an alle VW-Händler mit dem Inhalt geschickt wurde, nur VW-Öle zu verwenden. Als Grund für die kartellrechtliche Unbedenklichkeit wurde angegeben, daß eine derartige Bindung von Art.4 I Nr.1e gedeckt sei. Wegen dieser Begründung mußte die Kommission nicht auf die Abgrenzung von Zubehör und Ersatzteilen eingehen. Um aber zu verhindern, daß für Zubehör eine strenge Bezugsbindung im Gegensatz zu den Ersatzteilen über Art.4 I Nr.1e möglich ist, ist entgegen der Meinung der Kommission Art.3 Nr.4 analog für Zubehör anzuwenden. Die analoge Anwendung von Art.3 Nr.4 ist um so mehr angebracht, als ein Ersatzteil zum Zubehör werden kann und umgekehrt. Auch unter Beachtung des Grundsatzes, daß die Verordnung, die Wettbewerbsbeschränkungen ermöglicht, restriktiv auszulegen ist[92], also Analogien vermieden werden sollten, hat dies zu gelten. Daraus folgt, daß der Produzent dem Händler untersagen kann, qualitätsminderes Zubehör zu beziehen, aber nicht, daß der Hersteller ihm eine Zubehörbezugsbindung auferlegen kann[93]. Die Untersagungsmöglichkeit für den Kfz-Fabrikanten kann allerdings nicht uneingeschränkt gelten, da ansonsten bspw. auch Fellbezüge für Kraftfahrzeugsitze unter Art.3 Nr.4 fallen würden. Deshalb ist eine Abgrenzung von Zubehör und Ersatzteilen nach der Wesentlichkeit für die Funktionalität des Automobils vorzunehmen[94]. Zubehör, das für das Funktionieren des Kraftfahrzeugs notwendig ist, fällt demnach unter Art.3 Nr.4 (z.B. Motorenöle). Nicht notwendiges Zubehör dagegen, wie bspw. Zierat, kann ohne Einschränkung von anderen Zulieferanten bezogen werden.

5.5.3. Rückruf, Garantie, Gewährleistung:

Gemäß Art.4 I Nr.7 kann der Händler verpflichtet werden, im Rahmen von Gewährleistung, unentgeltlichem Kundendienst und Rückrufaktionen für Vertragswaren nur Ersatzteile des Vertragsprogramms zu verwenden. Danach kann der Hersteller dem Händler nicht nur untersagen, bestimmte

90 Pressemitteilung der Kom. vom 19.11.1987 in WuW 1988, 220
91 so van Bael/Bellis, S. 121
92 vgl. Durand, JCP 1985, supplément 6, S.13
93 a.A. offenbar Bunte/S. Rz.31
94 vgl. auch Reuter, DB 1979, 293; aber auch van Bael/Bellis, S. 121, die eine Abgrenzung nach der Sicherheitsrelevanz für das Kfz vornehmen wollen

117

Ersatzteile bei der Reparatur zu verwenden, sondern dem Absatzmittler
eine Bezugsbindung für solche Teile auferlegen, die bei diesen Arbeiten benötigt werden. Der Produzent muß bei solchen Dienstleistungen in
seiner Eigenschaft als zahlender Auftraggeber selbstverständlich bestimmen können, welche Art von Ersatzteilen Verwendung finden soll[95].
Daraus folgt auch, daß das gemeinsame Merkmal von Gewährleistung,
unentgeltlichem Kundendienst und Rückrufaktionen das des fehlenden Ge-
winns ist. Deshalb dürfte der Hersteller bspw. durch einen Ausbau der
Garantiefristen, wie dies in den letzten Jahren üblich geworden ist[96],
nicht wie bei normalen Reparaturen mit Ersatzteilen Gewinne machen.
Dem Händler kann daher in solchen Fällen, bei denen es sich um normale
Reparaturen handelt, die aber unter der Bezeichnung Garantie oder Gewährleistung ausgeführt werden, keine Bezugsbindung für die bei diesen
Arbeiten benötigten Ersatzteile auferlegt werden.
Die Vorschrift des Art.4 I Nr.7 trägt dazu bei, daß der Vertragshändler alle Ersatzteile ständig auf Lager haben muß (sog. Vollsortimentierung). Dadurch wird auf den Händler, weil er meistens nicht ausreichende Lagerkapazitäten zur Verfügung hat, ein tatsächlicher Druck dahingehend ausgeübt, daß er nur Vertragswaren im Ersatzteillager hat
(vgl. auch Art.4 I Nr.1d)[97].

5.5.4. Eigenkonstruktionsteile und Rabattierung:
Eine faktische Bindung des Händlers liegt bei Teilen vor, die er nur
vom Hersteller beziehen kann. Es handelt sich dabei um Teile, die vom
Hersteller produziert werden und für die keine Substitute angeboten
werden, weil entweder Schutzrechte für sie bestehen[98] oder sie einer
zu geringen Nachfrage unterliegen[99] (sog. Eigenkonstruktionsteile oder
captive parts). Eine Verlagerung der Produktion auf die Zulieferindustrie erscheint aufgrund der enormen modellspezifischen Verschieden-
heiten zwischen den Marken aus wirtschaftlichen Gründen nicht sinnvoll[100], zudem werden sie traditionell von den Fabrikanten hergestellt. Etwa die Hälfte aller Teile eines Kfz sind Eigenkonstruktionsteile[101]. Diese Komponenten, zu denen bspw. Achsen, die Karosse-
rie und Motorblöcke gehören, sind in der Regel keine Verschleißarti-
kel, so daß bei ihnen nur eine geringe Umschlagshäufigkeit zu ver-

95 vgl. Kurtenbach, Die Beurteilung von Bezugs- und Alleinvertriebsbindungen in
Franchiseverträgen nach § 18 GWB und Art.85 EWGV, S.80, Fußnote 271
96 vgl. Tietz, S. 86
97 Joerges, Vertriebspraktiken, S. 333; vgl. bereits Monopolkommission,
7.Sondergutachten 1977, Tz. 163
98 vgl. auch EuGH 55/87 und 238/87, "Renault","Volvo" (noch nicht in der Sammlung
veröffentlicht) ;dazu auch Kartte, DAR 1988, 413
99 Kom. ABl. 88 L 45/34, 37 "ARG/Unipart"
100 vgl. Joerges, Vertriebspraktiken, S. 31
101 Berg, S. 169, 187

zeichnen ist[102]. Wegen ihrer geringen Umschlagshäufigkeit werden diese
Artikel auch Langsamdreher genannt, im Gegensatz zu den ständig nachgefragten und benötigten Ersatzteilen, den Schnelldrehern. Um zu verhindern, daß durch die faktische Bindung bei Teilen, die nur der Produzent herstellt und bei denen er infolgedessen ein Monopol hat[103],
das Bestellverhalten des Händlers auch bezüglich der dem Wettbewerb
unterliegenden Teile beeinflußt wird, muß eine getrennte Rabattierung
hinsichtlich des Bezugs von captive parts und sonstigen Ersatzteilen
vorgenommen werden (Art.5 I Nr.2c, 2. und 3. Spiegelstrich)[104]. Das
gleiche gilt für den Bezug von Neufahrzeugen. Damit wird einer Konzentration der Nachfrage der Händler auf den Lieferanten wegen der Gewährung kumulativer Rabatte entgegengewirkt, um die Chancengleichheit der
Zulieferer, die nicht eine so reichhaltige Angebotspalette von Ersatzteilen haben, zu gewährleisten (15. Erwägungsgrund)[105].

5.6. Einschränkungen: Hinweispflichten:

Gemäß Art.4 I Nr.8 und 9 kann dem Händler zur Pflicht gemacht werden,
den Endverbraucher allgemein darauf hinzuweisen, daß er bei einer Reparatur Ersatzteile Dritter verwendet, und den Konsumenten individuell
zu informieren, daß bei der Instandsetzung respektive Instandhaltung
Ersatzteile Dritter verwendet wurden, obwohl entsprechende Vertragsprodukte vorhanden waren. Diese Hinweispflichten wirken sich
nicht auf den Grundsatz des freien Bezugs aus, sondern allenfalls auf
die Bestellmengen von Ersatzteilen Dritter. Durch die Vorinformations-
pflicht (Art.4 I Nr.8) soll dem Verbraucher die Möglichkeit gegeben
werden, die Ersatzteile, die er für die Reparatur am geeignetsten
hält, auszuwählen, da ein entsprechender Hinweis in der Regel Fragen
über die Herkunft der Ersatzteile provozieren wird[106]. Damit aber
durch den Hinweis auf Verwendung anderer Teile nicht bereits Antworten
gegeben werden, muß dieser neutral ausgestaltet sein[107]. Demnach darf
der Hinweis keine Suggestivwirkung haben, also bspw. unterschwellig
die von Dritten stammenden Teile herabsetzen[108]. Die Folge ist, daß
zum Beispiel das Wort "Originalersatzteil" in der Information nicht
vorkommen darf, da die Hersteller mit diesem Ausdruck ständig für ihre
Ersatzteile Werbung betreiben. Erst recht nicht darf die Vorinforma-
tion Folgen über den Verlust der nur vom Hersteller auf alle Teile ge-

---

102 vgl. Joerges, Vertriebspraktiken, S. 32f
103 vgl. Kom. ABl. 88 L 45/34, 37 "ARG/Unipart" und Stöver, Das Autohaus 1983, 1342;
auch EuGHE 1979, 1869, 1897 (Rdn. 9) "Hugin"
104 vgl. auch Stöver, Das Autohaus 1983, 1342
105 Grund für diese Regelung war die Erfahrung im Michelinfall (Kom. ABl. 81 L 353/33,
aber EuGHE 1983, 3461): J.M.W., ECLR 1983, 190
106 vgl. Joerges, Vertriebspraktiken, S. 333
107 Stöver, Das Autohaus 1983, 1340
108 Stöver, Das Autohaus 1983, 1340

gebenen Garantie beinhalten[109]. Ein derartiger Inhalt wäre nicht freigestellt. Ansonsten würde die Auswahlfreiheit, die durch den Hinweis
dem Verbraucher ermöglicht werden soll, manipuliert. Die Mitteilung,
z.B. durch Schilder, muß in jeder Hinsicht neutral sein, so daß auch
der Händler nicht auf Vorteile, z.B. Preisvorteile der Ersatzteile von
Dritten hinweisen darf[110].

Der Hersteller kann den Händler verpflichten, den Konsumenten darauf
hinzuweisen, daß konkurrierende Ersatzteile bei Reparaturen verwendet
wurden, obwohl Vertragsprodukte vorhanden waren. Diese Mitteilung soll
eine Irreführung des Verbrauchers über die Herkunft der verwandten
Teile vermeiden helfen[111]. Nur so wird bei Mängeln der Ersatzteile
eine falsche Zurechnung unterbunden[112]. Voraussetzung ist allerdings,
daß die Information die verwandten Teile genau ausweist[113]. Beispielsweise kann der Hersteller daher vom Händler verlangen, daß die Ersatzteile in Rechnungen beschrieben und nach ihrer Herkunft aufgelistet
werden.

---

109 vgl. Joerges, Vertriebspraktiken, S. 78
110 a.A. Bunte/S. Rz. 66
111 Niederleithinger/Ritter, S.107 und Bunte/S. Rz.65
112 Joerges, Vertriebspraktiken, S. 334
113 Joerges, Vertriebspraktiken, S. 334 und Bunte/S. Rz. 66

6. Jahreszielsetzungen:

Einer Freistellung stehen Verpflichtungen des Händlers nicht entgegen,
Vertragswaren innerhalb eines bestimmten Zeitraums mindestens in dem
Umfang abzusetzen bzw. in dem Umfang zu bevorraten, den der Lieferant
aufgrund der Vorausschätzungen des Absatzes des Händlers festsetzt,
wenn sich die Vertragspartner darüber nicht einigen (Art.4 I Nr.3 und
4). Artikel 4 I Nr.5 läßt dem Hersteller die Möglichkeit, den Händler
zur Unterhaltung einer bestimmten Anzahl von bestimmten Vorführwagen
zu verpflichten, deren Zahl er aufgrund der Vorausschätzungen des Absatzes festsetzen kann, wenn sich die Vertragspartner darüber nicht
einigen. Art.5 I Nr.2b stellt die Freistellung unter die Bedingung,
daß der Lieferant keine Mindestanforderungen stellt und keine Merkmale
für Vorausschätzungen anwendet, die diskriminierend sind.

6.1. Wirtschaftlicher Hintergrund:
    In fast allen Kontraktsystemen der Automobilindustrie werden sog.
Jahreszielsetzungen zwischen den Partnern vereinbart, in die das Neu-
wagengeschäft und zunehmend auch die Ersatzteile einbezogen sind[1].
Durch die Vorausdispositionspflicht mittels bindender Festlegung
schränkt der Hersteller sein Absatzrisiko ein, gleicht Nachfrageschwankungen aus, sichert sich durch die Abnahmepflicht auch für die
Zukunft die Kapazitätsauslastung und kann daher längerfristig planen[2].
Durch die Jahreszielsetzungen braucht sich nicht mehr der Hersteller
um den Absatz der Produkte sorgen. Jüngstes Beispiel hierfür könnte
Mercedes sein: Die Firma Daimler-Benz soll die Verkaufszahlen ihrer
zehn Jahre alten "S-Klasse" durch eine besonders hohe Anzahl von
Zulassungen von Vorführwagen auf ihre Händler hochgeschraubt haben,
damit die "S-Klasse" zum erstenmal seit Erscheinen der neu entwickelten "7-er" Reihe von BMW in der Zulassungsstatistik für Luxuswagen
wieder den prestigebehafteten ersten Platz einnahm[3]. Das Absatzrisiko
des Herstellers wird auf den Händler abgewälzt, indem die
Abnahmeverpflichtungen bei Nachfrageschwankungen oftmals nicht verringert werden[4]. Zudem sind die Abnahmeverpflichtungen oftmals so bemes-
sen, daß der Händler nahezu die gesamte Lagerkapazität für die Erfüllung der Vertragspflichten gegenüber dem Hersteller benötigt[5]. Die
Vorgaben durch den Hersteller haben darüberhinaus für den Händler

---

1 Tietz, S. 211
2 Ebenroth, S. 39; vgl. auch Jordan, RIW 1982, 869
3 Der Spiegel, 43. Jahrgang, 2.Oktober 1989, Nr.40, S.146
4 Jordan, RIW 1982, 869
5 vgl. Schmitt, Selektiver Vertrieb und Kartellrecht, S. 146

große wirtschaftliche Bedeutung, weil sie als Grundlage für Sonderver-
günstigungen dienen[6].

6.2. Grundsatz: Vorrangiges Einigungsverfahren:
Die Verordnung soll dem Händler ermöglichen, Waren anderer Produzenten, z.B. Zulieferer von Ersatzteilen, zu beziehen (s.o.II.5.3.). Die
Vertragshändler verfügen aber oftmals nicht über entsprechende Lager,
konkurrierende Produkte und Vertragswaren in entsprechenden Mengen zu
bevorraten. Durch die Möglichkeit der Pflicht zur Vollsortimentierung
über Art.4 I Nr.1d und 4 I Nr.7 werden die Lagerkapazitäten der Autohäuser schon erheblich eingeschränkt (s.o.II.5.5.3.), so daß die Gefahr einer faktischen Exklusivität[7] besteht. Was der Vertragshändler
nicht lagern kann, das kann er auch nicht verkaufen. Deshalb kommt es
bei der Möglichkeit des Vertriebs von Konkurrenzerzeugnissen oftmals
vor, daß vom Lieferanten hohe Umsatzzahlen vorgegeben werden, deren
Erfüllung den Vertrieb anderer Produkte unmöglich macht oder zumindest
erschwert[8]. Um zu verhindern, daß durch unilaterale Festsetzungen der
Bevorratung und Lagerung von Vertragswaren potentielle für Konkur-
renzerzeugnisse vorhandene Lagerkapazitäten erschöpft werden, sehen
Art.4 I Nr.3, 4 und 5 ein Einigungsverfahren vor, wenn Vorausdisposi-
tionsppflichten vereinbart werden. Durch die Aufnahme dieser Eini-
gungsklausel in den Vertrag, soll wirtschaftlicher Druck vom Händler
genommen werden und damit verhindert werden, daß die Bezugsfreiheiten
des Händlers konterkariert werden[9]. Die Bezugsfreiheiten des Händlers
bleiben daher nur wirksam aufrechterhalten, wenn Grundsatz das Einigungsverfahren ist. Dies legt auch der Wortlaut der Verordnung nahe,
wenn er davon spricht, daß ein einseitiges Festsetzungsrecht besteht,
"wenn die Vertragspartner sich nicht einigen". Wenn ausnahmsweise kein
Konsens erzielt werden sollte, wird der Lieferant in die Lage ver-
setzt, einseitig den Umfang der Bevorratung, des Absatzes der jeweiligen Produkte festzusetzen[10]. Daher ermöglicht die Verordnung dem Hersteller nicht ein einseitiges Bestimmungsrecht, welches lediglich
durch das Diskriminierungsverbot gem. Art.5 I Nr.2c eingeschränkt
wäre[11], sondern setzt einen Versuch einer Einigung zwischen den Parteien voraus. Bedingung für das einseitige Festsetzungsrecht des Lieferanten ist eben, daß ein gescheiterter Einigungsversuch vorausgegan-
gen ist.

---

6 AGBG-Ulmer Rz. 889; Pfeffer, NJW 1985, 1244
7 vgl. Schmitt, Selektiver Vertrieb und Kartellrecht, S. 146
8 vgl. Straup/Schuberl, WRP 1988, 15, 16
9 Joerges, Vertriebspraktiken, S. 333 und Weltrich, DB 1987, 2299
10 vgl. Vollmer, Preisbindungen bei kooperativem Warenabsatz, S. 115
11 so aber Joerges, Vertriebspraktiken, S. 328 und 333

6.2.1. Freistellungsentzug:

Im Vertrag muß, sofern Vorausdispositionspflichten vereinbart wurden,
auf das Einigungsverfahren ein Hinweis gegeben sein, ansonsten besteht
keine Freistellungsmöglichkeit durch die GVO[12]. Das Weglassen der Ei-
nigungsklausel im Vertrag führt aber nicht über Art.5 I Nr.2b zum Ent-
zug der Freistellung für den gesamten Vertrag (s.o.I.5.2.), da der
Lieferant durchaus bei der einseitigen Festsetzung ordnungsgemäße Mindestanforderungen gestellt und richtige Merkmale für Vorausschätzungen
angewendet haben kann. Zudem ist Art.5 wegen der weitreichenden
Rechtsfolgen eng auszulegen (s.o.I.5.2.). Die Einhaltung des Eini-
gungsverfahrens und die Zugrundelegung von korrekten Ausgangsgrößen,
wie Art.5 I Nr.2b verlangt, sind zwei verschiedene Prüfungsschritte
mit unterschiedlichen Rechtsfolgen. Deshalb unterfällt dem Verdikt des
Art.85 II EWGV nur die Klausel, die dem Hersteller ein einseitiges
Festsetzungsrecht einräumt, ohne zuvor das Einigungsverfahren zu ermöglichen[13]. Das hat zur Folge, daß der Hersteller dem Händler in
diesem Fall beispielsweise keine bindenden Mindestabsatzzahlen zur
Pflicht machen kann (s.o.I.5.2.)[14].

6.2.2. Anforderungen an das Einigungsverfahren:

Artikel 4 I Nr.3 bis 5, demgemäß das vorrangige Einigungsverfahren
bei einer Aufnahme von Jahreszielbestimmungen in den Vertrag zur
Pflicht gemacht wird, äußert sich nicht zur Ausgestaltung dieses Pro-
zesses. Vorausgesetzt wird aber ein echtes Eingungsverfahren, damit es
vom Hersteller nicht zur Farce gemacht werden kann, um dann einseitig
seine Vorstellungen durchzusetzen[15]. Deshalb wird vorgeschlagen, die
Rechtsprechung des BGH zu § 1 II AGB-Gesetz heranzuziehen[16], nach der
für das Aushandeln im Sinne des § 1 II AGBG genügend ist, daß der Ver-
wender seine Bereitschaft zur Änderung der Allgemeinen Geschäftsbedingungen deutlich dem Vertragspartner zu erkennen gegeben hat[17]. Das
BGH-Urteil sollte jedoch nicht vorschnell übernommen werden, da es den
Begriff des Aushandelns im Sinne des § 1 II AGBG sehr weit ausdehnt.
Die Einigungsformel, wie sie die Verordnung voraussetzt, verlangt eine
gemeinsame Planungsaktivität, ein gemeinsames Erarbeiten eines reali-
stischen, beiden Interessenbereichen gerecht werdenden Umfangs der jeweiligen Pflichten. Der von der Verordnung gewünschte Einigungsprozeß

---

12 Ebel/Genzow, DB 1985, 744; Pfeffer, NJW 1985, 1244; Ingo Hoffmann, Die
Vertragsbeendigung durch den Hersteller gegenüber seinem in- und ausländischen
Vertriebshändler, S. 41
13 a.A. Weltrich, DB 1987, 2299
14 vgl. EuGHE 1971, 949, 962 (Rdn. 29) "Béguelin"
15 vgl. Ebel/Genzow, DB 1985, 744; Bunte/S. Rz. 62; Vollmer, Preisbindungen bei
kooperativem Warenabsatz, S. 115
16 Ebel/Genzow, DB 1985, 744; wohl auch Bunte/S. Rz. 62
17 BGH NJW 1977, 624, insbesondere 625

123

ist mehr als bloß die Bereitschaft zur Änderung der jeweiligen Vorstellungen. Zudem scheint Einigen mehr zu sein als Aushandeln und Ver-
handeln. Wegen der Ähnlichkeit der Anforderungen an das Aushandeln
bzw. Einigen können durchaus Anleihen aus der Rechtsprechung zu § 1 II
AGBG genommen werden, allerdings sollte dies nur sehr vorsichtig ge-
schehen: Nicht ausreichend ist danach eine vom Hersteller gegebene
bloße Erläuterung des Bevorratungs- oder Absatzumfangs, wie er ihn
sich vorstellt[18]. Ebenfalls genügt nicht für den Versuch einer Einigung die Eröffnung von Wahlmöglichkeiten zwischen mehreren Alternativen[19], bspw. mehrere Zielwerte für Vorführwagen. Das echte Verhand-
lungsverfahren setzt eine Erörterung im Einzelfall, ein punktuelles
Aushandeln voraus[20]. Das heißt, es muß bei der Pflicht des Händlers,
sich zu bemühen in einem bestimmten Umfang, Neufahrzeuge abzusetzen,
über jeden einzelnen Kraftfahrzeugtyp verhandelt werden. Notwendig ist
eine Einzeleröterung denkbarer Alternativen, sofern es sich nicht um
Artikel handelt, bei denen ein Aushandeln im Einzelfall zu aufwendig
wäre. Wenn sich die Parteien allerdings auf die vom Lieferanten vorge-
schlagenen Zahlen in kürzester Zeit einigen, also eine Übernahme des
vom Hersteller geforderten Umfangs erfolgt, spricht das nicht gegen
einen Einigungsversuch[21].
Sollten diese Anforderungen nicht eingehalten werden, ist ein festge-
setzter Zielwert für den Vertragshändler nicht bindend
(s.o.II.6.2.1.). Wenn zwischen den Parteien strittig ist, ob ein Einigungsverfahren stattgefunden hat, trifft nach den allgemeinen Rechts-
grundsätzen den Hersteller die Darlegungs- und Beweislast[22], da das
Vorliegen der Einigung eine für den Hersteller günstige Rechtsfolge
hätte.

6.3. Ausnahme: Einseitige Festsetzung:

Die Absatzmittlungsverträge in der Automobilbranche werden in der Regel über einen größeren Zeitraum abgeschlossen. Die Verhältnisse, die
bei Abschluß des Vertrages vorlagen, können sich geändert haben. Wenn
die Parteien den veränderten Umständen Rechnung tragen wollen, sich
aber nicht einigen können, so bliebe, sofern nicht eine Partei einseitig den Inhalt des Vertrages ändern könnte, nur die Beendigung des
Vertrages. Damit aber eine letztendlich fruchtbare Vertragsbeziehung
nicht ohne weiteres aufgegeben wird und gleichzeitig den veränderten
tatsächlichen Umständen angepaßt werden kann respektive künftige Entwicklungen berücksichtigt, ermöglicht die Verordnung, daß der Lie-

18 vgl. BGH NJW 1977, 625
19 vgl. AGBG-Ulmer § 1 Rz. 53
20 vgl. OLG München, DB 1982, 1003, 1004
21 vgl. BGH NJW 1977, 625
22 vgl. auch BGH NJW 1977, 625

ferant einseitig den Umfang von Absatz-, Bevorratungspflichten bzw.
der Unterhaltung von Vorführwagen bestimmt, sofern zuvor keine Einigung erzielt wurde. Wenn also ein Konsens nicht hergestellt werden
konnte, besteht für den Lieferanten die einseitige Festsetzungsmög-
lichkeit.

Daher kann der Hersteller bei einer Nichteinigung nicht ohne weiteres
zur Kündigung greifen, sondern muß zum milderen Mittel der einseitigen
Festlegung der Jahresziele greifen. Sofern der Hersteller sich vertraglich im Falle eines fehlenden Konsenses über die Jahresziele das
Kündigungsrecht vorbehalten würde, hätte das nicht zur Folge, daß
diese Klausel nach Art. 85 II EWGV nichtig wäre[23], da die Verordnung
keine möglichen Regelungen über Kündigungsgründe, sondern nur über
Kündigungszeiten enthält. Implizit geht die Verordnung jedoch davon
aus, daß der Lieferant in diesem Fall nicht zur Kündigung, sondern nur
zum milderen Mittel der einseitigen Festlegung greifen darf. Die Verordnung nimmt also in Art.4 I Nr.3, 4 und 5 eine Abwägung vor, die bei
der Angemessenheitsprüfung in § 9 AGBG zu berücksichtigen ist
(s.o.I.4.3.). Unangemessen im Sinne des § 9 AGBG ist infolgedessen,
wenn der Fabrikant aufgrund der vertraglichen Vereinbarungen unverhältnismäßig zur Kündigung greifen könnte, anstatt die Jahresziele
einseitig festzulegen[24].

6.4. Basisgrößen und Zielwerte:

Gemäß Art.5 I Nr.2b darf der Lieferant keine Mindestanforderungen
stellen oder Merkmale für Vorausschätzungen anwenden, die den Händler
diskriminieren. Die Merkmale für Vorausschätzungen sind in diesem Zusammenhang die Größen, die der Planung für einen bestimmten Zeitraum
zugrunde gelegt werden, also Ausgangsgrößen bzw. Basisgrößen. In die
Planungsüberlegungen werden als Basisgrößen beispielsweise die Entwicklung des Kfz-Gesamtmarktes, des Kfz-Marktes im Vertragsgebiet nach
Modellbereichen, der erreichte Marktanteil des Kontraktgebers und lokale Besonderheiten einbezogen[25]. Unter Mindestanforderungen versteht
die Verordnung in diesem Zusammenhang die Ergebnisse der Planungsüberlegungen, also die Zielwerte bzw. Jahreszielsetzungen. Dazu gehören
der Umfang der Bevorratungspflicht, die Zahl der Vorführwagen oder der
Umfang der Absatzpflicht (Art.4 I Nr.3 bis 5). Sowohl die Basisgrößen
als auch die Zielwerte müssen derart sein, daß sie den Händler nicht
unbillig behindern oder ohne sachlich gerechtfertigte Gründe unterschiedlich behandeln[26].

---

23 a.A. offenbar Pfeffer, NJW 1985, 1244
24 so auch AGBG-v.Westphalen Rdn.13 und AGBG-Wolf § 9 Rz. V 31
25 Tietz, S. 211
26 vgl. 14. Erwägungsgrund

Für die Basisgrößen bedeutet dies, daß sie richtig und vollständig
sein müssen. Wenn mit falschen Ausgangszahlen operiert wird oder relevante Basisgrößen von vornherein nicht berücksichtigt werden, wird oft
der Zielwert davon infiziert werden. Deshalb dürfen die Umstände, die
den einzelnen, individuellen Händler betreffen, nicht außer Acht ge-
lassen werden. In der deutschen Automobilbranche wird für die Festsetzung der Absatzziele meistens der "Bundesdurchschnitt" herangezogen.
Jedoch nicht immer ist dieser Durchschnitt eine realistische Richtschnur. Geographische Besonderheiten, z.B. im Hinblick auf die Bevöl-
kerungsstruktur oder auf die Konkurrenzsituation (Nähe eines anderen
Automobilwerkes) sind daher angemessen zu berücksichtigen[27]. Die Pla-
nungsgrundlage muß sowohl bei einem im Einigungsverfahren gefundenen
Zielwert als auch bei der einseitigen Festsetzung durch den Lieferanten in Ordnung sein.

Für die Zielwerte bedeutet das Diskriminierungsverbot, daß sie angemessen sein müssen[28]. Wenn alle relevanten Basisgrößen dem Planungsvorgang zugrundegelegt worden sind, ergibt sich allerdings keine abso-
lut richtige Zahl, sondern nur eine Marge, innerhalb derer sich der
endgültige Zielwert aufhält. Das heißt der Planungsvorgang hat nicht
ein einziges, richtiges Ergebnis zur Folge, sondern gewährt eine Vielzahl von möglichen Zielwerten innerhalb einer gewissen Spanne, also
einen Spielraum, was sich schon daraus ergibt, daß sich die künftige
Entwicklung nicht mit Sicherheit voraussagen läßt. Innerhalb dieses
Spielraumes steht dem Lieferanten, der die Mindestanforderungen
stellt, ein Ermessen zu. Nur wenn zu Lasten des Händlers dieser Ermes-
sensspielraum überschritten worden ist, ist das Ergebnis unangemessen. Daraus folgt auch, daß die ohne Diskriminierung zu stellenden
Mindestanforderungen nur Relevanz bei der einseitigen Festsetzung der
Zielwerte gewinnen, aber nicht bei einem im Einigungsverfahren gefundenen Planungsergebnis. Der Händler muß selbständig genug sein, um zu
erkennen, ob ein Zielwert für ihn noch akzeptabel ist. Zudem wird
durch die Anforderungen an das Einigungsverfahren (s.o.II.6.2.2.)
einem Mißbrauch seitens des Lieferanten vorgebeugt.

Sollte bei der Zugrundelegung nicht-diskriminierender Basisgrößen
eine einseitige Festsetzung des Jahreszieles erfolgen, das den Händler
unangemessen behandelt, also diskriminiert, liegt ein Verstoß gegen
Art.5 I Nr.2b vor. Sofern vom Hersteller dagegen den Händler diskriminierende Ausgangswerte angewandt wurden, der endgültige Zielwert bei
einer einseitigen Festsetzung aber innerhalb des dem Lieferanten gegebenen Ermessensspielraums liegt, ist kein Verstoß gegen Art.5 I Nr.2b

---

27 v.Westphalen, NJW 1982, 2471
28 vgl. Ebel/Genzow, DB 1985, 744

gegeben. Dies rechtfertigt sich daraus, daß die diskriminierenden Ausgangsgrößen nicht kausal zu einem diskriminierendenen Zielwert geführt haben, also letztlich der Händler gerecht behandelt wird. Des Weiteren soll Art.5 nicht extensiv ausgelegt werden, da bei einer Nichteinhaltung der Voraussetzungen, die Art.5 I Nr.2b aufstellt, die gesamte Vereinbarung der Freistellung entzogen ist.

6.5. Mindestabsatzzahl:

Wie Art.4 I Nr.3 zum Ausdruck bringt, wird eine Pflicht des Händlers, einen bestimmten Umfang an Vertragswaren mindestens in einem konkret umrissenen Zeitraum abzusetzen, von dem Kartellverbot nach Art.85 I EWGV nicht erfaßt (vgl. Art.4 II). Danach kann der Händler verpflichtet werden, eine Mindestzahl von Vertragswaren zu verkaufen[29]. Die GVO verwendet das Wort bemühen, was bei einem wörtlichen Verständnis zu einer nur schwer sanktionierbaren Obliegenheit führen würde. Damit dem Hersteller aber nicht jedes Druckmittel abhanden kommt, ist eine echte Mindestverkaufspflicht freigestellt. Ansonsten könnte sich der Hersteller nur schwer von einem Vertragshändler trennen, der vollkommen ungenügende Absatzergebnisse zum Beispiel für Kraftfahrzeuge aufweist. Die Sanktionsmöglichkeiten, wie beispielsweise die Einsetzung eines neuen Händlers in das Vertragsgebiet, stehen dem Hersteller jedoch nicht schon bei einer geringfügigen Verfehlung des Absatzzieles zur Verfügung (s.o.II.4.5.1.). Zudem dürfen sie durch den Lieferanten nicht unverhältnismäßig angewandt werden. In der Regel geben die Hersteller, bevor sie zur Kündigung greifen, einem Händler, der ungenügende Absatzergebnisse erzielt, aber auch die Möglichkeit, innerhalb einer bestimmten Zeitspanne (z.B. 6 Monate) die Rückstände abzustellen[30].

Von der GVO ist dagegen, um die Bezugsfreiheit (s.o.) des Händlers zu gewährleisten, eine Mindestabnahmepflicht nicht freigestellt. Der Händler soll frei sein, beispielsweise Fahrzeuge von anderen Quellen als dem Hersteller, also von Mitgliedern des Vertriebsnetzes, zu beziehen. Die Bezugsausschließlichkeit, aufgrund deren der Händler nur von einem Lieferanten beziehen dürfte, ist von der Verordnung nicht freigestellt (s.o.II.2.2.). Daher kann auch nicht über den Weg einer Mindestabnahmepflicht faktisch die Bezugsausschließlichkeit wiederhergestellt werden. Eine andere Ansicht müßte unnötigerweise dazu führen, daß beim Vergleich der geschätzten und tatsächlichen Absatzzahlen Vertragswaren, die der Vertragshändler nicht von seinem Konzedenten bezieht, sondern von Mitgliedern des Vertriebsnetzes, bei

---

29 vgl. Lukoff, CMLR 1986, 849 und auch van Bael/Bellis, S.123
30 Ingo Hoffmann, Die Vertragsbeendigung durch den Hersteller gegenüber seinem in- und ausländischen Vertriebshändler, S. 41

der Schätzung berücksichtigt werden müßten[31], um die Bezugsfreiheit des Händlers zu erhalten.

Damit durch die Pflicht zum Absatz einer bestimmten Zahl von Vertragswaren die Bezugsfreiheit des Händlers bei Waren, die im Gegensatz zu Kraftfahrzeugen nicht der Pflicht zur Markenausschließlichkeit unterworfen werden können (z.B. Ersatzteile, s.o.II.5.3.), nicht eingeschränkt wird, müssen beim Vergleich zwischen den geschätzten und tatsächlichen Absatzzahlen dieser Produkte allerdings diejenigen, die der Wiederverkäufer nicht vom Hersteller bezogen hat, in die Schätzung mit einbezogen werden[32].

6.6. Bevorratungsumfang:

Der Händler kann gem. Art.4 I Nr.1d verpflichtet werden, Vertragswaren zu lagern. Nach Art.4 I Nr.4 kann der Umfang der Bevorratungspflicht vom Hersteller bestimmt werden, wenn sich die Vertragspartner nicht einigen. Der Absatzmittler wird vom Lieferanten in der Regel zur Vollsortimentierung seines Lagers angehalten, was zur Folge hat, daß Lagerkapazitäten in nicht geringem Umfang gebunden sind (s.o.II.5.5.3.). Art und Umfang der Lagerhaltung, die dem jeweiligen Händlerbetrieb zur Pflicht gemacht werden können, lassen sich nicht allgemein festlegen, da dies von der Größe des Autohauses, der Vertriebs- oder Lagerhaltungsfunktion (Groß- bzw. Einzelhandel) abhängt[33]. Damit die von der Verordnung dem Händler gewährleistete Bezugsfreiheit nicht unterminiert wird, verstößt nur eine angemessene Lagerhaltungspflicht nicht gegen Art. 85 I EWGV, d.h. eine Lagerhaltung, die über den kürzerfristigen Bedarf nicht hinausgeht[34]. Eine Bevorratungspflicht, die erhebliche finanzielle Mittel oder große Lagerkapazitäten bindet, so daß dem Händler hierdurch die Möglichkeit genommen wird, konkurrierende Erzeugnisse in ausreichender Zahl vorrätig zu halten und zu vertreiben, ist nicht freistellungsfähig[35].

---

31 so wohl noch KOM ABl. 75 L 29/8 "BMW"
32 KOM ABl. 75 L 29/8 "BMW"
33 vgl. VO-Entwurf: Erwägungsgrund 9
34 vgl. VO-Entwurf: Erwägungsgrund 13
35 vgl. auch KOM ABl. 80 L 120/26 "Krups" (Negativattest)

7. Schutz des selektiven Netzes:

Die Verordnung stellt einige Vereinbarungen frei, die nicht nur Auswirkungen auf den individuellen Händler haben, sondern in ihrer Gesamtheit betrachtet, also alle derartigen Vereinbarungen als Bündel
gesehen, auch Wirkungen auf das Vertriebsnetz im Ganzen besitzen und
besitzen sollen. Die Stoßrichtung dieser Vertragsklauseln zielt vom
individuellen Vertrag ausgehend auf das gesamte Vertriebssystem. Anhand dieser vertraglichen Bestimmungen wird die Bedeutung der Einheit
des Vertriebssystems nach außen (s.o.I.2.1.), welche über den einzelnen Kontrakt erreicht werden soll, deutlich. Dem Hersteller wird es
mittels dieser Vereinbarungen, wie das Verbot des Verkaufs von Vertragsprodukten an nicht dem Vertriebsnetz angehörende Händler, ermöglicht, das Vertriebsnetz in seiner Struktur und seinem Umfang nach
seinen Vorstellungen aufzubauen, aufrechtzuerhalten und zu kontrollieren. Mit solchen von der Gruppenfreistellungsverordnung ermöglichten
Vertragsklauseln wird aber nicht nur das Interesse des Herstellers am
Aufbau und der Überwachung des Vertriebsnetzes berücksichtigt, sondern
es wird auch das Vertriebsnetz an sich, also der einzelne Händler, geschützt. Die Händler werden von einem zu starken, ihre Existenz ge-
fährdenden internen Wettbewerb ausgenommen, damit sie ihre Aktivitäten
auf den inter-brand-Wettbewerb konzentrieren. Nur wenn sie von einer
übertriebenen Konkurrenzsituation innerhalb des Netzes entlastet sind,
können sie überhaupt ihr personelles und finanzielles Potential in den
Wettbewerb mit den anderen Marken einbringen. Durch die Ausnahme
dieser Vertragsvereinbarungen vom Kartellverbot wird der Verbund von
Händlern und dem Lieferanten nach außen in gewissem Maße abgeschirmt.
Allerdings soll der Schutz des selektiven Netzes nicht so weit gehen,
daß der Wettbewerb innerhalb des Netzes völlig zum Erliegen kommt.

7.1. Ernennung von Unterhändlern:
Nach Art.3 Nr.6 ist eine Verpflichtung des Händlers freigestellt, die
vorsieht, daß dieser ohne Zustimmung des Lieferanten keine Kunden-
dienst- und Vertriebsvereinbarungen über Vertragswaren mit innerhalb
des Vertragsgebietes tätigen Unternehmen schließen, bestehende ändern
oder beenden darf. Die Freistellung für den gesamten Vertrag gilt gem.
Art.5 I Nr.2a jedoch nur, wenn der Lieferant diese Zustimmung bei Fehlen sachlich gerechtfertigter Gründe nicht versagt. Art.5 I Nr.2a
soll, wie der 13. Erwägungsgrund angibt, einerseits dem Hersteller den
Aufbau eines koordinierten Vertriebssystems ermöglichen und andererseits die Begründung eines Vertrauensverhältnisses zwischen Händler
und Unterhändler nicht beeinträchtigen. Daher soll der Lieferant seine

Zustimmung zum Einsatz eines Unterhändlers nicht willkürlich versagen können.

7.1.1. Zustimmungserfordernis:

Der Hersteller soll selbständig seine Wettbewerbspolitik bestimmen können, was auch die Wahl der Personen, die seinem Vertriebsnetz angehören und denen er Angebote macht, einschließt[1]. Wenn der Hersteller allerdings sein Vertriebsnetz, seinen Verkauf einmal organisiert hat, erfreut er sich nicht mehr der umfassenden Autonomie bezüglich der Wahl seiner Wiederverkäufer[2]. Hat der Fabrikant sein Produkt veräußert, also aus seiner Sphäre entlassen, soll er nicht mehr in dem Maße über die von ihm hergestellte Ware seine Kontrolle ausüben können. Der Händler soll die Möglichkeit haben, das Produkt unabhängig vom Willen des Herstellers weiterverkaufen zu können, was auch die Auswahl eines Wiederverkäufers beinhaltet, d.h. einer Person, die anders als der typische Endabnehmer beabsichtigt, das Produkt weiterzuverkaufen[3]. Seine unternehmerische Freiheit bei der Wahl der Personen, denen er Angebote macht, besteht ebenso wie die des Herstellers (s.o.I.3.2.). Die prinzipiell ungestörte Auswahlmöglichkeit seiner Geschäftspartner hat konsequenterweise den freien Aufbau von dauerhaften Beziehungen, also die Benennung von Unterhändlern, zur Folge. Wenn dadurch jedoch die Interessen des Herstellers an seinem gesamten Netz beeinträchtigt werden, tritt die Freiheit des Händlers etwas zurück. Damit das Vertriebsnetz des Herstellers selektiv bleibt und nicht ohne weiteres unkontrollierbar ausgeweitet wird, kann sich der Lieferant bei der Bestimmung und Benennung von Unterhändlern, also Wiederverkäufern, seine Zustimmung vorbehalten[4]. Das heißt, der Hersteller hat nicht mehr die Prärogative, seine Unterhändler auswählen zu dürfen[5]. Er kann sich also nicht das alleinige Auswahl- und Benennungsrecht hinsichtlich seiner Unterorganisation ausbedingen[6], sondern bloß den Händler zur Einholung seiner Zustimmung verpflichten, damit zumindest sein Interesse am Erhalt des quantitativen selektiven Vertriebs gewahrt bleibt[7].

7.1.2. Unternehmen:

Artikel 3 Nr.6 stellt dem Wortlaut nach den Zustimmungsvorbehalt des

1 vgl. EuGHE 1975, 1663, 1965 (Rdn. 173/174) "Suiker"
2 Piriou, GRUR Int. 1980, 321, 325
3 Ebel, DB 1984, 103
4 Ebel/Genzow, DB 1985, 744
5 vgl. Daverat, gaz. pal. 1984 I, 84, 90 kritisch in diesem Zusammenhang zum ähnlichen VO-Entwurf
6 a.A. Hollmann, BB 1985, 1023, 1031 und v.Westphalen, DB 1988/Beilage 8, S. 12, die ohne direkten Bezug auf die GVO in der Kfz-Branche diese Rechte dem Hersteller belassen wollen
7 Bunte/S. Rz. 47

Lieferanten nur zu Unterhändlerverträgen mit Unternehmen frei. Die
Vertragshändler gestalten das Unterhändlerverhältnis, nicht zuletzt um
deren Bezug von Waren zu binden, oftmals als Handelsvertreter- oder
Kommissionsagentenvetrag aus[8]. Handelsvertreter sind jedoch keine
selbständigen Unternehmen (s.o.I.1.4.), so daß sich der Hersteller
einen Genehmigungsvorbehalt bei diesen Vertragsverhältnissen nicht
vorbehalten könnte.

Ein Unterhändlerverhältnis wird sich in der Regel dadurch auszeich-
nen, daß der Unterhändler örtlich getrennt vom Betrieb des Vertragshändlers innerhalb des Vertragsgebietes einen eigenen Geschäftsbetrieb
unterhalten wird. Dieser Geschäftsbetrieb soll legitimerweise von der
Kontrolle des Herstellers über das Vertriebssystem erfaßt werden. Der
Lieferant soll darüber mitentscheiden können, ob eine Ausweitung des
Vertriebsnetzes stattfinden soll. Ob nun dieser Geschäftsbetrieb
rechtlich als eigenständiges Unternehmen einzustufen ist oder als Handelsvertreterverhältnis ausgestaltet ist, macht aus der Sicht des Herstellers, der sein Vertriebsnetz selektiv halten will, keinen Unterschied. In beiden Fällen findet tatsächlich eine Ausweitung der Zahl
der Wiederverkäufer statt. Damit der Vertragshändler das Genehmigungs-
erfordernis nicht umgehen kann, ist es daher gerechtfertigt, Art.3
Nr.6 erweiternd auszulegen: Der Hersteller kann den Vertragshändler
verpflichten, sein Einverständnis einzuholen, wenn das Unterhändlerverhältnis zu einer Eröffnung eines weiteren Geschäftsbetriebs führt.
Dagegen kann der Absatzmittler nicht dazu verpflichtet werden, die Zustimmung des Herstellers einzuholen, wenn er einen Unterhändlervertrag
schließt, ohne daß damit die Eröffnung eines örtlich getrennten Betriebs innerhalb des Vertragsgebietes verbunden ist. Damit soll ausgeschlossen werden, daß der Lieferant Personalentscheidungen des Händlers beeinflußt. Nur eine Betrachtungsweise von den Wirkungen aus gesehen, wird den Interessen des Herstellers an der Kontrolle seines
Vertriebsnetzes gerecht. Aber nicht nur der Hersteller wird dadurch
geschützt, sondern auch die Händler in einem nicht-ausschließlichen,
also mehreren Händlern zur Betreuung übergebenen Vertragsgebiet. Wenn
ein Händler zur Eröffnung eines neuen Betriebs innerhalb eines solchen
Vertragsgebiets nicht der Zustimmung des Herstellers bedürfte (Handelsvertreter !), käme es zu einem wirtschaftlich nicht mehr hinnehm-
baren Verdrängungswettbewerbs durch das Eröffnen von neuen Geschäftsbetrieben durch die Händler dieses Gebietes. Diese Auswirkungen, die
zu Lasten des gesamten Vertriebsnetzes gehen, indem sie es zumindest
ineffizient machen, sollen gerade durch die Möglichkeit des Zustim-
mungsvorbehaltes des Lieferanten vermieden werden. Unter Berücksichti-

---

8 Pfeffer, NJW 1985, 1245

gung dieser jeweiligen legitimen Interessen ist eine erweiternde Auslegung des Art.3 Nr.6 angebracht, so daß auch ein Zustimmungsvorbehalt
zu einem Untervertreterverhältnis mit einem Handelsvertreter oder Kommissionsagenten, sofern dies die Eröffnung eines Geschäftsbetriebs zur
Folge hat, freigestellt ist.

7.1.3. Sachlich gerechtfertigte Gründe:

Wie Art.3 Nr.6 zum Ausdruck bringt, steht jedem Händler das Recht zu,
Unterhändlerverträge abzuschließen, eingeschränkt nur durch den freigestellten Zustimmungsvorbehalt. Die Verordnung unterscheidet nicht
zwischen Großhändlern und lokalen Vertragshändlern und ausschließlichen und nicht-ausschließlichen Betreuungsgebieten.

Einem lokalen Vertragshändler, der sich in einem Ballungsraum mit
mehreren Händlern das Gebiet zur Bearbeitung teilen muß, steht ein Anspruch gegen den Lieferanten auf Zustimmung zu dem Unterhändlerverhältnis zu, sofern sachlich gerechtfertigte Gründe (Art.5 I Nr.2a) dagegen nicht bestehen. Das hätte zur Folge, daß der lokale Vertragshändler einen neuen Geschäftsbetrieb in einem Vertragsgebiet eröffnen
kann, dessen Marktpotential durch das Vorhandensein der anderen Händler beispielsweise annähernd ausgereizt ist. Durch die Eröffnung eines
neuen Geschäftsbetriebs in einem derartigen Gebiet würden jedoch die
Erwerbs- und Gewinnchancen der vorhandenen anderen Händler und deren
wirtschaftliche Interessen zugunsten eines einzigen Händlers beeinträchtigt.

Ein Großhändler, der in der Regel schon mehrere Unterhändler mit Waren des Herstellers beliefert, wird meistens ein ausschließliches Vertragsgebiet zur Betreuung haben. Dieses nur ihm zur Betreuung zuge-
teilte Gebiet soll er selbständig bearbeiten und daher auch die Unterorganisation eigenständig aufbauen, erweitern und einschränken können.
Er muß als ausschließlich in einem Gebiet tätiger Händler keine Rücksicht auf andere Absatzmittler nehmen, die seiner Funktion entsprechen. Ein Hersteller, der sich einen Zustimmungsvorbehalt bei der Einsetzung von Unterhändlern durch den Grossisten ausbedungen hat,
braucht bei der Entscheidung über sein Einverständnis nicht die Interessen funktionsgleicher Händler in die Abwägung einzubeziehen. Genauso
verhält es sich bei einem Vertragshändler, dem z.B. ein ländliches Gebiet zur ausschließlichen Betreuung übertragen wurde.

Trotzdem zwischen einem solchen Großhändler und einem lokalen Vertragshändler, der mit mehreren Vertriebspartnern in einem Gebiet tätig
ist, erhebliche Unterschiede in den Wirkungen hinsichtlich des Aufbaus
einer Unterorganisation bestehen, scheint Art.3 Nr.6 tatbestandlich
diese Differenzen nicht zu berücksichtigen. Damit aber ein lokaler

Vertragshändler nicht auf Kosten der anderen Händler, die in diesem
Gebiet Geschäftsbetriebe unterhalten und seiner Funktion gleichen,
Marktanteile erhält, indem er über Unterverhältnisse neue Betriebe
gründet, könnte man Art.3 Nr.6 dahingehend einschränken, daß er nur
für Grossisten[9] oder solche Händler gilt, die ein Vertragsgebiet ausschließlich bearbeiten können. Diese Meinung, die sich auf die SABA-
Entscheidung der Kommission[10] beruft[11] verkennt jedoch, daß nicht nur
die Grossisten durch die eigene Bestimmung von Unterhändlern in ihrer
Autonomie gestärkt werden und weniger vom Hersteller abhängig sein
sollen, sondern auch die lokalen, also kleinen Vertragshändler als
selbständige Unternehmer über ihr Verhalten auf dem Markt unabhängig
entscheiden können sollen. Eine Reduktion von Art.3 Nr.6 dahingehend,
daß der Hersteller nur Großhändlern den Aufbau und die Änderung einer
Unterorganisation erlauben muß, würde Unterschiede zwischen den Händlern im Einzelfall nicht berücksichtigen und damit zu einer pauscha-
len, durch die tatsächlichen Verhältnisse nicht gerechtfertigten Einschränkung der Selbständigkeit von kleineren Unternehmen führen. Diese
zu beachtenden Unterschiede hat der Lieferant vielmehr bei der eigentlichen Zustimmungserteilung, die Art.5 I Nr.2a zum Teil regelt, in
seine Abwägung einzubeziehen. Daher ist die Versagung des Einverständnisses im Sinne des Art.5 I Nr.2a sachlich gerechtfertigt, wenn solche
Differenzierungen (Handelsfunktion, ausschließliches Vertragsgebiet
etc.) in dem Abwägungsvorgang, den der Hersteller vorgenommen hat, Berücksichtigung gefunden haben und sich auch im Abwägungsergebnis niederschlagen. Daraus folgt, daß Umstände dieser Art Eingang bei der eigentlichen Entscheidung, also der Versagung bzw. Erteilung des Einverständnisses, finden sollen und nicht bereits in der Vertragsklausel,
die ansonsten pauschal ohne Notwendigkeit eingeschränkt werden würde.
Wenn der Hersteller diese Kriterien nicht in seine Abwägung aufnehmen
sollte, wird er dem Erfordernis der sachlich gerechtfertigten Begründetheit im Sinne des Art.5 I Nr.2a nicht gerecht. Bei der Abwägung
sind nicht nur die Interessen des Lieferanten und des Händlers, der
ein Unterverhältnis begründen, ändern oder beenden will, zu berücksichtigen, sondern es ist eine Gesamtabwägung einschließlich der
Belange des Vertriebsnetzes, also der anderen Händler, vorzunehmen[12].
Wenn ein lokaler Vertragshändler, der mit mehreren Vertriebspartnern
in einem Vertragsgebiet tätig ist, ein Unterverhältnis begründen
möchte, wird der Lieferant daher in der Regel sein Einverständnis ge-
rechtfertigterweise versagen können, da durch die damit einhergehende

---

9 so wohl Blaise, Rev. trim. 1985, 586
10 ABl 83 L 376/41, 48
11 Blaise, Rev. trim. 1985, 586 (mit Verweis in Fußnote 79)
12 ausführlich dazu Bunte/S. Rz. 69

Eröffnung eines Geschäftsbetriebs (s.o.) die Belange der anderen Vertragshändler beeinträchtigt werden. Für die Berechtigung einer Beziehung zu einem Unterhändler wird der Vertragshändler in einem solchen Fall schon außergewöhnliche Gründe vorbringen müssen. Dagegen kann ein Fabrikant einem Grossisten, dem ein Vertragsgebiet ausschließlich zugeteilt wurde, die Begründung eines Unterverhältnisses in der Regel nicht verweigern, da er die jenem eingeräumte Selbständigkeit zu respektieren hat und Interessen von funktionsgleichen Händlern in der Regel nicht entgegenstehen.

Wie sich aus diesen Beispielen bereits ergibt, sind die Anforderungen an die sachlich gerechtfertigten Gründe nicht immer so hoch wie bei einer Änderung des Vertragsgebietes oder einer Änderung der Markenbindung, die dem Wortlaut nach ebenfalls sachlich gerechtfertigte Gründe voraussetzen. Daher kommt es nicht darauf an, daß (wie bei diesen) außergewöhnliche Gründe vorliegen (s.o.II.3.4.1. und 4.5.), sondern, daß der Lieferant seine Zustimmung nicht willkürlich versagt (13. Erwägungsgrund). Das in Art.5 I Nr.2a aufgestellte Gebot sachlich gerechtfertigter Begründetheit bedeutet aber nicht, daß der Lieferant nur dem Willkürverbot unterliegt und bloß das Gebot der Gleichbehandlung beachten müßte, sondern zieht die Pflicht einer umfassenden Abwägung der Belange der Beteiligten nach sich (s.o.)[13].

Die Darlegungslast für das Fehlen sachlich gerechtfertigter Gründe obliegt dem Händler[14]. Sollte der Hersteller allerdings trotz der Darlegung des Fehlens sachlich gerechtfertigter Gründe seine Zustimmung verweigern, muß er dann substantiiert die Umstände vortragen, die für eine Rechtfertigung der Versagung der Zustimmung sprechen[15].

7.1.4. Weitergegebene Verpflichtung:

Wenn der Händler Unterhändlerverträge nach Zustimmung des Lieferanten schließt, kann er verpflichtet sein, diese Unterhändlerverhältnisse entsprechend den vertraglichen Vereinbarungen, die er mit dem Lieferanten geschlossen hat, auszugestalten (Art.3 Nr.7). Der Lieferant kann also dem Vertragshändler aufgeben, den Umfang seiner Verpflichtungen an den Unterhändler weiterzugeben (sog. weitergegebene oder durchlaufende Verpflichtung[16]). Eine weitergegebene Verpflichtung führt stets zu einer Wettbewerbsbeschränkung der erststufigen Händler, da der Lieferant seine Absatzpolitik gegenüber den Händlern durchsetzt, die ihre absatzpolitischen Vorstellungen ansonsten in höchst

---

13 Bunte/S. Rz. 69
14 Bunte/S. Rz. 69
15 ausführlich Bunte/S. Rz. 69
16 vgl. dazu auch Emmerich, S. 125f und ders. in Immenga/Mestmäcker § 15 Rdn. 69 (insbesondere zur weitergegebenen Vertriebsbindung)

unterschiedlicher Weise entwickeln könnten[17]. Die Kfz-Hersteller können durch die freigestellte Vertragsklausel, nämlich den Unter-
verhältnissen im gleichen Umfang Pflichten aufzuerlegen wie im Aus-
gangsverhältnis, den Zugang zum Handel mit Vertragsprodukten über alle
Stufen hinweg beschränken (weitergegebene Vertriebsbindung)[18] und
sicherstellen, daß ihre Marke bis zur letzten Absatzstufe einheitlich
nach außen auftritt. Zudem sorgt eine weitergegebene Vertiebsbindung,
also die Beschränkung der Abgabe der gelieferten Ware an Dritte,
dafür, daß das Vertriebssystem gedanklich lückenlos ist, was für ein
Vorgehen gegen den Schleichbezug von Vertragswaren durch Außenseiter
(sog. grauer Markt) in der Bundesrepublik Deutschland Voraussetzung
ist[19].

7.2. Wiederverkäufer:

Artikel 3 Nr.10a ermöglicht dem Lieferanten, den Händler zu verpflichten, an einen Wiederverkäufer Vertragswaren nur zu liefern, wenn er
ein Unternehmen des Vertriebsnetzes ist. Die Kommission meint im 5.
Erwägungsgrund, daß Vertriebsbindungen nicht in jeder Beziehung unerläßlich sind für einen wirtschaftlichen Vertrieb. Allerdings sind Maßnahmen, die den Schutz des selektiven Netzes bezwecken, freigestellt.
Deshalb beziehen sich die Ausnahmen von der Freistellung darauf, daß
die Lieferung von Vertragswaren an Wiederverkäufer nicht untersagt
werden kann, wenn sie dem gleichen Vertriebsnetz angehören.

7.2.1. Wirtschaftlicher Hintergrund:

Ein Händler, der einem Vertriebsnetz eines Kfz-Herstellers angehört,
hat sich die Zugehörigkeit zum Vertriebsverbund durch umfangreiche
Pflichten, die ihm vom Lieferanten auferlegt werden, zu verdienen. Er
unterliegt in der Regel einer Markenbindung, kann also nicht mehrere
Kfz-Marken verkaufen, ist zu einer umfangreichen Lagerhaltung verpflichtet, um den Erwartungen der Kunden gerecht zu werden, hat
Garantie- und Kundendienstarbeiten durchzuführen und ist meistens auf
das Vertragsgebiet beschränkt. Der Hersteller erwartet vom Vertragshändler, daß er durch eigene Investitionen das Autohaus nach den Vorstellungen und Richtlinien des Herstellers einrichtet und betreibt.
Der im Vertriebsnetz integrierte Händler hat also Leistungen zu erbringen, die die präsumtive Käuferschicht mit Rücksicht auf den Ruf
des Autofabrikats erwartet, welche aber ein nicht gebundener Händler

---

17 KOM ABl. 75 L 29/5 "BMW"; Stöver in Festschrift Sasse I, S. 398; Piriou, GRUR Int
1980, 321, 325
18 KOM ABl. 75 L 29/5 "BMW"
19 Regelmann, WRP 1989, 779, 781; vgl. Beier, GRUR 1987, 131, 137

nicht erbringen muß[20]. Letztere genießen daher eine größere Freiheit,
indem sie beispielsweise keinem Konkurrenzverbot unterliegen oder
nicht auf das Vertragsgebiet beschränkt sind. Wenn ein ungebundener
Händler neue Kraftfahrzeuge an Endverbraucher verkauft, wird er in der
Regel die Kraftfahrzeuge zu günstigeren Konditionen als der Vertragshändler anbieten können, da er finanziell belastenden Pflichten seitens des Herstellers nicht ausgesetzt ist. Trotzdem profitiert er beim
Verkauf eines neuen Kraftwagens vom good will der Marke, der durch den
Hersteller und seinem Händlersystem geschaffen worden ist, ohne dazu
beigetragen zu haben bzw. beizutragen[21]. Ein nicht einem Vertriebssystem angehörender Händler ist nicht zu Garantiearbeiten verpflichtet, weshalb ein Verbraucher, der die auf das Neukraftfahrzeug gegebene Garantie nutzen möchte, zu einem Vertragshändler gehen wird, um
diese durchführen zu lassen. Die Vertriebsnetzmitglieder machen also
kein Geschäft und haben zusätzlich die Belastung durch Kundendienstarbeiten, die mit dem bloßen Kauf des Kraftfahrzeuges verbunden sind[22].
Ein Wiederverkäufer, der solche Vorteile des Vertriebssystems aus-
nutzt, aber keine Investitionen in die Ausstattung des Geschäftsbetriebs oder in das technische Personal tätigen muß, "is enjoying a
free ride on the back of the dealer"[23]. Deshalb wird der ungebundene
Händler, der mit geringen Investitionen einen Geschäftsbetrieb zum
Verkauf von Neufahrzeugen aufbauen kann, ohne die entsprechenden Verpflichtungen eines Vertragshändlers übernehmen zu müssen, auch als
free rider bezeichnet[24].

7.2.2. Verbot des Verkaufs an vertriebsnetzfremde Wiederverkäufer:
Der Hersteller bindet sich langfristig mit einem Vertragshändler,
damit der Absatz seiner Produkte eine gewisse Stabilität und Kontinui-
tät erfährt. Durch die dauerhafte Bindung zu den Vertragshändlern wird
es ihm ermöglicht, beispielsweise durch Jahreszielbestimmungen
(s.o.II.6.), die Mengen, die jeder Vertragshändler abnimmt, zu progno-
stizieren[25]. Durch die Kenntnis eines jeden Händlers, der seinem Ver-
tiebssystem angehört, ist er befähigt, die Aufnahmefähigkeit seiner
Absatzmittler genauestens einzuschätzen. Durch die Prognose des
Bedarfs der von ihm hergestellten Erzeugnisse kann er seine Produktion
langfristig und dauerhaft ausrichten und damit über größere Zeiträume
hinweg planen. Durch den Ausschluß von ungebundenen Händlern, die sich
oftmals auf schnellgängige Produkte konzentrieren und dadurch das

20 vgl. BGH NJW 1981, 117, 119
21 vgl. Frignani, Fordh. Corp. Law Inst. 1984, 587
22 Lukoff, CMLR 1986, 854
23 van Bael, swiss review of intern. antitrust law 1983, 15
24 vgl. Frignani, Fordh. Corp. Law Inst. 1984, 587
25 Frignani, GRUR Int. 1984, 23

Nachfragepotential verzerren, wird aber nicht nur das Interesse des
Herstellers an einer langfristigen Absatzplanung berücksichtigt, sondern es wird auch sein Vertriebsnetz, welches der Hersteller aufgebaut
hat, geschützt. Nur wenn Außenseiter, die die Vorteile der Marke (z.B.
good will) und des Vertiebsnetzes nutzen wollen, aber keine Nachteile
durch irgendwelche vertragliche Pflichten in Kauf nehmen wollen und
daher zu günstigeren Konditionen anbieten können, ferngehalten werden,
wird das Vertriebsnetz in seinem Bestand nicht gefährdet. Die autorisierten Händler wären wegen des gleichsam parasitären Wettbewerbs nämlich nicht in der Lage den zu ihrem Überleben notwendigen Neuwagenum-
satz zu erreichen[26]. Die Vertragshändler sind zu einer umfangreichen
Lagerhaltung hinsichtlich der Ersatzteile (Vollsortimentierung,
s.o.II.5.5.3.) und der Neuwagen verpflichtet, während ein free rider
sich auf die schnelldrehenden Ersatzteile (s.o.II.5.5.4.) und ständig
nachgefragten Neuwagen konzentrieren kann[27]. Damit das Vertriebsnetz
nicht einseitig finanzielle Belastungen zu tragen hat, der free rider
dagegen nur die Vorteile aus einem Vertriebssystem zieht, sieht Art.3
Nr.10a vor, daß der Lieferant den Vertragshändler verpflichten kann,
an einen Wiederverkäufer Vertragswaren nur zu liefern, wenn dieser dem
Vertriebsnetz angehört (Selektionsschutzklausel[28]). Durch die Pflicht,
nur an Wiederverkäufer, die Mitglied des Vertriebssystems sind, zu
verkaufen, wird keine Ausweitung der Zahl der Anbieter und damit des
selektiven Vertriebsnetzes vorgenommen[29]. Deshalb ist Grundsatz, daß
Vertriebsnetzfremde, also Außenseiter bzw. Dritte vom Netz ferngehalten werden dürfen. Dritten Händlern wird dadurch der Zugang zum Vertriebsnetz verwehrt (sog. refus de vente = Verkaufsverweigerung)[30] und
die Vertragshändler werden in der Abgabe der gelieferten Ware
beschränkt (Vertriebsbindung). Durch das freigestellte Verbot des Verkaufs an einen free rider werden zwar einzelne Vertragshändler, die
enge und regelmäßige Kontakte zu nicht-autorisierten Händlern unterhalten, benachteiligt, aber das Netz im gesamten geschützt und damit
auch das Interesse des Herstellers am Erhalt des Netzes. Der Hersteller kann damit auch seine Selektionskriterien, die meistens das ver-
borgene Motiv des Lieferanten für das Verbot der Belieferung von Wiederverkäufern sind, bis in die letzte Stufe durchsetzen[31]. Bei Licht
betrachtet ermöglicht die Verordnung daher dem Hersteller eine Art
legalen "vertical boycott", indem die Händler zustimmen, nicht-autori-

26 Bunte/S. Rz. 50
27 vgl. Joerges, RIW 1985, 528
28 Groeben/Thiesing/Ehlermann, Art. 85, Rdn. 227
29 vgl. Ebel/Genzow, DB 1985, 744
30 Straub/Schuberl, WRP 1988, 15, 16
31 Stöver in Festschrift Sasse, Band I, S. 394

sierte Außenseiter nicht zu beliefern[32].

7.2.2.1. Private Wiederverkäufer:

Der Wortlaut von Art.3 Nr.10 unterscheidet nicht zwischen privaten und gewerblichen Wiederverkäufern. Damit das Vertriebsnetz des Herstellers effektiv selektiv bleibt und die gesamte Händlerschaft des Vertriebssystems vor profitablen Alleingängen einzelner Händler verschont bleibt, meint Art.3 Nr.10 auch private Wiederverkäufer[33].

Ansonsten wäre der Schutz des selektiven Vertriebsnetzes vor einem grauen Markt nicht gewährleistet, also einem Markt, der sich durch Schleichbezug von Vertragsprodukten durch Außenseiter erhält und der letztlich das Vertriebskonzept des Fabrikanten gefährdet[34]. Mit dem bloßen Verweis auf den Wortlaut der Verordnung könnte das vertragliche Verbot des Verkaufs an Wiederverkäufer umgangen werden[35]. Das Vertriebssystem soll aber gerade vor gleichsam parasitärem Geschäftsgebaren in Form eines grauen Marktes geschützt werden, egal was für Ursachen dem zugrundeliegen. Zudem ist die Grenze zwischen privaten und gewerblichen Wiederverkäufern fließend, zumindest aber für Außenstehende schlecht erkennbar. Daher kann der Hersteller dem Vertragshändler auch untersagen, an private Wiederverkäufer Kraftwagen zu liefern.

7.2.2.2. Leasing und Autovermietung:

Artkel 3 Nr.10 in Verbindung mit Art.13 Nr.12, der bestimmt, daß "vertreiben" und "verkaufen" auch andere Formen des Absatzes wie z.B. Leasing umfaßt, könnte dahingehend aufgefaßt werden, daß vom Hersteller unabhängige Leasinggesellschaften, an die der Händler liefern möchte, als Wiederverkäufer einzuordnen sind und aufgrund einer entsprechenden Klausel nicht beliefert werden dürften. Leasinggesellschaften sind in ihrer Funktion jedoch nicht mit Wiederverkäufern zu vergleichen, da sie eine wesentlich unterschiedliche wirtschaftliche Funktion ausüben. Leasingunternehmen erwerben Kraftfahrzeuge als rechtlicher und wirtschaftlicher Eigentümer und verschaffen dem Leasingnehmer nur die Nutzungsmöglichkeit, nicht hingegen wie bei einem Endabnehmer normalerweise das Eigentum[36]. Deshalb sind Leasingunternehmer keine Wiederverkäufer[37] und müssen wie letztere beliefert werden (§ 26 II GWB). Genauso verhält es sich bei reinen Autovermiet-

---

32 Davidow, Antitrust Bull. 1983, 873 und ders., Bulletin, S. 48, der auf diesen Ausdruck im amerikanischen Recht hinweist
33 Ebel/Genzow, DB 1985, 744
34 OLG Schleswig GRUR 1986, 259
35 Ebel/Genzow, DB 1985, 744; Bunte/S. Rz.50
36 LG/WuW/E 650, 651
37 Bunte (ausführlich) in WuW 1988, 373ff; Bunte/S. Rz. 50; Schwintowski, BB 1989, 2337, der einen anderen Lösungsweg einschlägt als Bunte, aaO; BKartA TB 1987/88, S.62; Kartte, DAR 1988, 412; siehe auch oben II.1.5., Fußnote 44

agenturen, die Kraftfahrzeuge vorübergehend an Verbraucher vermieten,
wie Budget, Avis oder Interrent.

7.3. Vermittler:

Artikel 3 Nr.11 sieht vor, daß die Freistellung auch dann gilt, wenn
dem Händler die Pflicht auferlegt wird, Kraftfahrzeuge des Vertragsprogramms Endverbrauchern, die einen Vermittler eingeschaltet
haben, nur zu verkaufen, wenn der Vermittler vorher schriftlich zum
Kauf eines bestimmten Kraftfahrzeugs und bei Abholung durch diesen
auch zur Abnahme bevollmächtigt wurde. Es sollen, wie der 5. Erwägungsgrund angibt, Maßnahmen des Herstellers und der Unternehmen
ermöglicht werden, die den Schutz des selektiven Vertriebssystems
bezwecken. Insbesondere gilt das für eine Verpflichtung des Händlers,
Endverbrauchern, die einen Vermittler eingeschaltet haben, Fahrzeuge
nur zu verkaufen, wenn sie den Vermittler bevollmächtigt haben.

7.3.1. Wirtschaftlicher Hintergrund:

Die Netto-Autopreise in der Europäischen Gemeinschaft schwanken zwischen den einzelnen Ländern bis zu 60%, wobei Belgien, Luxemburg und
Dänemark relativ niedrige Nettopreise haben, dagegen Großbritannien
und die Bundesrepublik Deutschland hohe Preise für den Kauf von
Neufahrzeugen, ohne die Verteuerung durch die Steuer miteinzuberech-
nen, aufweisen[38]. Die unterschiedlichen Preise erklären sich zum Teil
mit innerstaatlichen Maßnahmen und teilweise mit speziellen Marktver-
hältnissen in einem Land. Dänemark hat beispielsweise sehr günstige
Nettopreise, erhebt jedoch beim Kauf Steuern von mehr als 100 Pro-
zent[39]. Dadurch sind die Kraftfahrzeugfabrikanten gezwungen, ihre Produkte in diesen Ländern von vornherein mit einer geringeren Gewinn-
spanne anzubieten, damit sie überhaupt gekauft werden. Ähnlich verhält
es sich in Belgien, wo zudem noch Preiskontrollmaßnahmen seitens des
Staates vorgenommen werden[40]. In Großbritannien, wie allgemein in den
Produzentenländern[41], muß der Verbraucher deutlich mehr für ein iden-
tisches Fahrzeug als beispielsweise in Belgien bezahlen[42]. In Großbritannien sind die hohen Preise für Kraftfahrzeuge auf die spezifische
Struktur dieses Marktes zurückzuführen[43]. Die britischen Hersteller,
wie beispielsweise Ford, sind die Preisführer, an denen sich die anderen Kfz-Produzenten in ihrer Hochpreispolitik orientieren[44]. Der in

---

38 vgl. Süddeutsche Zeitung, 12.01.1990, Nr. 9, S. 36
39 vgl. Süddeutsche Zeitung, 12.01.1990, Nr. 9, S. 36
40 vgl. z.B. 12. Wettbewerbsbericht Rdn. 238
41 vgl. 12. Wettbewerbsbericht Rdn. 238
42 vgl. zuletzt Pressemitteilung der Kommission vom 09.08.1989 in WuW 1989, 912 "VW"
43 vgl. dazu Joerges, RIW 1985, 526
44 Joerges, Vertriebspraktiken, S. 120 und 12. Wettbewerbsbericht Tz. 238

Großbritannien etablierte Produzent Ford profitiert insbesondere von
seinem britischen Image, da dort die Mentalität "kauf britisch" vorherrscht[45]. Dieses Preisgefälle zwischen Großbritannien und den anderen Mitgliedstaaten haben insbesondere aufgrund der Nähe zum britischen Markt belgische Händler ausgenutzt. Wegen des einheitlichen Pro-
duktwertes lösen nämlich schon kleine Preisunterschiede Einfuhren
durch Verbraucher aus, nachdem die Transportkosten kein großes Hinder-
nis darstellen[46] und Umrüstungen wegen spezieller staatlicher
Betriebsanforderungen in der Regel nicht mit erheblichem finanziellen
Aufwand verbunden sind[47]. Ausnahme ist nur die Umstellung von Links-
auf Rechtslenker für den britischen Markt, die aber wegen des erheblichen Preisunterschiedes zwischen Großbritannien und anderen Mitgliedstaaten nicht besonders hinderlich ist[48]. Importe durch Verbraucher
zum Zwecke der Ausnutzung von günstigeren Okkasionen sind insbesondere
auch sogenannte Reimporte, also die Wiedereinfuhr von ausgeführten
Kraftfahrzeugen[49]. So versuchen Bundesbürger vor allem Kraftfahrzeuge
deutscher Herkunft aus Dänemark zu reimportieren[50]. Etwa 30 000
Bundesbürger pro Jahr nutzen überhaupt die Möglichkeit, ihren Wagen
abseits der üblichen Vertriebswege aus einem anderen EG-Land zu impor-
tieren[51].

7.3.2. Geübte Kritik und Zweck:
Nach den Vorschriften, die die Ersatzteile betreffen, war die sogenannte Vermittlerklausel die am stärksten umstrittene Bestimmung in
der Verordnung 123/85. Der Kommission wurde vorgeworfen, daß die Möglichkeit, Vermittler zum Kauf eines Kraftfahrzeuges einzuschalten,
grundsätzlich im Widerspruch zur Anerkennung des selektiven Vertriebs
steht und damit das selektive System überhaupt in Frage stellt[52].
Durch die Möglichkeit eines Vermittlers würde die Prärogative des Herstellers, seine Händler auswählen zu dürfen (s.o.II.7.1.1.), aufgehoben[53]. Der Hersteller müsse sich direkt oder indirekt vollkommen
zufällige und unabhängige Partner aufzwingen lassen, über die er keinerlei Kontrolle ausüben kann[54]. Letztlich würde also der Zweck der
Verordnung, dem Hersteller die Möglichkeit zu geben, das Netz selektiv
zu halten, durch die Vermittlerklausel wieder vereitelt werden. Zudem

---

45 Joerges, JCP (Consumer Policy) 1984, 271, 286
46 Kommission im 12. Wettbewerbsbericht Tz. 237
47 vgl. Joerges, Vertriebspraktiken, S. 347 Fußnote 118
48 vgl. Joerges, Vertriebspraktiken, S. 347 Fußnote 118
49 vgl. KOM ABl. 78 L 46/33,34 "BMW-Belgium"
50 Süddeutsche Zeitung, 12.01.1990, Nr. 9, S. 36
51 Süddeutsche Zeitung, 12.01.1990, Nr. 9, S. 36
52 Jeantet/Kovar, Rev. trim. 1983, 547, 558; Blaise, Rev. trim. 1985, 568, 571; bes.
kritisch van Bael, swiss review of intern. antitrust law 1983, 3ff, 15
53 Daverat, gaz. pal. 1984 I, 84, 86
54 Daverat, gaz. pal. 1984 I, 84, 89

würden die Vermittler die von der Verordnung gegebenen Möglichkeiten
mißbrauchen, indem sie Aufträge von nicht vorhandenen Verbrauchern
produzierten[55]. Bei den Händlern würden sich ebenfalls die kommerziel-
len Instinkte über die ihnen auferlegten Restriktionen hinwegsetzen[56].
Schließlich würde die Vermittlerklausel auch zu Lasten der Sicherheit
des Verbrauchers gehen, da nicht geklärt ist, wer die Garantie für die
Qualität der Umrüstung beispielsweise eines Linkslenkers auf einen
Rechtslenker übernimmt[57].

Die Kommission geht davon aus, wie sie in der Bekanntmachung zur Verordnung[55] verlauten läßt, daß der gemeinsame Markt dem europäischen
Verbraucher Vorteile bringt und dies in erster Linie durch den Wettbewerb bewerkstelligt wird. Daher soll der europäische Verbraucher sein
Kraftfahrzeug im Gemeinsamen Markt dort kaufen können, wo die Angebote
nach Preis und Qualität am günstigsten sind. Im Interesse des Wettbewerbs innerhalb einer Marke (intra-brand-Wettbewerb) durch billigere
Importe kann der Verbraucher, der nicht immer in der Lage ist, in
einem anderen Mitgliedstaat günstig einzukaufen, sich eines Vermittlers bedienen[59]. Durch die Möglichkeit von Kraftfahrzeugimporten zum
Zwecke der Wahrnehmung günstigerer Preise wird der Wettbewerb zwischen
den Händlern einer Marke zugunsten des Verbrauchers aufrechterhalten
bzw. überhaupt erst ermöglicht[60]. Andererseits soll aber auch das Vertriebssystem des Herstellers vor ungebetenen Außenseitern geschützt
werden, so daß dieser dem Händler die Pflicht auferlegen kann, an
einen Vermittler, der letztlich ein Wiederverkäufer ist, nicht zu verkaufen[61]. Die Vermittlerklausel soll zudem die Umgehung des Verbots
des Verkaufs an einen Wiederverkäufer verhindern[62] und trägt damit zur
Lückenlosigkeit des Vertriebssystems bei, welche Voraussetzung für das
Vorgehen gegen einen Schleichbezug der Produkte ist (s.o.II.7.1.4.)[63].
Die Kommission bildete einen Kompromiß zwischen den Interessen des
Herstellers am Erhalt des Vertriebsnetzes und den Wünschen des Konsumenten nach preisgünstigen Kraftfahrzeugen. Für den Verbraucherwunsch
nach preisgünstigen Automobilen muß die Möglichkeit von Reimporten
(s.o.) und sogenannten Parallelimporten, also Einfuhren von ausländischen Kfz-Marken über andere Vertriebswege als die des Herstellers,
erhalten bleiben[64].

---

55 Glatz, Bulletin, "Interventions", S. 103; vgl. Lukoff, CMLR 1986, 854; vgl. Creutzig,
BB 1989, 365
56 vgl. Groves, ECLR 1987, 79
57 Glatz, consumer interest, S.237, 243
58 ABl. 85 C 17/4
59 KOM ABl. 85 C 17/5
60 vgl. Weltrich, DB 1987, 2297
61 KOM ABl. 85 C 17/5 und 5. Erwägungsgrund der VO
62 Ebel/Genzow, DB 1985, 744
63 Weltrich, DB 1987, 2297
64 vgl. dazu auch Kommission ABl. 75 L 29/14 "GM"; ABl. 78 L 46/33 "BMW-Belgium"; ABl.
83 L 327/31 "Ford"; ABl. 84 L 207/11 "BL"; ABl. 86 L 295/19; 14. Wettbewerbsbericht Tz.

7.3.3. Stellvertreter:

Der Endverbraucher soll die Möglichkeit haben, im gesamten Gemeinsamen Markt ein Kraftfahrzeug nach seinen Vorstellungen hinsichtlich des Preises und der Qualität zu kaufen. Damit geht auch das Recht einher, Dienstleistungen von Personen und Unternehmen in Anspruch zu nehmen, die ihm beim Einkauf eines neuen Kraftwagens in einem anderen Mitgliedstaat unterstützen[65]. Deshalb ist es das unbestrittene Recht des Verbrauchers, sonst irgendjemanden mit dem Kauf eines Automobils zu beauftragen[66]. Es kann keinen Unterschied machen, ob der Endverbraucher direkt an den Händler herantritt oder einen Vermittler zum Kauf eines Kraftfahrzeuges einschaltet, da er dann gleichsam selbst tätig wird. Die GVO geht demnach davon aus, daß eigentlich der Endverbraucher sich in dem einen wie dem anderen Fall an den Händler wendet. Der Vermittler und der Konsument stellen für den Händler eine Einheit dar. Wenn die Einheit aufgespalten ist, also eine zusätzliche Stufe im Vertrieb der Ware bis zum Endabnehmer eingebaut wird, kann der Vertragshändler verpflichtet werden, ein Kraftfahrzeug nicht an einen solchen Vermittler zu liefern. Nur der Endverbraucher soll aus dem Kauf berechtigt und verpflichtet sein. Der Vermittler ist also genau genommen kein Vermittler, sondern offener Stellvertreter des Konsumenten[67]. Wenn also der Vertreter des Endverbrauchers nicht in dessen Namen und auf dessen Rechnung handelt, kann der Händler den Verkauf eines Automobils ablehnen[68]. Nur diese strenge Ausgangsposition wird dem Interesse des Herstellers und der gesamten Händlerschaft am Erhalt und dem Funktionieren des Vertriebssystems gerecht. Die Kommission nimmt demzufolge gerade nicht, wie ihr vorgeworfen wurde (s.o.II.7.3.2.), eine Ausweitung des Netzes vor, indem sie eine zusätzliche Stufe ermöglicht, sondern gewährleistet die Erhaltung des status quo der quantitativen Selektion.

7.3.3.1. Sicht eines Dritten:

Die Hersteller versuchen schon seit Jahren Reimporte oder Parallelimporte zu beschränken und behindern dadurch die Tätigkeit von Vermittlern. Die Importeure, die mit oder ohne Auftrag des Konsumenten tätig werden, haben sich natürlich auf diese Situation eingestellt und versuchen die Restriktionen mit lauteren und unlauteren Mitteln zu umgehen. Ein Vermittler, der eigentlich ein Wiederverkäufer ist, wird sich

---

70 "Fiat"; 16. WB. Tz. 30; 17. WB. Tz. 39; 18. WB Tz. 56 "Citroen"; Pressemitteilung vom 09.08.89 in WuW 1989, 912 "VW"
65 Bekanntmachung, KOM ABl. 85 C 17/5
66 Joerges, consumer interest, S. 187, 207
67 vgl. auch Stöver, Das Autohaus 1983, 1343; vgl. van Houtte, Bulletin, S. 30
68 Bekanntmachung, KOM ABl. 85 C 17/5

deshalb mit Sicherheit nicht als solcher zu erkennen geben, sondern wird vorgeben, in Vertretung eines Endabnehmers zu handeln. Deshalb ist zur Beurteilung, ob ein Vermittler tätig ist oder ein Wiederverkäufer ein Kraftfahrzeug zu kaufen wünscht, die Sicht eines objektiven Händlers ausschlaggebend. Wenn ein objektiver Händler bei der Prüfung der äußeren Umstände nur den Schluß ziehen könnte, daß der "Vermittler" wie ein Wiederverkäufer auftritt, kann der Händler, sofern eine entsprechende Klausel aufgenommen worden ist, verpflichtet sein, den Kraftwagen nicht an den free rider auszuliefern[69]. Eine Vermittlertätigkeit ist demnach vorgegeben, wenn der Dritte aus der Sicht des Händlers wie ein Wiederverkäufer neuer Kraftfahrzeuge des Vertragsprogramms auftritt oder eine dem Wiederverkauf gleichzusetzende Tätigkeit entfaltet[70]. Es obliegt dem Vermittler, darzulegen, daß er im Namen und für Rechnung des Endverbrauchers handelt, also kein Wiederverkäufer ist[71], das heißt, er trägt dafür die Beweislast.

7.3.3.2. Ergänzende Beurteilungskriterien:

Ausgeschlossen von der Vermittlertätigkeit sind freie netzfremde Eigenhändler und Importeure, die auf eigene Rechnung oder im eigenen Namen handeln und demnach nur Deckungskäufe vornehmen[72]. Zur Abgrenzung ist aber nicht nur entscheidend, ob der "Vermittler" in eigenem Namen auftritt, sondern es sind auch andere Umstände heranzuziehen (s.o.), die aber in der Regel nur Indizien sind. Eine einem Wiederverkäufer gleichzusetzende Aktivität besteht demnach, wenn der "Vermittler" einen Ausstellungsraum mit ständig verfügbaren Kraftfahrzeugen unterhält und ein Lager besitzt, das für die notwendige kurzfristige Unterbringung der vermittelten Kraftwägen bei weitem überdimensioniert ist[73]. Kein ordnungsgemäßer Direktimport liegt vor, wenn der "Vermittler" den Kauf des Kraftwagens durch den Endverbraucher mit einem Kredit finanziert[74], da er dann eine einem Wiederverkäufer gleichzusetzende Tätigkeit entfaltet. Ein free rider ist ebenfalls aus der Sicht des Händlers gegeben, wenn dieser kein Interesse an einem bestimmten Fahrzeug (vgl.Art.3 Nr.11) zeigt[75], wozu insbesondere die Wahl einer bestimmten Farbe, wie es für einen Endverbraucher typisch ist, gehört[76]. Wenn der Vermittler hingegen für sein Unternehmen

---

69 vgl. auch Frignani, GRUR Int. 1984, 24 und ders., Bulletin, S. 81
70 Bekanntmachung, KOM ABl. 85 C 17/5
71 Bekanntmachung, KOM ABl. 85 C 17/5
72 Ebel, DB 1984, 101f
73 vgl. van Bael/Bellis, S. 120 und Creutzig, BB 1987, 284
74 vgl. van Bael/Bellis, S. 120 Fußnote 234, der auf eine unveröffentlichte Entscheidung in Belgien des Handelsgerichtes Brüssel vom 30.05.1985 hinweist
75 Bunte/S. Rz. 54
76 In dem von van Bael/Bellis, S. 120 Fußnote 234 zitierten Fall zeigte der sich als Vermittler ausgebende Wiederverkäufer keinerlei Interesse an der Ausstattung, beispielsweise der Farbe des Kraftfahrzeuges

wirbt, kann der Händler nicht ohne weiteres eine Belieferung mit
Kraftfahrzeugen ablehnen. Dem Vermittler muß möglich sein, auf seine
berufliche Tätigkeit als Vermittler durch werbemäßige Aussagen hinzuweisen, z.B. welche Fabrikate und Fahrzeugtypen auf einen entsprechenden Auftrag hin vermittelt werden können[77]. Wenn der sich als Vermittler ausgebende Unternehmer dagegen unter Hinweis auf die ständig verfügbaren Automobile oder auf seinen Ausstellungssraum Werbung für
seinen Geschäftsbetrieb macht, ist, sofern eine entsprechende Vertragsklausel aufgenommen wurde, der Händler verpflichtet, kein Kraftfahrzeug an diesen zu liefern. Keine Vermittlungstätigkeit im Sinne
der GVO besteht, wenn der free rider erst nach Kontaktaufnahme mit
lieferbereiten Händlern durch Zeitungsinserate kaufinteressierte Endverbraucher sucht[78].

7.3.3.3. Gewerbsmäßige Vermittlung:

Die Unterhaltung eines Lagers oder eines Ausstellungsraumes, die Werbung mit ständig verfügbaren Kraftfahrzeugen oder die Suche nach
Kaufinteressenten nach Kontaktaufnahme mit dem Vertragshändler mittels
Zeitungsinseraten wird in der Regel nur von einem nicht-autorisierten
Händler, der gewerblich tätig ist, vorgenommen, da nur ein solcher
diesen Aufwand betreiben kann. Ein gewerblicher Vermittler wird oftmals eine Tätigkeit, die derjenigen eines Wiederverkäufers gleichzusetzen ist, entfalten[79]. Trotzdem will die Kommission gewerbliche
Vermittler nicht ausschließen, nur weil sie berufsmäßig Bestellungen
aufnehmen und für ihre Dienste Entgelt verlangen[80]. Die Belieferung
gewerblicher Vermittler darf demnach nicht verweigert werden. Dies
rechfertigt sich daraus, daß die Zulassung nur privater Vermittler
kaum irgendeine positive Auswirkung auf den intra-brand-Wettbewerb
haben dürfte. Ein Endverbraucher wird sich in den seltensten Fällen an
einen privaten Vermittler wenden, da er nur bei einem professionellen
und erfahrenen Vermittler die Gewähr für die prompte und zuverlässige
Ausführung seines Auftrags haben wird. Zudem werden meistens nur Vermittler, die auf ihre Tätigkeit durch Werbung aufmerksam machen, also
gewerbliche, dem Konsumenten bekannt sein. Für die Aufrechterhaltung
eines wirksamen intra-brand-Wettbewerbs ist es notwendig, daß Unternehmer, die sich gewerbsmäßig der Vermittlung von Kraftfahrzeugen
widmen, nicht Wiederverkäufern gleichgesetzt werden[81]. Ein Vermittler,
der gewerbsmäßig schriftliche Mandate zum Autokauf sammelt und ent-
geltlich seine Dienste dem Endverbraucher zur Verfügung stellt, hat

---

77 Bunte/S. Rz. 54; a.A. offenbar van Bael/Bellis, S. 120
78 Bunte/S. Rz. 53; vgl. Creutzig, BB 1989, 365
79 Creutzig, BB 1987, 284
80 Kommission im 16. Wettbewerbsbericht Tz. 30
81 a.A. Ebel, DB 1984, 102

deshalb über den Konsumenten einen Lieferanspruch gegen einen Händler des Vertriebsnetzes[82]. Daher ist es auch nicht gerechtfertigt, einen Vermittler, der eine Anzahlung für seine Tätigkeit zur Pflicht macht, mit dem Hinweis, daß er damit eine einem Wiederverkäufer gleichzusetzende Tätigkeit zeigt, nicht zu beliefern[83].

7.3.3.4. Nachprüfbare Kontrollmaßnahmen:

Der Kfz-Fabrikant kann die Kriterien, die gegen einen Vermittler sprechen, zum Vertragsinhalt machen und dem Händler auferlegen, diese bei jeder Vermittlertätigkeit zu beachten. Allerdings läßt sich deren Beachtung vom Hersteller kaum kontrollieren. Überdies muß sich der Fabrikant der Tatsache bewußt sein, daß es sich nur um Indizien handelt. Daher dürfte eine Belieferung trotz anderer durch diese Kriterien angezeigter, objektiver Lage kaum mit Sanktionen geahndet werden können. Damit das selektive Vertriebssystem aber aufrechterhalten wird, muß dem Hersteller die Möglichkeit gegeben werden, es durch die entsprechenden Maßnahmen wirksam zu überwachen[84]. Deshalb sind nicht nur solche Pflichten zur Beachtung der Anforderungen an die Eigenschaft eines Vermittlers freigestellt, sondern der Fabrikant darf den Vertragshändler auch verpflichten, konkrete Kontrollmaßnahmen durchzuführen, die der Produzent jederzeit nachprüfen kann. Derartige Verpflichtungen stellen nur eine unselbständige Ergänzung der Hauptpflicht, nämlich der Aufrechterhaltung des selektiven Vertriebsnetzes auch durch den Händler, dar und teilen deren rechtliches Schicksal, weswegen sie schon nicht unter Art. 85 I EWGV fallen[85]. Der Europäische Gerichtshof und die EG-Kommission haben einem Hersteller, der ein selektives Vertriebsnetz aufgebaut hat, daher gestattet, eine sogenannte Nummernkontrolle zur Überwachung seines Vertriebssystems durchzuführen. Mittels dieser Nummernkontrolle kann der Hersteller den Vertriebsweg seiner Ware zurückverfolgen und eine undichte Stelle, die zu einem Schleichbezug von Vertragswaren geführt hat, in seinem Vertriebsnetz aufdecken. Wenn sich diese Kontrollmaßnahmen allerdings nicht auf das unbedingt erforderliche Maß beschränken sollten, das heißt, über eine angemessene Kontrolle hinausgehen, werden sie von Art. 85 I EWGV erfaßt und bedürfen einer Freistellung[86]. Sollten die Verpflichtungen über den Zweck hinausgehen, also durch überstrenge Ausgestaltung eine Diskriminierung der Händler oder auch des Verbrau-

---

82 Bunte/S. Rz.54
83 so aber das Handelsgericht Brüssel, zitiert nach van Bael/Bellis, S.120 Fußnote 234
84 vgl. EuGHE 1977, 1875, 1908 (Rdn. 27) "Metro"
85 EuGHE 1977, 1875, 1908 (Rdn. 27) "Metro" und KOM ABl. 83 L 376/41, 46 "SABA II"
86 EuGHE 1977, 1875, 1908 (Rdn. 27) "Metro" und KOM ABl. 83 L 376/41, 46 "SABA II"

chers bewirken[87] oder zu einer Marktabschottung benutzt werden[88], werden sie vom Kartellverbot erfaßt.

Nachdem die Kommission die Vermittlerklausel nicht von vornherein vom Kartellverbot ausgenommen hat, sondern durch die Aufnahme in Art.3 der Verordnung eine Freistellung nach Art. 85 III EWGV gewährt hat (argumentum e contrario Art.4 II)[89], werden entsprechende Maßnahmen im Gegensatz zur sonstigen Praxis daher von Art. 85 I EWGV erfaßt. Deshalb stellt Art.3 Nr.11 dem Hersteller frei, den Händler zu verpflichten, ein bestimmtes Kraftfahrzeug nur zu verkaufen, wenn der Vermittler vorher schriftlich zum Kauf dieses Kraftfahrzeugs und bei Abholung durch denselben auch zur Abnahme bevollmächtigt wurde. In der Bekanntmachung zur Verordnung nimmt die Kommission offenbar den Standpunkt ein, daß zur Darlegung der Ermächtigung des Vermittlers durch den Endverbraucher genügt, wenn dem Händler eine Bevollmächtigung vorher schriftlich vorgelegt wird, daß der Vermittler bei Kauf und Fahrzeugabnahme eines bestimmten Kraftfahrzeuges im Namen und für Rechnung des Endverbrauchers handelt[90]. Der Wortlaut der Verordnung legt aber nahe, daß auch die Pflicht, erst nach Vorlage zweier Ermächtigungen, eine bei Abschluß des Kaufvertrages und eine weitere bei Abnahme des Fahrzeuges, freigestellt ist. Damit der Händler sicher sein kann, daß der Kaufvertrag im Namen dessen, der ihn abgeschlossen hat, ausgeführt wird, ist die Pflicht des Händlers, sich eine zusätzliche Ermächtigung des Endverbrauchers auch bei Abnahme zeigen zu lassen, freigestellt. Zusätzlich kann der Fabrikant vom Vertragshändler verlangen, daß jeweils nur entsprechend detaillierte Vollmachten den Händler berechtigen, ein Kraftfahrzeug über einen Vermittler an einen Endabnehmer zu liefern[91]. Das heißt ausreichende Angaben über den Käufer und über das gewünschte Modell. Freigestellt ist daher auch, daß der Vertragshändler ein Kraftfahrzeug nur verkaufen darf, wenn der Vollmacht eine Fotokopie des Personalausweises des Konsumenten beigefügt ist[92]. Schließlich kann der Händler auch darauf bestehen, mit dem Verbraucher direkt abzurechnen, um sicher zu sein, daß er es auch wirklich mit einem solchen zu tun hat[93]. Die Pflicht, das Kraftfahrzeug nur auszuliefern, wenn der Konsument direkt mit dem Händler abrechnet, ist von der Verordnung freigestellt, da sie weder eine Diskriminierung des Händlers noch des Verbrauchers bewirkt. Hingegen kann der Hersteller vom Händler nicht verlangen, daß in dem Kaufvertrag zwischen dem End-

87 Piriou, GRUR Int. 1980, 321, 329
88 KOM ABl. 82 L 94/7 "Hasselblad"
89 vgl. 10. Erwägungsgrund
90 ABl. 85 C 17/5
91 Creutzig, BB 1987, 283
92 Kommission im 14. Wettbewerbsbericht Tz. 72 = Pressemitteilung der Kommission in WuW 1985, 205 "Alfa Romeo"
93 Groves, ECLR 1987, 79

verbraucher und dem Händler, vermittelt durch den Vertreter, die
Pflicht zur Zahlung einer Geldstrafe für den Fall vereinbart wird, daß
der Konsument die Registrierung seiner Personalien durch den Händler
bzw. den Hersteller ablehnt[94]. Allein die Möglichkeit einer Geldstrafe
wirkt auf den potentiellen Endabnehmer so abschreckend, daß viele von
einem Kauf über einen Vermittler abkommen werden. Genausowenig kann
dem Vertragshändler der Nachweis zur Pflicht gemacht werden, daß der
jeweilige Käufer das Kraftfahrzeug über längere Zeit in seinem Besitz
hält[95], da dies mit einem vom Zweck nicht mehr gedeckten Aufwand verbunden wäre.

Durch diese vom Hersteller nachprüfbaren Kontrollmaßnahmen wird einem
Mißbrauch der Vermittlungstätigkeit seitens des Händlers oder eines
Wiederverkäufers vorgebeugt, so daß die Gefahr, daß Wiederverkäufer
Aufträge von Endverbrauchern erfinden oder die Händler sich über die
Restriktionen hinwegsetzen (s.o.II.7.3.2. die Kritik), erheblich ver-
mindert werden kann.

---

94 vgl. BEUC-News, March 1984, S. 8 (Dossier)
95 Niederleithinger/Ritter, S. 126

8. Beendigung des Vertrages:

Artikel 5 II Nr.2 sieht vor, daß die Freistellung für die Markenexklusivität nur gilt, wenn die Dauer der Vereinbarung mindestens vier
Jahre oder die Frist für die ordentliche Kündigung der auf unbestimmte
Dauer geschlossenen Vereinbarung für beide Vertragspartner mindestens
ein Jahr beträgt, es sei denn der Lieferant hat aufgrund Gesetzes oder
der Vereinbarung bei Beendigung des Vertrages eine angemessene Entschädigung zu zahlen oder es handelt sich seit dem Beitritt des Händlers zum Vertriebsnetz um die erste vereinbarte Vertragsdauer oder um
die erste Möglichkeit zur ordentlichen Kündigung. Weiter gilt diese
Freistellung nur, wenn sich jeder Vertragspartner verpflichtet, den
anderen mindestens sechs Monate vor Beendigung der Vereinbarung davon
zu unterrichten, daß er eine auf bestimmte Dauer abgeschlossene Vereinbarung nicht verlängern will (Art.5 II Nr.3). Das Recht eines Ver-
tragspartners auf außerordentliche Kündigung der Vereinbarung wird
durch diese Voraussetzungen für die Freistellung nicht berührt (Art.5
IV). Zur Begründung gibt die Kommission im 20. Erwägungsgrund an, daß
hinsichtlich Dauer und Beendigung der Vertriebs- und Kundendienstvereinbarungen Mindestvoraussetzungen festgelegt worden sind, weil aufgrund des Konkurrenzverbots bzw. der Markenexklusivität in Verbindung
mit den Investitionen des Händlers zur Verbesserung der Struktur des
Vertriebs- und Kundendienstes für Vertragswaren sich dessen Abhängigkeit bei kurzfristigen oder kurzfristig beendbaren Vereinbarungen erheblich erhöht.

8.1. Wirtschaftlicher Hintergrund:
Der Vertragshändler, der in ein Vertriebsnetz integriert ist, hat in
der Regel hohe Investitionen für den Vertrieb und Kundendienst der
Kraftfahrzeuge getätigt. Er hat eine auf die Marke zugeschnittene Lagerhaltung eingerichtet, für den Kundendienst erforderliche Einrich-
tungen, beispielsweise Spezialwerkzeuge, bereitgestellt, aber auch
durch eigene Beiträge die Marketingkonzeption des Vertriebssystems unterstützt[1]. Bei einem Ausscheiden aus dem System würde der Vertragshändler nicht nur seine Erwerbsquelle verlieren, sondern die von ihm
vorgenommenen Investitionen, die gerade der vom Fabrikanten gelieferten Marke dienten, wären auch zum größten Teil entwertet[2]. Wenn der
Vertragshändler erhebliche Kapitalmittel in den Geschäftsbetrieb ge-
steckt hat, kann eine Beendigung der Vertragsbeziehung vor deren Amortisation deswegen den wirtschaftlichen Ruin des Händlers bedeuten[3].

---

1 vgl. Pfeffer, NJW 1985, 1246; Martinek, S. 97
2 Martinek, S. 97; BGH NJW 1985, 625
3 Martinek, S. 98

Der Absatzmittler hat infolgedessen ein großes Interesse an der Aufrechterhaltung der Vertragsbeziehung. Diesem regen Bestandsinteresse
des Händlers steht auf der anderen Seite das Interesse des Herstellers
entgegen, eine wirtschaftlich erforderliche Reorganisation des Vertriebssystems durchzuführen oder einen Vertragshändler, der seinen Ab-
satzvorstellungen nicht gerecht wird, zu entfernen[4].

8.2. Kündbarkeit:

Die Regelungen des Art.5 II Nr.2, die nach den Erwägungsgründen Mindestvoraussetzungen darstellen, gelten nur, wenn der Händler der Markenexklusivität unterworfen ist und Absatzförderungspflichten übernommen hat. Erst die zur Pflicht gemachte Konzentration auf eine Marke in
Verbindung mit Pflichten zur Verbesserung der Struktur von Vertrieb
und Kundendienst bewirken die Abhängigkeit des Vertragshändlers und
begründen die Gefahr, daß der Händler Wettbewerbshandlungen, die den
Hersteller tangieren könnten, unterläßt (s.o.II.3.). Wenn der Händler
dagegen zusätzlich eine andere Marke vertritt, kann er nicht mehr als
so abhängig und damit schutzbedürftig gelten[5], weswegen die Verordnung
für diesen Fall keine bestimmte Kündigungsfrist oder Vertragsdauer,
die in die Vereinbarung aufzunehmen wäre, vorsieht. In diesem Fall muß
eine Ergänzung durch das nationale Recht für einen angemessenen Schutz
des Händlers sorgen. Nur wenn also die Abhängigkeit auch wirklich gegeben ist, müssen die Regelungen des Art.5 II Nr.2 und 3 in die Vereinbarung aufgenommen werden. Diese Regelungen betreffen indessen
nicht Kündigungsgründe, sondern nur das zeitliche Moment des Vertrages
oder der Kündigung. Es wird dem Hersteller demnach nicht verwehrt,
sein Absatzsystem umzugestalten, beispielsweise weil er einen unwirt-
schaftlichen Absatzweg nicht aufrechterhalten möchte[6], und es wird
damit dem Absatzmittler auch kein unkündbarer Anspruch auf einen gesi-
cherten Besitzstand eingeräumt[7]. Die Verordnung enthält Vorschriften,
die einerseits die Kündbarkeit eines Vertragsverhältnisses grundsätzlich anerkennen, andererseits dem Vertragshändler teils durch Schutzfristen, teils durch vorausgesetzte Entschädigungsansprüche (Art.5 II
Nr.2, 1. Spiegelstrich) eine geschäftliche Neuorientierung ermöglichen
sollen[8]. Dadurch betont die GVO bei der Beendigung der Vertriebsmitt-
lungsverträge die Sozialschutzkomponente des Vertriebsrechts[9].

Würde dem Fabrikanten die grundsätzliche Kündbarkeit des Vertrages
genommen werden, wäre der Anreiz für diesen zu einer echten vertikalen

4 Martinek, S. 98; Ebenroth, S. 161
5 vgl. Wolter, S. 127
6 vgl. Ebenroth, S. 157
7 AGBG-v.Westphalen, Rdn.23f
8 Joerges, Vertriebspraktiken, S. 344
9 vgl. Martinek, S. 98

Integration (z.B. Handelsvertreter, s.o.II.1.4.4.) größer, weil ihm
dann die Möglichkeit bliebe, beispielsweise durch Schließen einer Nie-
derlassung auf veränderte Marktbedingungen zu reagieren[10].

8.3. Kündigungsfrist, Vertragsdauer und Ergänzung der GVO:
Nach der Gruppenfreistellungsverordnung 123/85 soll entweder die
Dauer des Vertrages mindestens vier Jahre oder die Frist für die ordentliche Kündigung der auf unbestimmte Dauer geschlossenen Vereinbarung mindestens ein Jahr betragen.

8.3.1. Geübte Kritik:
Im Verordnungsentwurf waren für die Vertragsdauer noch mindestens
fünf Jahre vorgesehen und für die Kündigungsfrist noch mindestens zwei
Jahre[11]. Wegen der hohen, in der Regel fremdbestimmten Investitionen
des Händlers, d.h. Investitionen, die durch den Hersteller zumindest
veranlaßt wurden[12], ist nach Erlaß der Verordnung vorgeschlagen worden, insbesondere die von der Gruppenfreistellungsverordnung vorgesehene Mindestkündigungsfrist wieder auf zwei Jahre anzuheben[13], nachdem
die Händlerverträge in der Kfz-Branche üblicherweise auf unbestimmte
Zeit geschlossen werden[14]. Zur Begründung wird angeführt, daß die Kapitalmittel, die der Vertragshändler in den auf die Herstellermarke
ausgerichteten Geschäftsbetrieb investiert hat, bei einer kurzen Ver-
tragslaufzeit nicht amortisiert werden und der Händler daher die Er-
tragschancen des Geschäftsbetriebs nicht wahrnehmen kann[15]. Nachdem
die Verordnung keine den tatsächlichen wirtschaftlichen Gegebenheiten
angemessene Bemessung der Kündigungsfrist vornehme, sei deshalb eine
Ergänzung durch das nationale Recht angebracht. Im deutschen Recht
biete die Kontrolle nach dem AGB-Gesetz die Möglichkeit, zu einer angemessenen Kündigungsfrist zu finden[16]. Danach sei eine zweijährige
Kündigungsfrist für auf unbestimmte Dauer geschlossene Vereinbarungen
angemessen im Sinne des § 9 AGBG[17]. Wenn man dieser Meinung folgt,
wäre über das deutsche Zivilrecht der Rechtszustand des Verordnungsentwurfs, der von der Kommission in der endgültigen Fassung der GVO
aufgegeben wurde, wiederhergestellt.

8.3.2. Deutsches Recht:

10 Ebenroth, BB 1988/Beilage 10, S. 23
11 Art.5 Nr.4 des VO-Entwurfs; vgl. zur Kritik der Hersteller van Houtte, Bulletin, S. 28
12 vgl. hierzu Ebenroth, S. 172f
13 Pfeffer, NJW 1985, 1246 und 1247; AGBG-Wolf § 9 Rz. V 41; Ingo Hoffmann, Die Vertragsbeendigung durch den Hersteller gegenüber seinem in- und ausländischen Vertriebshändler, S. 62; wohl auch Bunte/S. Rz. 86; kritisch zu diesen Vorschlägen Joerges, RIW 1985, 530
14 Ingo Hoffmann, Die Vertragsbeendigung durch den Hersteller gegenüber seinem in- und ausländischen Vertriebshändler, S. 39
15 vgl. Bunte/S. Rz. 86 und AGBG-Wolf § 9 Rz. V 41
16 Bunte/S. Rz. 86; Pfeffer, NJW 1985, 1246; AGBG-Wolf § 9 Rz. V 41; Ebel/Genzow, DB 1985, 746
17 so insbesondere Pfeffer, NJW 1985, 1246f

In der Bundesrepublik wird die Kündigungsfrist, die der Fabrikant zu beachten hat, nicht nur über das AGB-Gesetz, sondern auch über § 26 II GWB und § 242 BGB ausgedehnt und die Kündigungsmöglichkeit des Produzenten eingeschränkt[18]: Wenn dem Händler nicht Gelegenheit gegeben wurde, jedenfalls den wesentlichen Teil der Investitionen zu erwirtschaften, die er gemacht hat, um die Tätigkeit für den Hersteller überhaupt ausüben zu können, verstößt das gegen § 26 II GWB. Dessen Anwendung führt allerdings in diesen Fällen nicht zu einer Festschreibung der Rechtsbeziehung, sondern zu einer Gewährung angemessener Übergangsfristen[19]. Ebenfalls eine angemessene Frist zur Umstellung des Händlers auf die neue Situation soll ihm über § 242 BGB gewährt werden. Durch beide Konstruktionsmöglichkeiten will man den Investitionen des Händlers Schutz gewähren und ihm genügend Zeit zur Umstellung geben[20].

8.3.3. Insbesondere individuelle Ergänzung:

Den gleichen Schutzzweck verfolgt die Verordnung, indem sie pauschal bestimmt, daß bei Vorliegen der Voraussetzungen die Vertragsdauer entweder mindestens vier Jahre oder die Kündigungsfrist für zeitlich nicht festgelegte Vereinbarungen mindestens ein Jahr beträgt, sofern nicht die Ausnahmen gegeben sind. Sowohl im 20. Erwägungsgrund als auch in Art.5 II Nr.2 ist zum Ausdruck gebracht, daß es sich bei diesen zeitlichen Bestimmungen um Mindestvoraussetzungen handelt. Eine Ausdehnungsmöglichkeit in zeitlicher Hinsicht ist demnach gewährleistet. Dabei ist insbesondere an eine individuell bestimmte Verlängerung durch die Vertragspartner gedacht. Wenn die Parteien den zeitlichen Rahmen des Vertrages oder der Kündigung, der über die Mindestvoraussetzungen des Art.5 II Nr.2 hinausgeht, ausgehandelt haben, werden sie die besonderen Verhältnisse und Umstände ihrer Rechtsbeziehung bei der Vertragsdauer bzw. Kündigungsfrist angemessen berücksichtigt haben. Wenn sich die Vertragspartner jedoch nicht über dieses Minimum hinaus einigen können, so müssen sie auf alle Fälle, damit die Freistellung auch für die Vereinbarungen nach Art.3 Nr.3 und 5 gilt (s.o.I.5.2.), die von der Verordnung vorgesehene Vertragsdauer bzw. die Kündigungsfrist in den Kontrakt aufnehmen.

8.3.4. Pauschale Mindestfristen erschöpfend geregelt:

Sollte ein Vertragsteil sein mögliches Verhandlungsübergewicht ausgenutzt haben, werden die besonderen und individuellen Umstände, die für eine mehr als vierjährige Vertragsdauer sprechen würden bzw. zu einer mehr als einjährigen Kündigungsfrist für unbefristete Vereinba-

---

18 vgl. hierzu Martinek, S. 123ff, zusammengefaßt auf S. 147
19 OLG/WuW/E 3415; kritisch dazu Martinek, S. 126 und 134; vgl. Foth, Der Ausgleichsanspruch des Vertragshändlers, S. 134ff m.w.N.; vgl. auch OLG/WuW/E 2709
20 Martinek, S. 123ff, 147

rungen führen müßten, nicht berücksichtigt sein. Damit das Interesse
des Händlers am Erhalt seiner Ertragsgrundlage angemessen berücksichtigt ist, müßte sich die Kündigungsfrist beispielsweise an der Höhe
der fremdbestimmten, also durch den Produzenten veranlaßten Investitionen und der Amortisationszeit im Durchschnitt aller Vertragspartner
des Lieferanten orientieren[21], das heißt, je höher die Investitionen,
desto länger müßte die Kündigungsfrist für einen zeitlich nicht
fixierten Vertrag sein. Damit diese Umstände auch bei einer Vertragsbeziehung berücksichtigt werden, bei der der Händler seine Belange
nicht entsprechend artikulieren konnte, ist eine Ausdehnung der Vertragsdauer bzw. Kündigungsfrist vorzunehmen. Dies kann dadurch gesche-
hen, daß nationale gesetzliche Bestimmungen zur Ergänzung herangezogen
werden. Die vom 20. Erwägungsgrund genannten Mindestvoraussetzungen
können nicht nur individuell vervollständigt werden, sondern auch
durch nationale Gesetzesvorschriften (s.o.I.4.2.4.)[22]. Die in der GVO
genannten Mindestvoraussetzungen sind daher die Einbruchstellen der
Ergänzung durch das nationale Recht, trotzdem eine Regelung durch die
GVO in diesem Bereich erfolgte (s.o.I.4.2.4.). Es handelt sich dann
nicht um eine (indirekte) Kollision, bei der das EG-Recht Vorrang genießt, weil durch die Verordnung selbst eine Hinzufügung ermöglicht
wird (s.o.I.4.2.4.). Die Heranziehung des nationalen Rechts darf allerdings nicht dazu führen, daß die Intentionen des übergeordneten europäischen Rechts konterkariert werden (s.o.I.4.3.). Die EG-Kommission
hat durch die Korrektur des Verordnungsentwurfs, der eine Kündigungsfrist von zwei Jahren und eine Vertragsdauer von fünf Jahren vorsah,
eindeutig zum Ausdruck gebracht, daß sie die jetzige Dauer bzw. Frist
für eine ausgewogene Rechtsbeziehung, die keine zu berücksichtigenden
Besonderheiten aufweist, für ausreichend hält. Eine pauschale Hinzufügung würde die von der Kommission vorgenommene Abwägung nicht respektieren und zu neuen grundsätzlichen Unsicherheiten führen. Daher ist
die allgemeine Mindestkündigungsfrist bzw. Mindestvertragsdauer durch
die Verordnung als abschließend geregelt anzusehen[23], so daß zusätzliche pauschale *Mindest*voraussetzungen zeitlicher Art über das nationale
Recht nicht mehr aufgestellt werden können. Eine durch nationales
Recht ergänzte Kündigungsfrist von zwei Jahren oder eine Vertragsdauer
von fünf Jahren, wie der Entwurf vorsah, ist also mit der GVO nicht
vereinbar, sofern nicht individuelle Umstände dafür ausschlaggebend
waren[24]. Im Gegensatz zu einer unspezifizierten Ausdehnung der Vertragsdauer bzw. der Kündigungsfrist mittels nationalem Recht ist eine

---

21 Ebenroth, BB 1988/Beilage 10, S. 25
22 Pfeffer, NJW 1985, 1247 und für das belgische Recht Willemart, Revue de droit
commerciale Belge 1985, 677, 681
23 AGBG-v.Westphalen Rdn. 23
24 a.A. Pfeffer, NJW 1985, 1246f; AGBG-Wolf § 9 Rz. V 41; wohl auch Bunte/S. Rz. 86

zeitliche Erweiterung im Einzelfall durch das nationale Recht nicht
nur möglich, sondern wird von der GVO gewollt. Eine Verlängerung der
Kündigungsfrist ist demnach notwendig, falls die Investitionen, die
der Vertragshändler getätigt hat und die auf Veranlassung des Herstellers vorgenommen worden sind, unter Berücksichtigung der bereits ab-
gelaufenen Vertragszeit noch nicht amortisiert sind[25]. Diese die individuellen Umstände berücksichtigende zeitliche Erweiterung kann durch
die entsprechenden nationalen Vorschriften, die nicht zu neuen pau-
schalen (!) Mindestvoraussetzungen im Sinne des Art.5 II Nr.2 führen,
vorgenommen werden. Im deutschen Recht könnte sich vor allem § 242 BGB
(möglicherweise auch § 26 II GWB[26]) für eine spezifizierte Verlängerung der Vertragsdauer oder der Kündigungsrist für eine unbefristete
Vereinbarung zur Ergänzung des europäischen Kartellrechts anbieten.
Nur auf diese Weise wird die vorausgesetzte Ausgewogenheit der Rechtsbeziehung, die durch die Verordnung pauschal hergestellt werden sollte
(s.o.6.2.), zu einer individuell gerechten Vertragsbeziehung.

8.4. Ausgleichsanspruch:

Wenn eine der beiden Ausnahmen des Art.5 II Nr.2 erfüllt ist, muß
eine Mindestvertragsdauer von vier Jahren oder eine Mindestkündigungsfrist von einem Jahr für auf unbestimmte Dauer abgeschlossene Verträge
nicht eingehalten werden, damit die Vereinbarungen nach Art.3 Nr.3 und
5 freigestellt werden: Das heißt, sollte es sich um die erste vereinbarte Vertragsdauer oder erste Möglichkeit zur ordentlichen Kündigung
seit dem Beitritt des Händlers zum Vertriebsnetz handeln[27] oder ist
der Lieferant kraft Gesetzes oder aufgrund einer Vertragsvereinbarung
verpflichtet, bei Beendigung des Vertrages eine angemessene Entschädigung zu zahlen, sind die in Art.5 II Nr.2 genannten Mindestvorraus-
setzungen nicht einzuhalten.

8.4.1. Entschädigung kraft Gesetzes:

In der Bundesrepublik hat der Handelsvertreter gemäß § 89b HGB bei
Beendigung des Vertragsverhältnisses einen Ausgleichsanspruch gegen
den Prinzipal. § 89b HGB soll dem Handelsvertreter, der durch seine
Tätigkeit dem Prinzipal Werte geschaffen hat, auf die dieser nunmehr
ohne weiteres zugreifen kann, welche aber noch nicht vergütet worden
sind, einen Anspruch auf eine entsprechende Gegenleistung gewährleisten. Sinn des Entschädigungsanspruchs nach § 89b HGB ist also,
bisher nicht vergütete Vorteile für den Unternehmer aus der Vertrags-

---

25 vgl. auch AGBG-v.Westphalen, Rdn. 23
26 vgl. aber Martinek, S. 126 und 134
27 kritisch hierzu van Bael/Bellis, S. 128, der bezweifelt, wie sich diese Ausnahme mit
dem Ziel einer Verringerung der Abhängigkeit des Händlers verträgt

beziehung, wie beispielsweise ein vom Handelsvertreter geschaffener Kundenstamm, den der Prinzipal nutzen kann, auszugleichen[28]. Diesen Ausgleichsanspruch gesteht die Rechtsprechung auch einem Vertragshändler über die analoge Anwendung von § 89b HGB zu (siehe auch oben I.2.2.1.)[29]. Dem Kfz-Vertragshändler wird trotz gelegentlicher kritischer Stimmen[30] ebenfalls ein Anspruch gegen den Prinzipal gemäß § 89b HGB analog eingeräumt[31]. Dem Sinn des Ausgleichsanspruchs, also bisher nicht vergütete Vorteile für den Unternehmer auszugleichen, entspricht nämlich die analoge Anwendung des § 89b HGB auf den Vertragshändler, falls der Lieferant die Möglichkeit hat, trotz Vertragsbeendigung auf Vorteile zugreifen zu können, die der in die Absatzorganisation integrierte Händler geschaffen hat (Kundenstamm)[32]. Entscheidend für die Analogie ist die charakteristische Einfügung des Vertragshändlers in das Vertriebssystem des Lieferanten, denn diese Einordnung macht den Kundenkreis des Vertragshändlers faktisch zu einem Kundenkreis des Herstellers[33]. Gerade die feste Integration des Vertragshändlers rückt manchmal dessen Leistung zur Schaffung und Erhaltung eines Kundenkreises etwas in den Hintergrund und läßt nach außen seinen Erfolg als einen Erfolg, der durch die "Sogwirkung" der Marke bewirkt würde[34], erscheinen. Aber der Vertragshändler schafft durch seine Leistung vor Ort, die vom Hersteller nur in die entsprechenden Bahnen geleitet wird, einen sich nicht im bloßen Kauf der Ware erschöpfenden Kundenstamm, auf den der Hersteller eben nach Vertragsbeendigung zugreifen kann. Zwar trifft es zu, daß ein Teil der Kunden der Marke folgt, aber dies spricht nicht gegen die Schaffung eines festeren Kundenstammes durch den Vertragshändler, so daß es insgesamt gerechtfertigt ist, § 89b HGB analog auf den Vertragshändler anzuwenden. Auch nach Änderung des Handelsgesetzbuches durch die Umsetzung der Handelsvertreterrichtlinie, nach der die Mitgliedstaaten Maßnahmen dafür treffen, daß der Handelsvertreter einen Anspruch auf einen Ausgleich

---

28 BGH NJW 1982, 2819 und BGH NJW 1983, 2877, 2878; vgl. Hiekel, Der Ausgleichsanspruch des Handelsvertreters und des Vertragshändlers, S. 3ff
29 siehe beispielsweise die frühen Entscheidungen BGHZ 29, 83 und 34, 282; siehe auch Karsten Schmidt, Handelsrecht, § 27 III 2a (S. 684), der dort von einer ständigen Rechtsprechung spricht, und Semler, DB 1985, 2493, jeweils m.w.N.; a.A. aber zum Teil die Literatur, bspw. Brüggemannn in Großkommentar HGB, vor § 84 Rdn. 27ff m.w.N.; siehe auch Baldi, Das Recht des Warenvertriebs in der Europäischen Gemeinschaft, S. 76, der darauf hinweist, daß in vielen Ländern der europäischen Gemeinschaften die Zahlung eines Ausgleichsanspruchs an den Vertragshändler umstritten ist
30 siehe Bechthold, NJW 1983, 1393, der die Voraussetzungen für einen Ausgleichsanspruch nach § 89b HGB analog bei Kfz-Vertragshändlern verneint
31 BGH NJW 1982, 2819; BGH NJW 1983, 2877, 2878; BGH NJW RR 1988, 42; ausführlich zum Anspruch des Kfz-Händlers v.Westphalen, DB 1984/Beilage 24
32 BGH NJW 1982, 2819
33 so treffend Karsten Schmidt, Handelsrecht, § 27 III 2a (S. 684)
34 so insbesondere Bechtold, NJW 1983, 1393

hat[35], dürfte es bei der Rechtsprechung bleiben, daß § 89b HGB analog
auf den Entschädigungsanspruch des Vertragshändlers anzuwenden ist[36].
Die Verordnung spricht in Art.5 II Nr.2, 1. Spiegelstrich von einem
Entschädigungsanspruch "kraft Gesetzes". Bei der Zuerkennung des Entschädigungsanspruches im deutschen Recht nach § 89b HGB handelt es
sich aber um eine Gesetzesanalogie[37]. Deshalb ist problematisch, ob
die analoge Anwendung noch unter das Merkmal "kraft Gesetzes" subsumierbar ist.

Die Kommission bestimmt, daß eine entsprechende Vertragsdauer bzw.
Kündigungsfrist in den Vertrag aufzunehmen ist, es sei denn der Lieferant hat kraft Gesetzes eine angemessene Entschädigung zu zahlen.
Damit geht die Kommission davon aus, daß in einigen Mitgliedstaaten
Vorschriften, die dem Händler einen Ausgleich bei Vertragsbeendigung
geben, vorhanden sind[38]. Solche, dem Händler eine Entschädigung ge-
währleistende gesetzliche Vorschriften sollen dann eingreifen. Durch
die Verordnung werden diese nationalen Vorschriften also sozusagen
nicht in Vollzug gesetzt, sondern deren Geltung wird vorausgesetzt.
Deshalb handelt es sich in Art.5 II Nr.2, 1. Spiegelstrich um einen
Verweis nicht in, sondern auf das nationale Recht. Daraus folgt, daß
der Begriff "kraft Gesetzes" primär nach nationalem Recht auszulegen
ist. Dies rechtfertigt sich auch daraus, daß in der europäischen Gemeinschaft nur wenige Länder einen Ausgleichsanspruch des Vertragshändlers kennen und daher eine einheitliche Auslegung des Begriffs
"kraft Gesetzes", die für alle Mitgliedstaaten gilt, nicht notwendig
ist. Die Verordnung will nämlich in diesem Punkt die Zersplitterung
durch das nationale Recht nicht aufheben, sondern toleriert diese.
Nachdem also in diesem Fall nicht das Bestreben des Verordnungsgebers,
einheitliche Rechte und Pflichten in allen Mitgliedstaaten zu begründen, der Formulierung zugrundeliegt, handelt es sich bei dem Ausdruck
"kraft Gesetzes" nicht um einen autonomen Begriff des Gemeinschaftsrechts, der einheitlich auszulegen wäre[39], sondern um ein Merkmal, das
nach nationalem Recht interpretiert werden kann. Das hat zur Folge,
wenn das nationale Recht unter den Begriff "kraft Gesetzes" auch die
analoge Anwendung des Gesetzes subsumiert, daß die Mindestvorraus-
setzungen des Art.5 II Nr.2 nicht eingehalten werden müssen.

---

35 ABl. 86 L 382/17: Artikel 17
36 siehe Ankele, DB 1989, 2211 und insbesondere oben I.2.2.1.
37 vgl. frühe Entscheidungen zur analogen Anwendung: BGHZ 29, 83, 87 und BGHZ 34, 282,
284
38 in der EWG gibt es einen Ausgleichsanspruch für Vertragshändler nur in der
Bundesrepublik und in Belgien (Loi du 27 juillet 1961 concernant la résiliation
unilatérale des concessions de vente exclusive à durée indéterminée, modifiée par la loi
du 13 Avril 1971 relative à la résiliation unilatérale des concessions de vente)
39 vgl. zur einheitlichen Auslegung auch EuGHE 1977, 1517, 1525 (Rdn.4) "Bavaria
Fluggesellschaft und Germanair/Eurocontrol"

Im deutschen Recht ist die mittels ergänzender Auslegung (Analogie) erweiterte Anwendung eines Gesetzes nur eine besondere Form der Auslegung dieses Gesetzes[40] und führt damit letztlich zur Anwendung dieses Gesetzes[41]. Analogie ist also Gesetzesanwendung, so daß der Begriff "kraft Gesetzes" auch eine analoge Anwendung der Norm umfaßt und nicht nur die ursprünglich vom Gesetzgeber geschaffene formale Rechtsnorm[42]. Die analoge Anwendung des § 89b HGB fällt also unter den Begriff "kraft Gesezes" des Art.5 II Nr.2, 1. Spiegelstrich. Die Mindestkündigungsfrist in Art.5 II Nr.2 kann folglich unangewendet bleiben, da § 89b HGB eine angemessene Entschädigung bei Vertragsende für den Händler vorsieht[43]. Diese Auslegung geht auch mit dem prinzipiellen Zweck der GVO konform, dem Händler nicht Schutzpositionen zu nehmen, sondern zu geben (s.o.I.6.2.).

8.4.2. Keine Alternativität:

Die zeitlichen Voraussetzungen gemäß Art.5 II Nr.2 müssen eingehalten werden, es sei denn der Lieferant ist zu einer angemessenen Entschädigung bei Vertragsende verpflichtet. Dem Lieferanten wird also durch die Verordnung anscheinend die Möglichkeit gegeben, entweder die zeitlichen Mindestvoraussetzungen einzuhalten oder einen Entschädigungsbetrag angemessener Art zu leisten. Demnach könnte er wählen, ob er einen Investitionsersatz gewährt oder den Pflichten des Rahmenvertrages noch eine Zeitlang nachkommen will. Die beiden Ausnahmen könnte man bei wörtlicher Auslegung dahingehend verstehen, daß sie alternativ zu den zeitlichen Mindestvoraussetzungen stehen[44]. Das heißt, der Lieferant hält entweder die vierjährige Vertragsdauer bzw. die einjährige Kündigungsfrist ein oder er zahlt einen entsprechenden Ausgleich bei Beendigung des Vertragsverhältnisses. Zur Begründung könnte man anführen, daß der Verordnungsgeber durch die Pflicht, die zeitlichen Mindestvoraussetzungen in den Vertrag aufzunehmen, dafür Sorge getragen hat, daß der Händler bei Beendigung des Vertragshändlerverhältnisses keinen unverhältnismäßig hohen Belastungen ausgesetzt ist und kein unkalkulierbares Risiko mehr zu tragen hat. Ein zusätzlicher Ausgleichsanspruch wäre danach nicht mehr nötig, weil ansonsten ein Übermaß an sozialem Schutz zugunsten des Händlers bestehen würde, ja dem Händler ein nicht gerechtfertigter Doppelschutz zu Lasten des Herstellers gewährt würde[45].

---

40 vgl. Larenz, Methodenlehre der Rechtswissenschaft, S. 351ff
41 vgl. Larenz, Methodenlehre der Rechtswissenschaft, S. 202
42 vgl. BVerfGE 34, 269, 292 zur Erweiterung von § 253 BGB
43 so wohl auch AGBG-Ulmer Rz. 891, Fußnote 49
44 so wohl die Begründung der Revision des beklagten Kfz-Herstellers in BGH NJW RR 1988, 42, 43
45 vgl. auch Kroitzsch, BB 1977, 1631, 1632 und 1634 zu dem Konkurrenzverhältnis zwischen § 26 GWB und § 89b HGB

8.4.2.1. Bestehenbleiben des Ausgleichsanspruchs:

Die Entschädigung, die der Lieferant zu zahlen hat, soll eine "angemessene" sein. Diese Angemessenheit der Entschädigung kann aber nur auf die Vertragsdauer bzw. Kündigungsfrist bezogen sein, ansonsten hätte es der ausdrücklichen Forderung der Angemessenheit nicht bedurft, da diese nach § 89b HGB analog und der anderen nationalen Entschädigungsbestimmung[46] selbstverständlich ist. Das heißt, es ist ein den Umständen angemessener Ausgleich zu bezahlen. Die ausschlaggebenden Umstände sind aber in diesem Zusammenhang eben die Vertragsdauer bzw. Kündigungsfrist (Art.5 II Nr.2) in Relation zur Amortisation der Investitionen. Daraus folgt, daß die Verordnung, sofern ein vertraglicher oder gesetzlicher Anspruch besteht, grundsätzlich davon ausgeht, daß eine Entschädigung zu gewähren ist und nur, wenn sie den genannten Umständen angemessen ist, muß beispielsweise die Kündigungsfrist nicht mindestens ein Jahr betragen. Aber nicht nur der Wortlaut legt nahe, daß die Ausnahme zu dem Grundsatz nicht in einem sich gegenseitig ausschließenden Verhältnis steht, sondern auch die unterschiedlichen Normzwecke der Verordnung und des Entschädigungsanspruches sprechen gegen eine Alternativität. Artikel 5 II Nr.2 will die wirtschaftliche Abhängigkeit des Händlers verringern und dessen Wettbewerbsverhalten während des Bestehens des Vertrages fördern, § 89b HGB analog hingegen soll als Entschädigungsnorm dem Händler einen Ausgleich für die nach Vertragsbeendigung dem Lieferanten zukommenden Vorteile geben (s.o.II.8.4.1.). Es handelt sich also um vollkommen unterschiedliche unmittelbare Regelungsziele, so daß der jeweils gewährte Rechtsschutz sich nicht ausschließt[47], sondern zu einer gegenseitigen Ergänzung führt. Demnach lassen die zeitlichen Mindestvoraussetzungen des Art.5 II Nr.2 die Pflicht zur Zahlung einer Entschädigung (auch aufgrund besonderer Absprache) grundsätzlich bestehen[48]. Im übrigen ergibt sich das auch aus der Überlegung, daß ansonsten bei einer vierjährigen Vertragsdauer, wie Art. 5 II Nr.2 alternativ für die Freistellungsfähigkeit der Markenexklusivität voraussetzt, der Händler keinerlei Investitionsersatzanspruch gegen den Hersteller hätte, was für diesen aber geradezu ruinös wäre.

8.4.2.2. Beeinflussung der Höhe des Ausgleichsanspruchs:

Jedoch darf die Einhaltung der von der Verordnung festgesetzten Mindestvoraussetzungen nicht gänzlich ohne Einfluß auf den Entschädigungsanspruch bleiben. Nachdem die GVO einen Zusammenhang zwischen den

---

46 vgl. Art.3 des belgischen Gesetzes; zu diesem Baldi, Das Recht des Warenvertriebs in der Europäischen Gemeinschaft, S. 74ff
47 vgl. BGH NJW RR 1988, 42, 43 (ohne nähere Problematisierung)
48 BGH NJW RR 1988, 43; AGBG-Wolf § 9 Rz. V 43; wohl auch Willemart, Revue de droit commerciale Belge 1985, 681; vgl. auch Baldi, Das Recht des Warenvertriebs in der Europäischen Gemeinschaft, S. 75, Fußnote 15, der auch allgemein die Alternativität der Kündigungsfrist und Entschädigung verneint

zeitlichen Mindestvoraussetzungen, also dem Grundsatz, und dem Entschädigungsanspruch, also einer der beiden Ausnahmen, herstellt, muß dies bei der Berechnung des Ausgleichsanspruchs berücksichtigt werden. Das heißt, nicht der Ausgleichsanspruch an sich wird in Frage gestellt, sondern die Höhe des Investitionsersatzanspruchs wird durch die Vertragsdauer oder Kündigungsfrist beeinflußt. Zwar bestimmt das anwendbare nationale Gesetz, welche Kriterien für die Berechnung der Ausgleichszahlung heranzuziehen sind[49], aber nachdem eine so deutliche Beziehung zwischen der Entschädigung einerseits und der Vertragsdauer bzw. Kündigungsfrist andererseits durch die Kommission hergestellt worden ist, sind diese Umstände in die Berechnung des Entschädigungsanspruchs aufzunehmen (s.o.I.4.3.). Die Leistung, die der Lieferant bei Beendigung des Vertrages dem Händler im deutschen Recht schuldet, wird weitgehend durch Billigkeitsgesichtspunkte bestimmt[50]. Zu diesen Billigkeitsgesichtspunkten gehört auch die Vertragsdauer[51]. Wenn also beispielsweise der Lieferant mit dem Händler mindestens vier Jahre zusammengearbeitet hat oder ihm bei einer auf unbestimmte Dauer geschlossenen Vereinbarung mit einer mindestens einjährigen Frist kündigt, wirkt sich das wegen der in Art.5 II Nr.2 vorgenommenen Abwägung anspruchsmindernd auf die Entschädigung des Absatzmittlers aus.

8.4.2.3. Bestehenbleiben zeitlicher Schutzfristen:

Auf der anderen Seite ist dem Händler bei Vorliegen einer Ausnahme des Art.5 II Nr.2 ein Mindestschutz zeitlicher Art zu gewähren. Das heißt, auch wenn der Lieferant dem Händler eine angemessene Entschädigung zahlen sollte, kann er eine auf bestimmte Dauer geschlossene Vereinbarung nicht von heute auf morgen beenden, ohne daß der Händler eine geraume Zeit zuvor davon in Kenntnis gesetzt worden ist. Dem Händler ist auf alle Fälle genügend Zeit zu gewähren, sich auf die neue Situation einzustellen. Deshalb bestimmt Art.5 II Nr.3, daß eine Klausel aufzunehmen ist, in der sich jeder Vertragspartner verpflichtet, den anderen mindestens sechs Monate vor Beendigung der Vereinbarung davon zu unterrichten, daß er eine auf bestimmte Dauer geschlossene Vereinbarung nicht verlängern will. Daraus folgt, daß selbst bei Vorliegen der Alternativen des Art. 5 II Nr.2 der Lieferant bei befristeten Verträgen eine Ankündigungsfrist von sechs Monaten zu beachten hat, wenn er mit dem Absatzmittler nicht weiter zusammenarbeiten will[52].

8.4.2.4. Kündigungsfrist bei unbestimmter Vertragsdauer:

---

49 van Houtte, JWTL 1984, 353
50 BGH NJW 1982, 2819 und NJW 1983, 2877, 2878
51 Baumbach-Duden-Hopt, HGB, § 89b Rdn. 2
52 vgl. Durand, JCP 1985 (supplément 6), 16

Hingegen erwähnt Art.5 II Nr.3 nicht den Fall, daß eine Vereinbarung auf unbestimmte Dauer geschlossen wurde und eine der beiden Ausnahmen des Art.5 II Nr.2 vorliegt. Demnach könnte der Lieferant, wenn er einen angemessenen Investitionsersatz leistet, die Vereinbarung von heute auf morgen beenden, also ohne jegliche Frist kündigen. Sinn der Regelung des Art.5 II Nr.3 ist, dem Händler genügend Zeit zur Umstellung oder Einstellung seines Betriebes zu geben, auch wenn er einen angemessenen Ausgleich für die Beendigung der Rechtsbeziehung erhält. Der Hersteller, der sein Vertriebssystem langfristig plant, kann in der Regel längere Zeit vor Auslaufen einer befristeten Vertragsbeziehung beurteilen, ob er gerade mit diesem Händler weiter zusammenarbeiten will. Er bedarf also, sofern nicht außergewöhnliche Umstände vorliegen, nicht der Möglichkeit so kurzfristiger Entscheidungen. Deshalb mutet ihm Art.5 II Nr.3 zu, den Händler sechs Monate vor Beendigung einer befristeten Vereinbarung davon zu unterrichten, daß er an einer Vertragsfortsetzung nicht interessiert ist. Trotzdem also der Absatzmittler in diesem Fall einen konkreten Termin einer möglichen(!) Vertragsbeendigung kennt, soll er vor überraschenden Entscheidungen geschützt werden. Dagegen wäre bei wörtlichem Verständnis der GVO ein Händler, der eine unbefristete Vertragsbeziehung mit dem Lieferanten eingegangen ist, nicht vor einer ihn überraschenden Beendigung der Zusammenarbeit geschützt, sofern der Lieferant eine angemessene Entschädigung bezahlen würde. Ein solcher Vertragshändler könnte also von heute auf morgen aus dem Vertriebsnetz entfernt werden. Der Entschädigungsanspruch nach § 89b HGB analog ist jedoch nicht geeignet, allein das Risiko der Entwertung der Investitionen und den Verlust der Ertragsquelle einzuschränken[53], da die Entschädigung keinen Ausgleich für die Zukunft darstellt. Zudem kann der Ausgleichsanspruch allein nicht dazu dienen, noch nicht amortisierte Investitionen des Vertragshändlers abzudecken[54]. Deshalb ist dem Händler bei Erfüllung der Ausnahme des Art.5 II Nr.2 trotzdem eine Frist zur Umstellung bzw. Einstellung seines Geschäftsbetriebes zu geben, da er insofern genauso schützenswert ist wie ein Absatzmittler, der eine befristete Vereinbarung abgeschlossen hat. Überdies könnte sich ansonsten der Lieferant das Recht zur fristlosen Kündigung durch eine Entschädigung des Händlers erkaufen. Eine sofortige Vertragsbeendigung soll aber, sofern nicht außergewöhnliche Gründe vorliegen, einem zweiseitigen Aufhebungsvertrag vorbehalten bleiben.

Allerdings kann die sechsmonatige Frist die in Art.5 II Nr.3 genannt ist, nicht ohne weiteres herangezogen werden, da sie dem Wortlaut nach

---

53 AGBG-Ulmer Rz. 891
54 Martinek, S. 168 (Rdn. 195)

nur eine befristete Vereinbarung betrifft. Es könnte an eine Heranziehung des nationalen Rechts, in der Bundesrepublik also der Rechtsprechung zum AGB-Gesetz, gedacht werden. Die Rechtsprechung hat eine
dreimonatige Ankündigungsfrist für eine Vertragsgebietsänderung grundsätzlich als nicht ausreichend angesehen, wenn der Händler keinen entsprechenden Ersatz erhält[55]. Bei einer endgültigen Vertragsbeendigung
erscheinen drei Monate erst recht nicht angezeigt, auch wenn der
Absatzmittler einen Ausgleich erhält. Eine endgültige Beendigung der
Rechtsbeziehung wiegt um einiges schwerer als die in ihrer Wirkung
einer Teilkündigung gleichkommende Vertagsgebietsänderung. Der Vertragshändler bedarf einer ausreichenden Frist, um zum Beispiel sonstige Rechtsbeziehungen (Personal) abwickeln zu können. Er benötigt
insofern den gleichen zeitlichen Schutz wie ein Händler, der befristet
an den Lieferanten gebunden ist. Wenn überhaupt in dieser Hinsicht ein
qualitativer Unterschied besteht, erscheint der Händler, der befristet
gebunden ist, sogar weniger schützenswert, da er zumindest einen Termin der möglichen Vertragsbeendigung kennt. Aus diesem Grunde ist
trotz Zahlung einer Entschädigung im Sinne des Art.5 II Nr.2 eine Kündigungsfrist von sechs Monaten, wie Art.5 II Nr.3 für befristete Verträge entsprechend verlangt, angemessen. Die Ergänzung der Verordnung,
welche gewisse Erwägungen in Art.5 II Nr.3 erkennen läßt, die vom
nationalen Recht zu beachten sind (s.o.I.4.3.), hat über § 9 AGB-
Gesetz zu erfolgen, nachdem die Verordnung eine mögliche Regelung ausdrücklich nur für befristete Verträge enthält. Die Heranziehung des §
9 AGBG führt also zu einer Kündigungsfrist von mindestens sechs Monaten bei Verträgen mit unbestimmter Dauer, wenn der Hersteller beispielsweise eine angemessene Entschädigung zahlen sollte.

8.4.2.5. Ergebnis:

Daraus ergibt sich, daß Art.5 II Nr.2 weder auf der einen Seite
(Schutzfristen) noch auf der anderen Seite (Entschädigungen) in einem
Entweder-oder-Verhältnis steht, sondern eine je nach Wahl durch den
Hersteller gegenseitige retardierte Ergänzung stattfindet.

---

55 BGH NJW 1984, 1183

9. Verhältnis zu anderen Gruppenfreistellungsverordnungen:

Artikel 6 Nr.3 bestimmt, daß die Art.1 bis 3 und 4 II nicht gelten,
wenn die Vertragspartner mit Bezug auf drei- oder mehrrädrige Kraftfahrzeuge oder deren Ersatzteile Vereinbarungen treffen oder Verhaltensweisen abstimmen, für die die Nichtanwendung des Art.85 I EWGV
nach den Verordnungen Nr. 1983/83 oder 1984/83 (Alleinvertriebsvereinbarungen oder Alleinbezugsvereinbarungen) in einem Umfang erklärt
wurde, der über diese Verordnung hinausgeht. Im 24. Erwägungsgrund
heißt es außerdem, daß die Freistellung nicht gilt, wenn zwischen den
Vertragspartnern für von dieser Verordnung erfaßte Waren Verpflichtungen vereinbart werden, die zwar in der dort (VO Nr. 1983/83 und
1984/83) freigestellten Kombination von Verpflichtungen zulässig
wären, die aber über den Umfang der in dieser Verordnung freigestellten Verpflichtung hinausgehen. Im 29. Erwägungsgrund ist festgelegt,
daß die Anwendung der Verordnungen Nr. 1983/83, 1984/83 und 3604/82
(Spezialisierungsvereinbarungen) unberührt bleibt.

Auch die Wahl des Vertriebssystems ist ein Mittel des inter-brand-
Wettbewerbs der Vertriebsnetze der Hersteller, das neben dem
Preiswettbewerb (s.o.I.3.2.2.) steht[1]. Die Kfz-Hersteller nehmen ständig Änderungen an ihren Vertriebssystemen vor, um diese effizienter
auszugestalten und insbesondere Kosten zu senken. In der Bundesrepublik verändern manche Kfz-Hersteller momentan ihre Vertriebsstrukturen
dahingehend, daß sie ihre Absatzmittler enger an sich binden[2]. Jeder
Unternehmer kann über seine Politik auf dem Gemeinsamen Markt selbständig bestimmen[3], was auch die Wahl des Vertriebssystems für seine
Waren einschließt (s.o.I.3.2.). Dabei muß er jedoch immer die europäischen Wettbewerbsvorschriften beachten.

9.1. Keine Kombination von Gruppenfreistellungsverordnungen:

Wenn ein Kraftfahrzeughersteller sein Vertriebssystem vertraglich
derart ausgestaltet, daß einzelne Vertragsklauseln über den Rahmen der
GVO 123/85 hinausgehen, besteht die Gefahr, daß zumindest diese Vertragsbestimmungen, möglicherweise aber die gesamte Vereinbarung der
Freistellung durch die Verordnung entzogen ist (s.o.I.5.2.). Der Lieferant könnte allerdings darauf hinweisen, daß diese wettbewerbsbeschränkenden Klauseln durch eine andere GVO dem Kartellverbot nach
Art.85 I EWGV entzogen sind. Sollte der Hinweis auf die Verordnungen
1983/83 und 1984/83 erfolgen, greift in diesem Fall Art.6 Nr.3 ein,
der bestimmt, daß die Freistellungswirkung durch die GVO 123/85 für

---

1 Niederleithinger/Ritter, S. 80
2 vgl. Creutzig, Das Autohaus 1969 (Heft 4), 59 "Vertriebsstrukturen im Wandel"
3 EuGHE 1975, 1663, 1965 (Rdn. 173/74) "Suiker"

den ganzen Vertrag entfällt[4]. Mittlerweile ist jedoch auch die GVO für Franchisevereinbarungen[5] ergangen, die wegen des späteren Erlaßzeitpunktes von der GVO 123/85 nicht mehr berücksichtigt werden konnte. Im 17. Erwägungsgrund der Franchiseverordnung ist ebenfalls zum Verhältnis zu anderen Verordnungen von der Kommission Stellung genommen worden. Hiernach gilt die Franchiseverordnung für alle Wirtschaftszweige, einchließlich derjenigen, für welche die Kommission bereits besondere Freistellungsverordnungen erlassen hat; allerdings wächst aus einer Verbindung verschiedener Verordnungen den betreffenden Vereinbarungen kein Rechtsvorteil zu[6]. Insbesondere bei dem Verhältnis der Kfz-Verordnung zur Franchiseverordnung bestand die Befürchtung der Kommission, daß die Bestimmungen der GVO 123/85 umgangen werden könnten[7], nachdem eine erhebliche Ähnlichkeit zwischen den selektiven Vertriebsvereinbarungen, wie in der Kfz-Industrie, und dem sogenannten Vertriebsfranchising besteht[8] und die Franchiseverordnung weitergehende Wettbewerbsbeschränkungen ermöglicht[9].

Wie aus dem 29. Erwägungsgrund der GVO 123/85 und aus dem 17. Erwägungsgrund der Franchiseverordnung hervorgeht, bleibt die Anwendung anderer Verordnungen unberührt beziehungsweise gilt die Franchiseverordnung ohne Ausnahme für alle Wirtschaftszweige[10]. Eine erlassene Verordnung verpflichtet nämlich die von ihr eigentlich betroffenen Wirtschaftsteilnehmer nicht, von ihrer Freistellungsmöglichkeit Gebrauch zu machen[11]. Sie können daher auch die Freistellungsmöglichkeit einer anderen Verordnung nutzen, sofern deren Voraussetzungen vorliegen. Daraus folgt, daß mit der Entscheidung für ein bestimmtes Vertriebssystem, dessen Wahl den Herstellern frei bleibt, sich diese erst auf eine bestimmte Verordnung festlegen[12]. Dabei kommt es allerdings nicht darauf an, wie das Vertriebsverhältnis genannt wird, sondern wie es sich wirklich darstellt. Deshalb gilt beispielsweise die Franchiseverordnung nicht für Kraftfahrzeugverträge, falls diese nicht - nicht nur der Form und Bezeichnung nach - echte Franchiseverträge sind[13]. Wenn die Voraussetzungen einer GVO tatsächlich eingehalten sind, so gewährt diese einer wettbewerbsbeschränkenden Vereinbarung eine Freistellung. Eine Doppelanwendung von Verordnungen schließt sich dabei

---

4 Ebel/Genzow, DB 1985, 745; Pfeffer, NJW 1985, 1243
5 ABl. 88 L 359/46; besprochen z.B. von Skaupy, DB 1989, 765; Sauter, WuW 1989, 285; Weltrich, RIW 1989, 90
6 vgl. dazu Skaupy, DB 1989, 765
7 vgl. Weltrich, RIW 1989, 91; Die Befürchtung der Kommission drückte sich insbesondere im Entwurf (ABl. 87 C 229/3) für die Frachiseverordnung aus, indem dort im 16. Erwägungsgrund bestimmt wurde, daß Vereinbarungen, welche unter die Franchiseverordnung fallen, nicht in den Genuß anderer Verordnungen gelangen *können*
8 vgl. auch EuGHE 1986, 353, 381 (Rdn. 15) "Pronuptia"
9 Stöver, Das Autohaus 1989 (Heft 22), 22, 25
10 vgl. auch 18. Wettbewerbsbericht, Tz. 27
11 EuGHE 1986, 4071, 4088 (Rdn. 12) "VAG/Magne"
12 Sauter, WuW 1989, 285; vgl. EuGHE 1986, 353, 387 (Rdn. 33) "Pronuptia"
13 Niederleithinger/Ritter, S. 171

von selbst aus, weil jede GVO nur für die umschriebene Gruppe gilt[14].
Sollte eine wettbewerbsbeschränkende Vereinbarung eine Klausel enthalten, die von der anzuwendenden GVO nicht gedeckt ist, aber von einer
anderen ermöglicht wird, ist eine Kombination der Verordnungen nicht
möglich. Dies bringt Art.6 Nr.3 zum Ausdruck[15]. Eine Vereinbarung
kommt demnach nicht partiell in den Genuß der einen Freistellung und
teilweise einer anderen, sondern die Anwendung der GVO 123/85 und
1983/83 (oder 1984/83) ist alternativ[16]. Artikel 6 Nr.3 gilt aber über
den Wortlaut hinaus insbesondere auch für die Franchiseverordnung, so
daß die Vereinbarung entweder nach der KfZ-Verordnung oder nach der
Franchiseverordnung freigestellt ist[17]. Der Ausschluß irgendwelcher
Kombinationsmöglichkeiten durch die GVO 123/85 ergibt sich aber schon
aus ihrem Zweck, das Gleichgewicht zwischen den erzielten Nutzwirkungen und den dazu erforderlichen Beschränkungen, welches durch die Verordnung gewährleistet wird, zu erhalten[18]. Eine "überschießende Wettbewerbsbeschränkung", also eine Vertragsklausel, die nicht mehr von
der GVO 123/85 gedeckt ist, kann also nicht unter Hinweis auf eine
andere Verordnung freigestellt sein. Eine Vereinbarung, die durch eine
Kombination verschiedener Verordnungen an sich freigestellt wäre, wird
sogar insgesamt durch Art.6 Nr.3 der Kfz-GVO entzogen (s.o.I.5.2.) und
muß, damit sie nicht der Nichtigkeit unterfällt, von der anderen Verordnung freigestellt sein. Inwieweit die Vereinbarung der Freistellung
entzogen ist, das heißt, entweder der Vertrag im ganzen oder nur einzelne Klauseln (s.o.I.5.2.), richtet sich in diesem Fall allein nach
der anderen Verordnung.

9.2. Insbesondere Franchiseverordnung:
Die Anwendung der einen oder anderen GVO bestimmt sich nach den
jeweiligen Anwendungsvoraussetzungen (s.o.), also insbesondere danach,
ob ein bestimmter Absatzmittler dem Typ, der von einer Verordnung
erfaßt wird, entspricht. Die unterschiedlichen Absatzmittler müssen
daher voneinander abgegrenzt werden. In der Automobilbranche gewinnt
das Franchissystem in der Form des Vertriebsfranchisings immer größere
Bedeutung (s.o.I.2.2.2.5.). Für das Verhältnis der Kfz-Verordnung zur
Franchiseverordnung wird aus diesen Gründen die Abgrenzung zwischen
einem Vertragshändler und einem Franchisenehmer relevant. Die zivilrechtliche Abgrenzung, die insbesondere anhand des Auftretens der
Absatzmittler nach außen (eigene Geschäftsbezeichnung des Vertrags-

---

14 Sauter, WuW 1989, 285
15 Bunte/S. Rz. 93
16 Blaise, Rev. trim. 1985, 590
17 Kommission im 18. Wettbewerbsbericht, Tz. 27
18 Kommission im 18. Wettbewerbsbericht, Tz. 25

händlers[19]) vorgenommen wird (s.o.I.2.2.2.5.), tritt dabei zugunsten
einer Abgrenzung nach den tatsächlichen Beziehungen in den Hintergrund. Entscheidend ist also allein der wirkliche Charakter der
Rechtshandlungen, der Rechtsbeziehungen und der wirtschaftlichen Verhältnisse zwischen dem jeweiligen Absatzmittler und Lieferanten[20]. Es
kommt daher wie bei der Abgrenzung zwischen einem Handelsvertreter und
einem Vertragshändler (s.o. II.1.4.2.) nicht auf die bloße formale
Bezeichnung, sondern auf die tatsächliche wirtschaftliche Beziehung
an, damit Umgehungen von vornherein vermieden werden.

Das Franchisesystem erfordert eine Lizenz, einen Wissenstransfer[21],
nämlich die Übertragung erprobter Geschäftsmethoden, um dem Franchisenehmer die Anwendung einer originellen und entwicklungsfähigen Ver-
triebsform zu ermöglichen[22]. Zwar treten die Händler von Kraftfahrzeugen oftmals nur noch unter dem Emblem des Herstellers auf, ohne also
eine eigene Geschäftsbezeichnung zu verwenden, was typisch für ein
Franchisesystem ist, aber die Fachkunde der Kraftfahrzeughändler und
Reparaturbetriebe ist eine "Eigenentwicklung" dieser Branche und fußt
nicht auf einer originellen Idee der Hersteller[23]. Schon deshalb findet in der Regel die Franchiseverordnung auf Vereinbarungen zwischen
Kfz-Händlern und Herstellern keine Anwendung.

Sollte jedoch die gesamte Beziehung derart sein, daß sie tatsächlich
als Franchiseverhältnis einzuordnen ist, ermöglicht die Franchiseverordnung einer solchen Vereinbarung weitergehende Wettbewerbsbeschränkungen: Das Konkurrenzverbot des Absatzmittlers ist strenger, beispielsweise kann ihm untersagt werden, keine Gebrauchtwagen zu verkaufen (aber Art.3 Nr.3)[24], der Franchisenehmer kann verpflichtet werden,
vor jeder eigenen Werbung die Zustimmung des Franchisegebers einzuholen (aber Art.3 Nr.8b)[25], ferner fehlen in der GVO 4087/88 Schutzklau-
seln, wie sie in Art.5 II vorgesehen sind[26].

Neben der Franchiseverordnung 4087/88 ist aber auch das Verhältnis zu
den Verordnungen 1983/83 und 1984/83 von Bedeutung. Aufgrund der GVO
123/85 dürfen dem Händler zum Beispiel im Gegensatz zu einem Allein-
vertriebsvertrag im Sinn der Verordnung 1983/83 nicht Beschränkungen
des Weiterverkaufs an andere Händler des Vertriebssystems auferlegt
werden[27].

---

19 EuGHE 1986, 353, 381 (Rdn. 13) "Pronuptia"; KOM ABl. 87 L 8/49, 57 "Yves Rocher";
ABl. 89 L 35/31, 38 "Charles Jourdain"
20 so die Kommission im ABl. 72 L 272/37 "Formica" für die Abgrenzung zwischen dem
Handelsvertreter und dem Vertragshändler
21 Stöver, Das Autohaus 1989 (Heft 22), 26
22 KOM ABl. 87 L 8/49, 57 "Yves Rocher"; ABl. 89 L 35/31, 38 "Charles Jourdain"
23 Stöver, Das Autohaus 1989 (Heft 22), 26
24 vgl. Creutzig, Das Autohaus (Heft 4), 59
25 vgl. EuGHE 1986, 353, 383 (Rdn. 22) "Pronuptia"
26 Stöver, Das Autohaus 1989 (Heft 22), 26
27 Niederleithinger/Ritter, S. 109; Pfeffer, NJW 1985, 1243; Blaise, Rev. trim. 1985,
586; 17. Wettbewerbsbericht, Tz. 34; vgl. auch Bellamy-Child, 6-162, Fußnote 34

9.3. Ergebnis:

Jede Gruppenfreistellungsverordnung gilt nur für die von ihr umschriebene Gruppe, so daß eine Kombination von mehreren Gruppenfreistellungsverordnungen ausgeschlossen ist. Dies kommt in der Verordnung dadurch zum Ausdruck, daß bei einer Anwendung einer anderen GVO insgesamt eine Freistellung durch die GVO 123/85 nicht mehr in Frage kommt. Die alternative Anwendbarkeit gilt vor allem auch für die Franchiseverordnung, die zeitlich nach der GVO 123/85 erlassen wurde. Die Abgrenzung der Anwendbarkeit zwischen den verschiedenen GVOen wird nach den tatsächlichen Beziehungen der Parteien vorgenommen.

Stichwortverzeichnis

Abgrenzung zu anderen Absatzmittlern.................. S. 7 f, 63

Absatzmittler.. S. 7 f

Änderungskündigung................................... S. 102

AGB-Gesetz... S. 41

Anwendungszuständigkeit nationaler Gerichte.......... S. 49

Aufbau der GVO 123/85................................ S. 56 f

Ausgleichsanspruch................................... S. 152

Auslegung von EG-Recht............................... S. 58

Außergewöhnliche Gründe.............................. S. 91

Autovermietung....................................... S. 137

Beendigung des Vertrages............................. S. 147 f

Bevorratungsumfang................................... S. 127

Boykott.. S. 40

Branchenfremde Produkte.............................. S. 77

Doppelprägung des Vertragsverhältnisses.............. S. 66

Eigenkonstruktionsteile.............................. S. 117

Einigungsverfahren................................... S. 121

Entschädigungsanspruch............................... S. 152

Ermächtigungsgrundlage für die GVO 123/85............ S. 15 f

Ersatzteile.. S. 103 f

Franchising.. S. 162

Freier Vertrieb von Ersatzteilen..................... S. 105 f

Freistellungsentzug.................................. S. 122

Freistellungsgründe.................................. S. 28

Garantie... S. 116

Gebrauchtwagen....................................... S. 76

Gegenständlicher Bereich der GVO..................... S. 60

Geschäftsgrundlage................................... S. 81

Gewährleistung....................................... S. 116

Gewerbsmäßige Vermittlung............................ S. 143

Händler.. S. 62

Händlerkartell....................................... S. 40

Handelsvertreter..................................... S. 11

Herstellervereinbarungen............................. S. 61

Hinweispflichten..................................... S. 118

Höhe des Ausgleichsanspruchs......................... S. 156

Identteile... S. 109

Inter-brand-Wettbewerb............................... S. 28

Intra-brand-Wettbewerb............................... S. 28

Jahreszielsetzungen................................... S. 120 f

Kartell von Händlern.................................. S. 40

Kollision von nationalem und EG-Recht................. S. 44 f

Kombination von Gruppenfreistellungsverordnungen....... S. 160

Kommissionär.. S. 11

Kommissionsagent...................................... S. 12

Konkurrenzverbot...................................... S. 75

Kontrollmaßnahmen des Herstellers..................... S. 144

Kündbarkeit... S. 148

Kündigungsfrist....................................... S. 149,157

Kundendienst.. S. 78

Leasing... S. 137

Lieferant... S. 62

Markenexklusivität.................................... S. 72 f

Marktverantwortungsgebiet............................. S. 96

Mindestabsatzzahl..................................... S. 126

Mindestkündigungsfrist................................ S. 150

Nachbauteile.. S. 109

Nicht-exklusives Vertragsgebiet....................... S. 19

Nichtigkeit von Vertragsbestimmungen.................. S. 53

Niederlassungen....................................... S. 97

Ort der Unternehmen................................... S. 62

Qualitätsstandard von Ersatzteilen.................... S. 108

Qualitative Selektion................................. S. 26

Quantitative Selektion................................ S. 26

Rabattierung.. S. 117

Risikoverteilung...................................... S. 87,99

Rückruf... S. 116

Sachliche Gründe...................................... S. 84,131

Schutz des selektiven Netzes.......................... S. 128

Selektion... S. 26,128

Sortimentshändler..................................... S. 11

Teilnichtigkeit von Vertragsbestimmungen.............. S. 53

Überschießende Wettbewerbsbeschränkungen.............. S. 50

Unterhändler.. S. 128

Unternehmen... S. 60,129

Unternehmensvereinbarungen............................ S. 68

Unveränderbarkeit des Gebietes........................ S. 95,98

Unzumutbarkeit.. S. 85,98

Verbot des Zweitmarkenvertriebs....................... S. 82

Verhältnis von nationalem und EG-Recht................ S. 32 f

Vermittler.. S. 138

Vertragsdauer.. S. 149

Vertragsgebiet....................................... S. 19,79

Vertragsgebietsänderung.............................. S. 94

Vertragshändler...................................... S. 63

Vertragstypen.. S. 7 f

Vertriebsfremde Wiederverkäufer...................... S. 135

Vertriebssystem...................................... S. 67

Vorrang des EG-Kartellrechts......................... S. 34

Vorrang des EG-Rechts................................ S. 32 f

Weitergegebene Verpflichtung......................... S. 133

Wettbewerb vorhandener............................... S. 29

Weiterverkauf von Kfz................................ S. 68

Wiederverkäufer...................................... S. 134

Wirtschaftlicher Hintergrund......................... S. 3,82

Zivilrechtliche Abgrenzung........................... S. 11

Zustimmungserfordernis............................... S. 101,129

Zubehör.. S. 115

Zweitmarkenvertrieb.................................. S. 79 f

Reihe Rechtswissenschaftliche Forschung und Entwicklung

Karl Heinz Pilny
Der englische Verlagsvertrag
Verlagswesen und Grundzüge des Urheber- und Vertragsrechts in Bezug auf das deutsche Recht
1989, Bd. 217, 385 S., Mdr., Pb., ISBN 3-88259-664-3

Andreas Heinemann
Die Freiburger Schule und ihre geistigen Wurzeln
1989, Bd. 218, 115 S., Mdr., DM 21,80, ISBN 3-88259-667-8

Renate Schauer
Grenzen der Preisgestaltungsfreiheit im Strafrecht
Eine Untersuchung zum Verhältnis von Wucher und Betrug
1989, Bd. 219, 315 S., Mdr., DM 54,80, ISBN 3-88259-668-6

Ming-Cheng Tsai
**Der Urheberrechtsschutz von Computerprogrammen im
nationalchinesischen Recht**
Ein Vergleich mit dem deutschen Recht unter Berücksichtigung der internationalen Entwicklung
1989, Bd. 220, 281 S., Mdr., DM 48,80, ISBN 3-88259-669-4

Tina-Fiona Müller
Hedgegeschäfte
Wirtschaftliche Funktion und rechtliche Behandlung von
Börsentermingeschäften zu Sicherungszwecken
1989, Bd. 221, 258 S., Mdr., DM 45,80, ISBN 3-88259-674-0

Angelika Meyer
Die anlockende Wirkung der irreführenden Werbung
1989, Bd. 222, 269 S., Mdr., DM 46,80, ISBN 3-88259-679-1

Jutta Fickenscher
**Die Kontrolle allgemeiner Geschäftsbedingungen von
Skipässen und Punktekarten**
Ein rechtstatsächlicher Beitrag zur Risikoallokation durch
AGB
1989, Bd. 223, 276 S., Mdr., DM 47,80, ISBN 3-88259-681-3

Tillmann Pyszka
**Unentgeltliche Verfügungen des Vorerben und des Te-
stamentsvollstreckers**
1989, Bd. 224, 135 S., Mdr., DM 21,80, ISBN 3-88259-682-1

Martin Miebach
**Zur Willkür- und Abwägungskontrolle des Bundesverfas-
sungsgericht bei der Verfassungsbeschwerde gegen Ge-
richtsurteile**
1989, Bd. 225, 188 S., Mdr., DM 33,80, ISBN 3-88259-684-8

Andreas J. Decker
Der Neuheitsbegriff im Immaterialgüterrecht
1989, Bd. 226, 303 S., Mdr., DM 52,80, ISBN 3-88259-685-6

Michael Brokamp
Das Adhäsionsverfahren-Geschichte und Reform
1990, Bd. 227, 288 S., Mdr., DM 39,80, ISBN 3-88259-686-4

Matthias Walter Stürmer
Sterbehilfe
Verfügung über das eigene Leben zwischen Lebensrecht
und Tötungsverbot
1989, Bd. 228, 117 S., Mdr., DM 27,80, ISBN 3-88259-687-2

Klaus-Hannes Schäch
**Die kaufmannsähnlichen Personen als Ergänzung zum
normierten Kaufmannsbegriff**
1989, Bd. 229, 520 S., Mdr., DM 76,80, ISBN 3-88259-658-0

Uwe Reinert
**Unechte Gesamtvertretung und unechte Gesamtprokura
im Recht der Aktiengesellschaft**
1989, Bd. 230, 194 S., Mdr., DM 34,80, ISBN 3-88259-692-9

Helmut Maurer
**Die Auflösung des Arbeitsverhältnisses wegen "Redun-
dancy" in England unter besonderer Berücksichtigung
der Abfindung**
1989, Bd. 231, 293 S., Mdr., DM 49,80, ISBN 3-88259-693-7

Wolf-Dieter Flöge
**Zur Kriminalisierung von Mißbräuchen im Scheck- und
Kreditkartenverfahren nach § 266 B STGB**
1989, Bd. 232, 189 S., Mdr., DM 33,80, ISBN 3-88259-698-8

Stephan Hoehn
**Beschäftigungsanspruch und Zahlungsansprüche des
Arbeitnehmers im gekündigten Arbeitsverhältnis**
1989, Bd. 233, 212 S., Mdr., DM 29,80, ISBN 3-88259-699-6

Thomas Quander
Betriebsinhaberwechsel bei Gesamtrechtsnachfolge
unter besonderer Berücksichtigung der Neufassung des §
613a BGB vom 13. August 1980
1990, Bd. 234, 398 S., Mdr., DM 58,80, ISBN 3-88259-704-6

Wolfram Theiss
**Die Behandlung fremden Rechts im deutschen und italie-
nischen Zivilprozeß**
1990, Bd. 235, 267 S., Mdr., DM 39,80, ISBN 3-88259-705-4

Klaus-Stephan von Danwitz
**Die Umweltkriminalität der Landwirte in Nordrhein-West-
falen in den Jahren 1983 und 1984**
1990, Bd. 236, 440 S., Mdr., DM 64,80, ISBN 3-88259-712-7

Dirk-Rainer Finkenrath
**Der Arbeitnehmerbegriff und kurzfristige Beschäftigung
von Fotomodellen**
insbesondere in Hinblick auf das Arbeitsvermittlungsmono-
pol
1990, Bd. 237, 185 S., Mdr., DM 37,80, ISBN 3-88259-710-0

Max Hirschberger
Organleihe
Begriff und Rechtmäßigkeit
1989, Bd. 238, 258 S., Mdr., DM 45,80, ISBN 3-88259-709-7

Elfriede Maria Franz
**Die Einführung der Comunione legale als gesetzlichen
Güterstand in Italien**
Probleme des Internationalen Privatrechts und der Anwen-
dung italienischer Sachnormen durch deutsche Gerichte
1990, Bd. 239, 295 S., Mdr., DM 44,80, ISBN 3-88259-715-1

Jan Reinecke
Die Fernwirkung von Beweisverwertungsverboten
1990, Bd. 240, 265 S., Mdr., DM 46,80, ISBN 3-88259-722-4

Holger Delventhal
Die strafprozessualen Vereidigungsverbote
unter besonderer Berücksichtigung des offensichtlich falsch
aussagenden Zeugen
1990, Bd. 241, 472 S., Mdr., DM 78,80, ISBN 3-88259-725-9

Henning Mennenöh
**Das Deliktskollisionsrecht in der Rechtsprechung der
Vereinigten Staaten von Amerika**
unter besonderer Berücksichtigung der Entscheidungen zur
Produkthaftpflicht
1990, Bd. 242, 320 S., Mdr., DM 46,80, ISBN 3-88259-726-7

Monika Lanz-Zumstein
**Die Rechtstellung des unbefruchteten und befruchteten
menschlichen Keimguts**
Ein Beitrag zu zivilrechtlichen Fragen im Bereich der Repro-
duktions- und Gentechnologie
1990, Bd. 243, 403 S., Mdr., DM 59,80, ISBN 3-88259-727-5

Joachim Drude
**Die Zulässigkeit und Durchsetzbarkeit selektiver Ver-
triebsbindungssysteme im italienischen Zivil- und Wettbewerbsrecht**
1990, Bd. 244, 200 S., Mdr., DM 35,80, ISBN 3-88259-728-3

Leonhard Kathke
**Verfassungsrechtliche Aspekte des Pakets der Sicher-
heitsgesetze**
1990, Bd. 245, 240 S., Mdr., DM 43,80, ISBN 3-88259-729-1

Joachim Kränz
**Zustandsverantwortlichkeit im Recht der Gefahrenab-
wehr**
1990, Bd. 246, 292 S., Mdr., DM 42,80, ISBN 3-88259-730-5

Christoph Kuhmann
Der Schutz der angewandten Kunst im deutschen und amerikanischen Urheberrecht
1990, Bd. 247, 280 S., Mdr., DM 49,80, ISBN 3-88259-731-3

Rainer Jakubowski
Predatory Pricing in den USA
1990, Bd. 248, 232 S., Mdr., DM 39,80, ISBN 3-88259-734-8

Andreas Föhr
Der Copyright-Vermerk
1990, Bd. 250, 300 S., Mdr., DM 54,80, ISBN 3-88259-739-9

Reinhard Dammann
Die Einbeziehung Dritter in die Schutzwirkung eines Vertrages
Eine Studie des französischen Rechts im Lichte einer rechtsvergleichenden Betrachtung des deutschen Rechts
1990, Bd. 251, 280 S., Mdr., DM 42,80, ISBN 3-88259-740-2

Konstantinos Kiourtsoglou
Der Know-how-Vertrag im deutschen und europäischen Kartellrecht
1990, Bd. 252, 348 S., Mdr., DM 58,80, ISBN 3-88259-743-7

Thomas Schönberger
Das Tatortprinzip und eine Auflockerung im deutschen internationalen Deliktsrecht
1990, Bd. 253, 348 S., Mdr., DM 43,80, ISBN 3-88259-744-5

Andreas Scheuermann
Urheber- und vertragsrechtliche Probleme der Videoauswertung von Filmen
1990, Bd. 254, 182 S., Mdr., DM 32,80, ISBN 3-88259-746-1

Christoph Hiltl
Vertriebsgestaltung und Preisbindungsverbot
Kartellrechtliche Grenzen der Einflußmöglichkeiten von Konsumgüterherstellern auf die Verbraucherpreise
1990, Bd. 255, 210 S., Mdr., DM 36,80, ISBN 3-88259-749-6

Sabine Wolski
Soziale Adäquanz: Schutzzweck der Norm, Verwerflichkeitsklausel, erlaubtes Risiko, "rechtsfreier Raum", Strafwürdigkeit, Verfolgungsverzicht bei geringer Schuld - ein methodologisches und verfassungsrechtliches Problem mit vielen Facetten
1990, Bd. 256, 240 S., Mdr., DM 46,80, ISBN 3-88259-751-8

Eva Jäger
Aktienoptionen und Optionsscheine
Zur Börsentermingeschäftseigenschaft von Aktienoptionen sowie zur Übertragbarkeit der hierzu entwickelten Grundsätze auf Optionsscheine nach der Rechtslage vor Inkrafttreten der Börsengesetznovelle am 1. August 1989
1990, Bd. 257, 276 S., Mdr., DM 49,80, ISBN 3-88259-752-6

Gerhard Ott
Die Luftfrachtbeförderung im nationalen und internationalen Bereich
Anwendbares Recht, Vertrag, Versicherung
1990, Bd. 258, 193 S., Mdr., DM 32,80, ISBN 3-88259-753-4

Franz-Stephan v. Gronau
Die Börsentermingeschäfte mit Auslandsberührung nach der Kodifizierung des internationalen Vertragsrechts im IPR-Gesetz vom 25.7.1986
1990, Bd. 259, 203 S., Mdr., DM 39,80, ISBN 3-88259-756-9

Ulrike Holtappel
Ersatz für hypothetischen Erwerb bei Verkürzung der Lebenserwartung
Berücksichtigung der "LOST YEARS" - nach englischem, australischem, kanadischem und südafrikanischem Recht; verglichen mit der Rechtslage in Deutschland
1990, Bd. 260, 464 S., Mdr., DM 67,80, ISBN 3-88259-757-7

Otto Ziegler
Statistikgeheimnis und Datenschutz
Eine Analyse der Entwicklung der statistischen Geheimhaltung und der Übermittlung statistischer Daten vor dem Hintergrund des verfassungsrechtlichen Datenschutzes
1990, Bd. 261, 224 S., Mdr., DM 32,80, ISBN 3-88259-758-5

Ludwig von Zumbusch
Das Verhältnis des EG-Weinbezeichnungsrechts zum deutschen Wein- und Wettbewerbrecht
1990, Bd. 262, 266 S., Mdr., DM 39,80, ISBN 3-88259-759-3

Bernhard Pelke
Die strafrechtliche Bedeutung der Merkmale "Übel" und "Vorteil"
Zur Abgrenzung der Nötigungsdelikte von den Bestechungsdelikten und dem Wucher
1990, Bd. 263, 212 S., Mdr., DM 35,80, ISBN 3-88259-760-7

Ming-Yan Shieh
Kündigung aus wichtigem Grund und Wegfall der Geschäftsgrundlage bei Patentlizenz- und Urheberrechtsverträgen
1990, Bd. 264, 259 S., Mdr., DM 45,80, ISBN 3-88259-761-5

Lilli Kurowski
Überlebensgroß: Scham
Zur Bedeutung der Scham für den Straftäter und für das Strafrecht
1990, Bd. 265, 195 S., Mdr., DM 34,80, ISBN 3-88259-763-1

Angelika Schlunck
Die Grenzen der Parteiautonomie im internationalen Arbeitsrecht
1990, Bd. 266, 236 S., Mdr., DM 42,80, ISBN 3-88259-765-8

Richard Metzler
Konsequenzen neuartiger Erscheinungsformen des wirtschaftlichen Wettbewerbes für den strafrechtlichen Schutz von Geschäfts- und Betriebsgeheimnissen im Rahmen der §§ 17ff UWG
1990, Bd. 267, 251 S., Mdr., DM 35,80, ISBN 3-88259-771-2

Christian Barth
Die Rundfunkunternehmerfreiheit und ihre Auswirkungen auf das Bayerische Medienerprobungs- und Entwicklungsgesetz
1990, Bd. 268, 174 S., Mdr., DM 31,80, ISBN 3-88259-774-7

Ulrich Kartzke
Scheinehen zur Erlangung aufenthaltsrechtlicher Vorteile
Ihre Behandlung im deutschen Ehe- und Ausländerrecht unter Berücksichtigung des US-amerikanischen Rechts
1990, Bd. 270, 200 S., Mdr., DM 34,80, ISBN 3-88259-777-1

Ulrich Wastl
Die Vollstreckung deutscher Titel auf der Grundlage des EuGVÜ in Italien
1990, Bd. 271, 420 S., Mdr., DM 71,80, ISBN 3-88259-780-1

Li-Chi Wu
Rechtsfehler bei der Beweisgewinnung und ihr strafprozessuales Rechtsmittel
1990, Bd. 272, 250 S., Mdr., DM 37,80, ISBN 3-88259-782-8

Inge Schneider
Das Recht des Kunstverlags
1991, Bd. 273, 477 S., Mdr., DM 67,80, ISBN 3-88259-783-6

Yon-Ju Jung
Das deutsche und das koreanische Enteignungsinstitut
insbesondere die Enteignung zugunsten privater Unternehmen nach dem Grundgesetz der Bundesrepublik Deutschland sowie nach der Verfassung der Republik Korea
1991, Bd. 274, 200 S., Mdr., DM 42,80, ISBN 3-88259-784-4

Alexander Tomic
"Sowieso-Kosten"
Mängelbeseitigung und Kostenteilung bei beschränktem Leistungsumfang
1990, Bd. 275, 163 S., Mdr., DM 32,80, ISBN 3-88259-785-2

Arndt Lorenz
Fahrnisübereignung und Leistungswille
1990, Bd. 276, 251 S., Mdr., DM 43,80, ISBN 3-88259-786-0

Volker Schramm
Konzernverantwortung und Haftungsdurchgriff im qualifizierten faktischen GmbH-Konzern
1991, Bd. 277, 251 S., Mdr., DM 34,80, ISBN 3-88259-787-9

Johann Matthias Zillich
Der Vertragshändlervertrag im italienischen Zivilrecht
1990, Bd. 278, 229 S., Mdr., DM 32,80, ISBN 3-88259-788-7

Michael Siegfried
Die Fernsehberichterstattung von Sportveranstaltungen
Die Rechtsbeziehungen zwischen teilnehmendem Sportler, Sportveranstalter und Sportverband
1990, Bd. 279, 164 S., Mdr., DM 29,80, ISBN 3-88259-790-9

Michael Siegfried
Die Fernsehberichterstattung von Sportveranstaltungen
Die Rechtsbeziehungen zwischen teilnehmendem Sportler, Sportveranstalter und Sportverband
1990, Bd. 279, 164 S., Mdr., DM 29,80, ISBN 3-88259-790-9

Michael Feldhahn
Die Rechtsnatur der Diskontsatzfestsetzung der Deutschen Bundesbank und der dagegen gegebene Rechtsschutz
1991, Bd. 280, 214 S., Mdr., DM 36,80, ISBN 3-88259-791-7

Joachim Gärtner
Probleme der Auslandsvollstreckung von Nichtgeldleistungsentscheidungen im Bereich der Europäischen Gemeinschaft
Unter besonderer Berücksichtigung der grenzüberschreitenden Durchsetzung von Handlungs- und Unterlassungsansprüchen im Rahmen des Artikels 43 EWG-Übereinkommen über die gerichtliche Zuständigkeit und die Vollstreckung gerichtlicher Entscheidungen in Zivil- und Handelssachen (EuGVÜ)
1991, Bd. 281, 341 S., Mdr., DM 48,80, ISBN 3-88259-792-5

Thomas Molkentin
Krankenversicherungsbedarf und Altersvorsorgebedarf im Unterhalt geschiedener und getrennt lebender Ehegatten
Eine kritische Beschreibung der Unterhaltsbemessung nach §§ 1578 II, III, 1361 I 2 BGB unter Beachtung sozial-, steuer- und privatversicherungsrechtlicher Bestimmungen
1990, Bd. 282, 335 S., Mdr., DM 52,80, ISBN 3-88259-798-4

Ralf Riegel
Grenzüberschreitende Konkurswirkungen zwischen der Bundesrepublik Deutschland, Belgien und den Niederlanden
Anerkennung, anwendbares Recht, Tatbestandswirkungen
1991, Bd. 283, 320 S., Mdr., DM 55,80, ISBN 3-88259-799-2

Silvia Joseph/Hans-Joachim Vollrath (Hrsg.)
Anwendbarkeit des Internationalen Steuerrechts bei Einführung einer Ausgabensteuer
1991, Bd. 284, 155 S., Mdr., DM 25,80, ISBN 3-88259-801-8

Gerhard Lübbesmeyer
Das Verfahren zur Bestellung eines Betreuers nach den Diskussions-Teilentwürfen eines Gesetzes über die Betreuung Volljähriger (Betreuungsgesetz-BtG) vom November 1987 und April 1988
1991, Bd. 285, 328 S., Mdr., DM 57,80, ISBN 3-88259-803-4

Hans Ulrich Endres
Internationale Verbrechensbekämpfung
Verfassungs- und verwaltungsrechtliche Probleme
1991, Bd. 286, 237 S., Mdr., DM 34,80, ISBN 3-88259-805-0

Helmut Pfleger
Vermögensrechtliche Scheidungsfolgen in Illinois, USA
Eine rechtsvergleichende Darstellung insbesondere zu Problemen der Vermögensteilung und des Unterhalts anläßlich der Ehescheidung in Illinois und der Bundesrepublik Deutschland
1991, Bd. 287, 293 S., Mdr., DM 45,80, ISBN 3-88259-807-7

Wolf Hudelmaier
Die neuere Praxis zur vergleichenden Werbung in Deutschland, Belgien, Frankreich, Großbritanien und den USA
1991, Bd. 288, 253 S., Mdr., DM 43,80, ISBN 3-88259-809-3

Jürgen Schmid
Elektronische Datenverarbeitung im Mahnverfahren
1991, Bd. 289, 410 S., Mdr., DM 61,80, ISBN 3-88259-812-3

Friedrich Johann Käck
Der Prozeßpfleger
1991, Bd. 290, 160 S., Mdr., DM 29,80, ISBN 3-88259-813-1

Andreas Bock
Kapitalaufbringung mit Gesellschafterdarlehen in der Vor-GmbH und der GmbH
1991, Bd. 292, 115 S., Mdr., DM 22,80, ISBN 3-88259-816-6

Achim Neumeister
Entwicklung und Grundzüge des Patentrechts in Australien
1991, Bd. 293, 376 S., Mdr., DM 55,80, ISBN 3-88259-817-4

Armin Holtus
Aspekte der Verhältnismäßigkeit der Behandlung in der forensischen Psychiatrie
dargestellt am Beispiel der Lockerungspraxis im LKH Moringen
1991, Bd. 294, 168 S., Mdr., DM 29,80, ISBN 3-88259-818-2

Thomas Urek
Grenzen der Zulässigkeit von Exklusivvereinbarungen über die Fernsehberichterstattung
1991, Bd. 295, 206 S., Mdr., DM 45,80, ISBN 3-88259-821-2

Elke Hoppenworth
Strafzumessung beim Raub
Eine empirische Untersuchung der Rechtsfolgenzumessung bei Verurteilungen wegen Raubes nach allg. Strafrecht und nach Jugendstrafrecht
1991, Bd. 296, 397 S., Mdr., DM 59,80, ISBN 3-88259-823-9

Christopher Baumhof
Die deutschen Bundesländer im europäischen Einigungsprozeß
unter besonderer Berücksichtigung der Mitwirkung der Länder an EWG-Vorhaben
1991, Bd. 297, 181 S., Mdr., DM 32,80, ISBN 3-88259-824-7

Kung-Chung Liu
Das Recht der Urheberrechtsverwertungsgesellschaften
Zur Einrichtung und Reglementierung der Verwertungsgesellschaften in Taiwan
1991, Bd. 298, 157 S., Mdr., DM 29,80, ISBN 3-88259-826-3

Eva-Maria Hepp
Der amerikanische Testiervertrag - contract to make a will - aus Sicht des deutschen Rechts
1991, Bd. 299, 187 S., Mdr., DM 31,80, ISBN 3-88259-829-8

Josef Scherer
Gerichtsstände zum Schutze des Verbrauchers in Sondergesetzen
Das neue Verbraucherkreditgesetz unter dem Aspekt der generellen Erforderlichkeit ausschließlicher Verbraucherschutzgerichtsstände
1991, Bd. 301, 306 S., Mdr., DM 53,80, ISBN 3-88259-833-6

Frank Eßlinger
Die Anknüpfung des Heuervertrages
unter Berücksichtigung von Fragen des internationalen kollektiven Arbeitsrechts
1991, Bd. 302, 202 S., Mdr., DM 34,80, ISBN 3-88259-834-4

Ralf Thaeter
Sowjetisches Unternehmenssteuerrecht und seine Prinzipien
1991, Bd. 303, 153 S., Mdr., DM 27,80, ISBN 3-88259-836-0

Axel René Anker
Wiedervereinigungsgebot; Europaintegrationsgebot
Eine Untersuchung anhand des Konflikts bei einer westeuropäischen Integration der Bundesrepublik Deutschland
1991, Bd. 304, 270 S., Mdr., DM 47,80, ISBN 3-88259-840-9

Hermann Steinle
Lizenzverträge im intersystemaren Technologietransfer nach dem Recht der DDR
1991, Bd. 305, 228 S., Mdr., DM 39,80, ISBN 3-88259-841-7

Axel Pfeifer
Möglichkeiten und Grenzen der Steuerung kommunaler Aktiengesellschaften durch ihre Gebietskörperschaften
1991, Bd. 306, 256 S., Mdr., DM 44,80, ISBN 3-88259-843-3

Thomas Huber
Der Veranstalter einer Versammlung im Rechtskreis der Exekutive
1991, Bd. 307, 297 S., Mdr., DM 51,80, ISBN 3-88259-844-1

Stefan Sorge
Kostentragung für den Schutz vor Anschlägen
zugleich ein Beitrag zum verfassungsrechtlichen System der Legitimation von Sonderlasten bei der Finanzierung von Staatsaufgaben
1991, Bd. 308, 192 S., Mdr., DM 32,80, ISBN 3-88259-846-8

Alexander von Negenborn
Kooperative Grundrechtsverwirklichung durch die Bundesländer am Beispiel des Satellitenrundfunks
1991, Bd. 309, 212 S., Mdr., DM 37,80, ISBN 3-88259-847-6

Christian Engmann
Ausgesuchte Probleme der Gruppenfreistellungsverordnung 123/85 für Kfz-Vertrieb und -service
1991, Bd. 311, 192 S., Mdr., DM 33,80, ISBN 3-88259-852-2

Carsten Jörgensen
Die Aussetzung des Strafverfahrens zur Klärung außerstrafrechtlicher Rechtsverhältnisse
1991, Bd. 312, 420 S., Mdr., DM 69,80, ISBN 3-88259-854-9

Holger Peres
Strafprozessuale Beweisverbote und Beweisverwertungsverbote und ihre Grundlagen in Gesetz, Verfassung und Rechtsfortbildung
1991, Bd. 213, 162 S., Mdr., DM 39,80, ISBN 3-88259-658-9